AF867423

LA MÉTALLURGIE ANCIENNE DU FER AU BURKINA FASO : PROVINCE DU BULKIEMDÉ.

Approche ethnologique, historique, archéologique et métallographique.

Fidèle à sa volonté de maintenir vivant l'ensemble du catalogue et de continuer à rendre accessible à tous la richesse de son contenu, Les marques du groupe L'Harmattan proposent les ouvrages, même s'ils sont épuisés dans leur premier tirage, et les impriment à la demande.
Au vu de l'ancienneté de ce titre, un exemplaire original a été numérisé pour être réimprimé, ce qui pourrait altérer légèrement la qualité de certains passages.

© L'Harmattan, 2003
ISBN : 2-7475-5763-4
EAN 9782747557634

Timpoko KIENON-KABORE

LA MÉTALLURGIE ANCIENNE DU FER AU BURKINA FASO : PROVINCE DU BULKIEMDÉ.

Approche ethnologique, historique, archéologique et métallographique.

L'Harmattan
5-7, rue de l'École-Polytechnique
75005 Paris
FRANCE

L'Harmattan Könyvesbolt
1053 Budapest
Kossuth L.u. 14-16
HONGRIE

L'Harmattan Italia
Via Degli Artisti, 15
10124 Torino
ITALIE

A Bouindé
A mes enfants, à Suntongo et Nonsé mes parents et à mes frères et sœurs affectueusement
A mon époux tendrement
Merci vous m'avez tout donné

Lorsqu'au début des années 1980 le Laboratoire d'archéologie de l'Université de Ouagadougou lançait son programme de recherches sur l'histoire de la métallurgie du fer au Burkina Faso, on ne pouvait imaginer, quoique espérée, la grande richesse des informations qui serait amassées. Ce programme qui a donné entière satisfaction à permis la rédaction de trois thèses, d'une dizaine de mémoires de maîtrise et de nombreux articles. C'est dans ce contexte que se situe le livre de Hélène Timpoko KABORE / KIENON qui fut parmi les premiers à s'engager dans le programme. A l'époque, nous émettions beaucoup de doutes sur ses chances de succès. En effet, sa condition de femme constituait un handicap pour une recherche dans le milieu des forgerons. L'activité métallurgique dans les sociétés africaines était l'apanage de groupes spécialisés, plus ou moins castés et qui tenaient à distance de leurs ateliers certaines catégories de personnes pouvant diffuser leurs secrets de fabrication. Il s'agit des Peuls, des commerçants spécialisés comme les Yarsé en pays moaaga et des femmes. Ces dernières, épouses de forgerons, pouvaient transmettre à leurs familles d'origine les savoirs et savoirs-faire de leurs maris.

Timpoko Hélène KABORE / KIENON a su inspirer la confiance à tous ses informateurs forgerons. Il lui a fallu pour cela du temps et de la tenacité mais finalement les résultats sont là. Les avoirs et savoirs-faire traditionnels des forgerons du Bulkiemdé, province située au centre du Burkina Faso, ont pu être pénétrés et minutieusement décrits. Dans ce livre, l'auteur se laisse guider par la trame que constitue la chaîne opératoire en paléométallurgie du fer. Il se sert de l'ethnologie, des sources orales, de l'archéologie et de l'archéométrie, la métallographie en particulier, pour restituer tout un passé technologique qui a profondément marqué plusieurs sociétés africaines précoloniales, dont celle des Moosé au centre de cette étude. Les datations radiométriques font remonter au 15e siècle, à l'état actuel des connaissances, l'histoire du fer de gisement dans le Bulkiemdé. Parmi les résultats les plus significatifs, la contribution de l'auteur est notable pour éclairer l'histoire des migrations locales, celle de l'environnement d'où provenaient minerais et combustibles, et les rapports socio-culturels dont les permanences et les ruptures ont retenu l'attention de l'archéologue.

Il me plaît de féliciter Timpoko Hélène KABORE / KIENON pour la publication de cet ouvrage, fruit d'un dynamisme et d'une opiniatreté exemplaires. Ce livre vient enrichir les connaissances sur l'histoire des techniques en Afrique et particulièrement au Burkina Faso. Il intéressera très certainement les chercheurs très nombreux depuis deux décennies, à revisiter l'histoire des techniques en Afrique. Il retiendra l'attention des étudiants et des collègues de l'enseignement secondaire qui bien souvent manquent de matériaux pour construire leurs cours relatifs à l'histoire locale. Je souhaite donc beaucoup de succès au livre de Timpoko Hélène KABORE / KIENON.

Pr Jean-Baptiste KIÉTHÉGA
Chevalier de l'Ordre du Mérite des Palmes Académiques
Chevalier de l'Ordre des Arts et des Lettres de la République Française

AVANT-PROPOS

Le présent document est le fruit de plusieurs années d'investigations, qui ont demandé beaucoup de sacrifices. Les difficultés ont été multiples. A un moment donné, nous avions voulu abandonner cette thèse, tant le découragement était total. Il a fallu le soutien de nos professeurs, Ms. Jean Polet, Paul Bénoit, que nous remercions vivement et surtout de Mme Claude-Hélène Pérrot, Professeur Emérite à Paris I Sorbonne, que nous ne remercierons jamais assez. Elle nous a apporté un grand réconfort moral.

Nos remerciements vont également aux enseignants de l'Université de Ouagadougou. A M. Jean-Baptiste Kiéthéga qui n'a ménagé aucun effort pour nous soutenir pendant nos recherches et études sur le campus. Il nous a donné le goût et les bases de la recherche archéologique. Nous n'oublions pas Ms Antoine Millogo, Lansina Koté, M. Hammidou Diallo, M. Samuel Salou, M. Claude Metuolé-Somda, M.Assimi Couanda, M. Dabiré et toute l'équipe du projet Campus, dont M. Wimminga Urbain, M. Sanou Dya, Mme Millogo et tous les étudiants du Laboratoire d'Archéologie qui nous ont soutenue et aidée sur le terrain. A M. Oumarou Nao, enseignant à l'Université de Ouagadougou, nous disons infiniment merci et lui promettons de lui remplacer sa semelle de chaussure restée au Bulkiembé pendant nos campagnes de prospections.

Nos pensées vont également à M. Philippe Fluzin et à son équipe de l'Institut Polytechnique de Sévénans à Belfort, dont la gentillesse et la disponibilité nous ont permis d'approcher et de comprendre la métallographie. Nous tenons à remercier M.. Omar El Kédim pour les conseils en métallographie.

Nous remercions MM.. Alain Person et Jean-Francois Saliège pour l'aide qu'ils nous ont apportée.

Merci à M. Alain Ploquin, grâce à qui les analyses élémentaires chimiques ont pu être effectuées.

Nos remerciements vont aussi à l'équipe d'histoire des mines et de la métallurgie, sans oublier Mme Daubas Corrine (ancienne secrétaire de l'équipe) que nous avons souvent sollicitée et Mme Valérie Shneiderwind.

A M. David Jouneau, nous disons infiniment merci pour l'aide précieuse qu'il nous a apportée pendant la confection de nos cartes et figures. Et surtout merci pour la disponibilité constante.

A mes collègues de l'Université de Cocody à Abidjan (Côte d'Ivoire), nous disons infiniment merci.

Nous tenons à remercier nos frères et soeurs, nos parents Yaméogo Nonsé, Robert Kiénon, Felix Kiénon, Guissou Hubert, Guissou Ambroise et toute la famille Kiénon et Kiendrébéogo à Tiogo, sans oublier les forgerons du Bulkiemdé et du Sanguié.

Merci également à M. Mahamat Issein Bardi de la B.A.D. à Abidjan, pour son aide.

A M. et Mme Bommenel Alain, nous disons merci pour le soutien moral et l'aide intellectuelle apportés pendant toutes ces années. Votre amitié a été inestimable.

A mon amie Anne Abbé (née Leport) qui a toujours été à mes côtés, nous réitérons nos remerciements.

A M. et Mme Dahl Daniel et leurs enfants, les mots sur cette feuille ne suffisent pas pour vous témoigner notre gratitude. Merci infiniment.

Mme Elise Ilboudo, née Thiombiano, nous n'avons pas oublié les multiples difficultés de l'Université de Ouagadougou et de la forêt de Bandigue. Merci encore.

A tous nos amis de « fessart », nous témoignons notre reconnaissance, en particulier à Paré Lansina, Moumouni Sanou, Tiao André et au Gérant Salif Ouédraogo.

Nous ne saurions oublier dans ces remerciements Ms. Yacouba Sow de l'U.N.E.S.C.O. et N'tolé Kazadi de L'A.C.C.T.

Enfin, nos remerciements vont aussi aux partenaires financiers, en particulier : au ministère de la Coopération Française et à l'Agence de Coopération Culturelle et technique (A.C.C.T).

INTRODUCTION GENERALE

L'étude sur la métallurgie ancienne du fer dans la province du Bulkiemdé s'inscrit dans un programme de recherche national plus large, mis en place par le Laboratoire d'Archéologie de l'Université de Ouagadougou. En effet, le Burkina Faso est l'un des rares pays de la sous-région à avoir une équipe de recherches, dont les travaux s'articulent autour de la métallurgie ancienne du fer. Entre 1973 et 1979, des prospections archéologiques à grande maille ont permis de révéler un important potentiel de restes archéologiques sur la métallurgie du fer au Burkina Faso. A ce jour, on peut affirmer qu'une grande partie du territoire a été prospectée. Les résultats sont spectaculaires. Des fourneaux de réduction du fer ont été découverts dans la province du Yatenga à Kindbo, Youba ... Dans la province du Gourma, à l'est du Burkina Faso, où nous avons fait des prospections en 1994 sous la conduite de Mme Thiombiano-Ilboudo Elise, membre du projet Campus, un grand site de réduction a été découvert dans la forêt de Dankpali, près de la frontière du Niger. Les régions de Békuy, Kosso, Sanaba dans la province de la Kossi et celles de Wologteng-Gooden et Ralo dans la Province du Bulkiemdé, pour ne citer que celles-là, renferment également des sites de la métallurgie du fer. Une grande partie de notre étude a été faite au sein de cette équipe de recherches sur l'histoire du fer au Burkina Faso, dont le responsable M. Jean Baptiste Kiéthéga a soutenu sa thèse d'État *sur La métallurgie lourde du fer au Burkina Faso*[1]. Plusieurs Mémoires de Maîtrise ont été soutenus sur la métallurgie ancienne du fer dans les différentes régions du Burkina Faso, au département d'Histoire et d'Archéologie de l'Université de Ouagadougou, confirmant l'énorme richesse de cette industrie[2], qui, depuis la pénétration du fer de récupération, se résume uniquement au travail de la forge.

---

[1] KIETHEGA J.B. : *La métallurgie lourde du fer au Burkina Faso* thèse d'Etat, Université de Paris I, Panthéon Sorbonne, nov 1996.

M. Coulibaly Elisée fait aussi partie de cette équipe, il vient de soutenir sa thèse de Doctorat à l'Université de Paris I, Panthéon Sorbonne,dont le titre est *Savoirs et savoir-faire des anciens métallurgistes : recherches interdisciplinaires sur les procédés en sidérurgie directe dans le Bwamu (Burkina-Mali), 1997.*

[2] BADOLO, I. : *L'exploitation traditionnelle du fer à Dassa, province du Sanguié(Burkina faso)*, Mémoire de Maîtrise, Université de Ouagadougou, 1991,119p.

BOUDA, B., : *L'exploitation traditionnelle du fer dans la région de Pabré, (Burkina Faso)*, Mémoire de Maîtrise, Université de Ouagadougou, 1986, 246p.

COULIBALY, E. : *La métallurgie du fer dans la région de Sanaba, province de la Kossi (Burkina Faso)*, Mémoire de maîtrise, université de Ouagadougou, 1989.

FAO, O. : *la production traditionnelle du fer dans la région de Béna, province de la Kossi (Burkina Faso)* Mémoire de Maîtrise, Université de Ouagadougou, 1990, 152p.

KIENON T., : *L'exploitation traditionnelle du fer à Ralo, province du Bulkiemdé (Burkina faso)*, Mémoire de Maîtrise, Université de Ouagadougou, 1990.

MASSIMBO, T. : *La métallurgie ancienne du fer à Gomboussougou ,province du Bulgu (Burkina Faso) Mémoire de Maîtrise*, Université de Ouagadougou, 1991,124p

SAMTOUMA, I. : *La métallurgie ancienne du fer dans la région de Koumbri, province du Yatenga, (Burkina Faso)*, Mémoire de Maîtrise, Université de Ouagadougou, 1987,119p.

THIOMBIANO, E. : *La production ancienne du fer dans le gulma, cas de Namoungou, province du Gurma (Burkina Faso)*,Mémoire de Maîtrise, université de Ouagadougou, 1991,161p.

TRAORE, A. : *La métallurgie ancienne du fer à Toussiana, province du Houet, (Burkina Faso)*, Mémoire de Maîtrise, Université de Ouagadougou,1990.

I. POURQUOI UNE ETUDE SUR LA METALLURGIE DU FER AU BULKIEMDE ?

La province du Bulkiemdé, comme partout ailleurs au Burkina Faso, est marquée par le manque de documents écrits sur son histoire. Les informations que nous avons pu collecter étaient consacrées à d'autres régions du Burkina comme le nord (province du Yatenga) et surtout à l'histoire des royaumes et des chefferies du Yatenga et de Ouagadougou dont dépendent plusieurs chefferies du Bulkiemdé[3]. Quant aux travaux menés au département d'Histoire et d'Archéologie sur l'histoire du peuplement du Bulkiemdé, seul le Mémoire de Maîtrise de M. Mathias Yaméogo, basé sur les données des traditions orales, nous informe sur les périodes pré-coloniales, coloniales et post-coloniales, concernant le village de Gooden-Wologtenga (ou Wologteng-Gooden[4]). Nous ne pouvons passer sous silence le Mémoire de Maîtrise de Martial Halpougdou qui est incontournable sur l'histoire du peuplement ancien du plateau central des *Moosé*[5].

En ce qui concerne l'histoire de la métallurgie et des recherches archéologiques, nous avons été confrontée à un vide scientifique. Aucun document écrit n'a été produit à ce sujet. Cependant, en 1983, une campagne de prospection archéologique sur les sites métallurgiques a fourni, à notre connaissance, quelques diapositives sur certaines mines du village de Ralo.

Compte tenu de ce manque énorme, nous nous sommes fixée pour objectifs:
- la connaissance de l'histoire des techniques, de l'économie et des aspects sociaux liés à la métallurgie du fer.
- la comparaison des techniques sidérurgiques des peuples anciennement installés sur le territoire du Bulkiemdé, que nous avons étudiées à travers les sites archéologiques et la métallographie parce que ces anciens habitants ne sont plus sur l'espace actuel du Bulkiemdé, avec celles des populations actuelles étudiées à travers les traditions orales et la métallographie. Ces traditions s'accordent à affirmer que ces peuples anciens sont les diffuseurs des techniques sidérurgiques anciennes du fer, d'où l'intérêt de cette comparaison.
- montrer le savoir-faire et la richesse technologique des forgerons à travers l'étude métallographique.

II. LES CONDITIONS DE LA RECHERCHE

Nous avons, dans l'ensemble, travaillé dans des conditions difficiles. Tout d'abord, au moment ou nous nous apprêtions à aller sur le terrain, en début d'année 1993, des problèmes de santé ont entraîné un retard de près d'une année. Cela nous a obligé à

---

[3] On peut citer en premier, les écrits de Izard Michel dont le plus important pour notre recherche fut *Introduction à l'histoire des royaumes Mossi,*Recherches voltaïques, T1 et T2 N°12 et 13, Paris-Ouagadougou CNRS-CVRS 1970

TAUXIER L : *Nouvelles notes sur le Mossi et le Gurunsi*. Paris Larose, 1924, 208p

[4]YAMEOGO M.: *Approche du peuplement du village de Godin-Ouologtenga* Mémoire de maîtrise, Université de Ouagadougou 1986

[5]HALPOUGDOU, M: *Approche du peuplement pré-dagomba du Burkina Faso. Les Yônyôosé et les Nînsi du Wubr- tênga,* Mémoire de maîtrise, Université de Ouagadougou 1984-1985, 249p.

Les *Moosé* dont le singulier est *Moaga* désigne une mosaïque de populations que les *Nakomsé* venus du Nord Ghana actuel à la fin du xvème siècle (selon la chronologie de Michel Izard) ont soumis, transformé et phagocyté. Ainsi,les conquérants et les anciens occupants sont désignés sous la même appelation *Moosé* (pl) ou *Moaga* (sg).

réduire notre espace initial d'enquête et à changer de stratégie de recherche. Au début de la mise en place de notre problématique, les provinces du Sanguié et de la Sissili, respectivement situées à l'ouest et au sud du Bulkiemdé, faisaient partie de notre espace de recherche. Pour nous, il ne fallait pas circonscrire l'étude à l'intérieur des frontières administratives dont ne tiennent pas compte la diffusion et l'évolution des techniques. En effet, les premières investigations que nous avions faites, chez les Léla du Sanguié, montraient une grande similitude entre les métallurgies de ces peuples appelés communément «Gurunsi» et celles des *Moosé* du Bulkiemdé.

En plus de cette situation, dès que nous nous sommes rendue sur le terrain en fin d'année 1993 pour mener une campagne de prospection, comptant sur les financements du projet Campus[6], notre surprise a été grande d'apprendre que ceux-ci n'étaient pas à la disposition du Laboratoire d'Archéologie. Prise par le manque de temps, nous avons fait une partie de la prospection et les enquêtes orales à motocyclette, avec un guide originaire de la province du Bulkiemdé. Les distances parcourues entre les villages étaient très grandes, ce qui n'a pas facilité notre tâche. Heureusement pour nous, pendant que nous étions sur le terrain, nous avons reçu une partie d'un financement de l'Agence de Coopération Culturelle et Technique (A.C.C.T), demandé longtemps auparavant dans le cadre du FIDELCA, qui nous a permis de prendre en charge le billet de retour.

En août 1994 nous repartons sur le terrain, par nos propres moyens, pour la deuxième campagne de recherche, basée en grande partie sur les fouilles archéologiques et les recueils des traditions orales. A cette période, nous avons pu bénéficier des financements du projet Campus. Ils nous ont permis de mener les campagnes de fouilles dans des conditions satisfaisantes. Nous avons été beaucoup aidée par les étudiants en Maîtrise du Laboratoire d'Archéologie et des ouvriers recrutés sur place.

En Juin 1996, étant assurée de pouvoir bénéficier du projet Campus, pour compléter les données des traditions orales et quelques travaux sur les sites archéologiques de réduction du fer, nous repartions sur le terrain. Deux mois d'attente inutile pour enfin nous décider à faire le recueil de traditions orales dont le financement était à notre portée.

Tous ces imprévus et manques de moyens nous ont conduit à réduire notre espace d'étude au Bulkiemdé.

III .LE BULKIEMDE, ESPACE ET CHRONOLOGIE DE RECHERCHE

La province du Bulkiemdé, (composée de 13 départements dont le chef lieu est Koudougou) située à l'extrême ouest de ce que l'on appelle le plateau central *Moaga,* est en réalité une entité politique. Elle a constitué dès le XVIème siècle, une zone de peuplement et de conquête pour les *Nakomsé*, les détenteurs du pouvoir politique. Plusieurs d'entre eux, déchus ou en manque de pouvoir, se sont installés dans cette zone, avec le plus souvent la bénédiction du pouvoir central *Moaga* de Ouagadougou.

Le Bulkiemdé est «une zone tampon» entre cinq provinces, celles du Oubritenga, du Bazega, respectivement au nord-est et à l'est, du Passoré au nord, du Sanguié à l'ouest et de la Sissili au sud (cartes p14 et 15). Autrement dit, c'est un carrefour de plusieurs civilisations, influencé par les populations *Moosé* du nord et de l'est, les peuples

[6] C'est un projet financé par le ministère de la coopération française dont bénéficie le laboratoire d'archéologie de l'Université de Ouagadougou pour la recherche sur l'histoire du fer au Burkina faso.

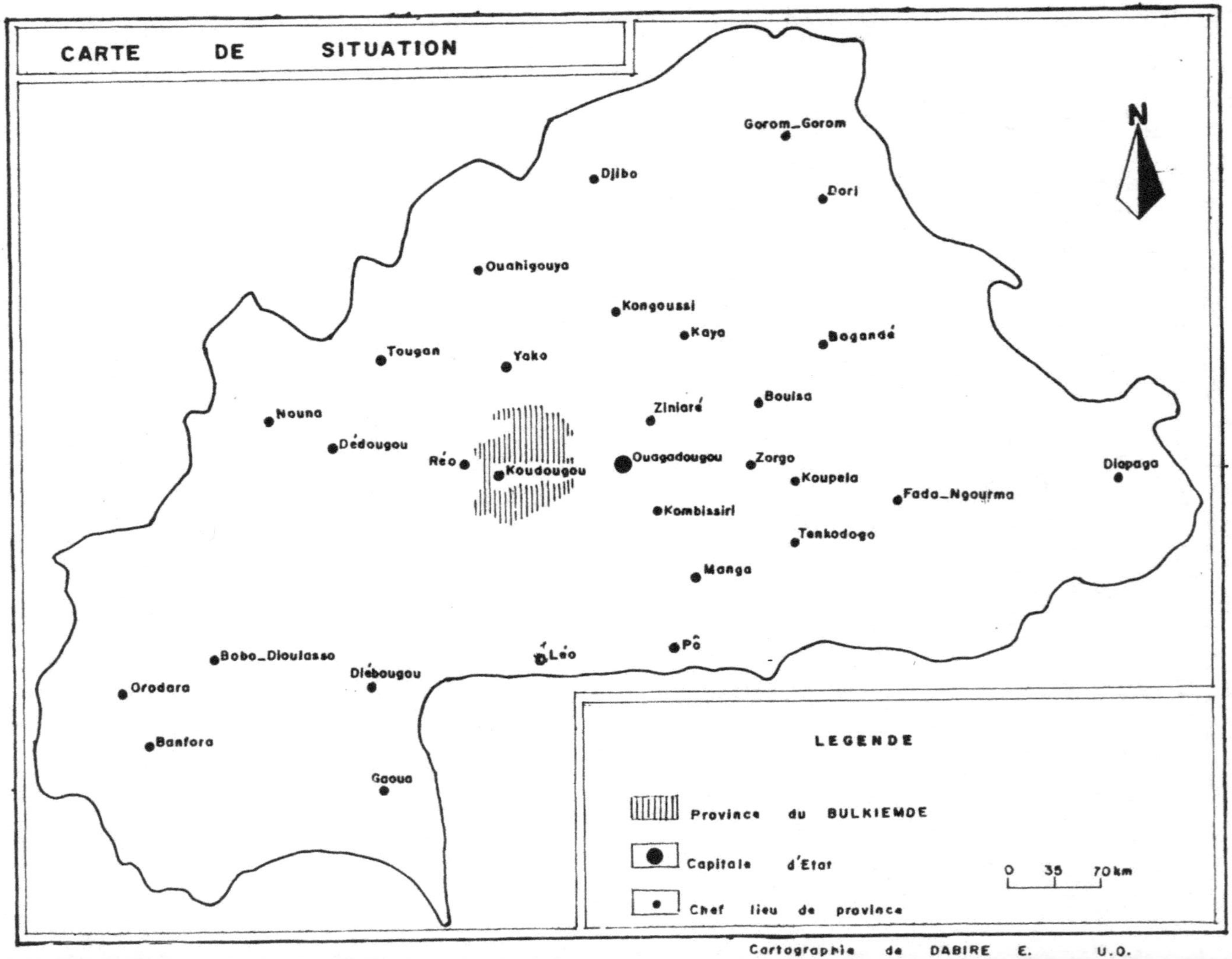

Cartographie de DABIRE E. U.O.

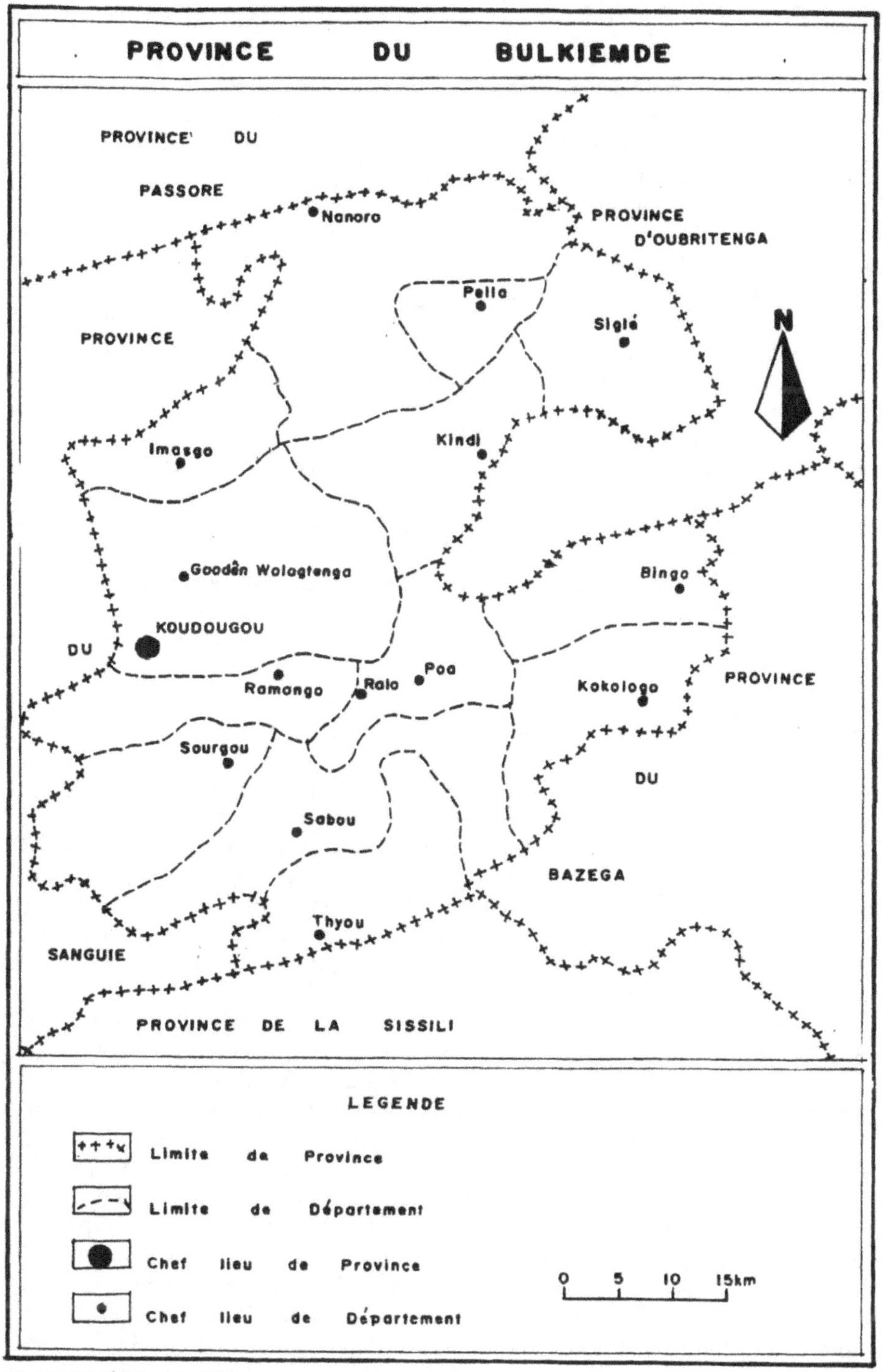

Source: D.D.E.A.T., Juin 1987. Cartographie: DABIRE E. U.O.

« Gurunsi » du Sanguié et de la Sissili. Ce brassage de civilisations entre «*Gurunsi*» et *Moosé* a créé une richesse culturelle et sociale spécifique à cette zone d'étude.

L'une des originalités de cette province, où le forgeron est en même temps métallurgiste et artisan, repose sur l'ouverture du métier. Le forgeron peut être de n'importe quelle origine, pourvu qu'il apprenne les techniques et les cultes, contrairement au Yatenga, dans le nord du Burkina, où il existe un monopole, une endogamie et un certain mépris des autres populations à l'égard des forgerons. Au Bulkiemdé, est désigné sous le terme forgeron (san (sg) et samba (pl)) celui qui recherche le minerai, le réduit et le transforme en produits finis à la forge. Il n'existe pas une division professionnelle au niveau de la chaîne opératoire de la sidérurgie directe du fer. Le terme forgeron peut aussi désigner, un quartier ou une personne qui ne travaille plus le fer, mais qui à l'origine avait des ancêtres lointains qui ont travaillé le minerai de fer.

La fourchette chronologique de l'étude se situe de la fin du 9ème siècle (selon les datations absolues au C14) au 20 ème siècle. Cette longue durée historique nous permet d'étudier les techniques métallurgiques des périodes anciennes aux périodes les plus récentes et de comparer les résultats des études archéologiques, des traditions orales et des études métallographiques. En effet, les fouilles des sites d'habitat ont permis d'avoir une datation de 895-1030 de notre ère. Le site de réduction, par contre, est daté entre 1440-1635 de notre ère. Les objets en fer trouvés sur les sites d'habitat ont été soumis à des études métallographiques qui ont pu ainsi être comparées aux études métallographiques des objets des habitants actuels.

IV. LES PROBLEMES POSES PAR CETTE ETUDE

Les *Moosé* actuels du Bulkiemdé sont un ensemble de populations composites. L'homogénéité du groupe *Moaga* (pl. *Moosé*) n'est qu'apparente. Il se compose de différentes entités culturelles. Ce sont, les *Nakomsé,* envahisseurs venus du nord Ghana actuel et détenteurs du pouvoir politique, les *Yônyôosé*, (les *Tengbiisi*) maîtres de la terre, considérés comme autochtones et détenteurs du pouvoir religieux et les *Yarsé,* peuple commerçant constituant la fraction la plus récente. Il y a aussi des populations «*Gurunsi*» qui se sont installées surtout dans l'ouest de la province du Bulkiemdé et qui actuellement, se sont assimilées au *Moosé.*

La conquête assimilatrice et unificatrice des *Nakomsé* a donné naissance, à travers un long processus, dans le temps et dans l'espace, au groupe ethno-culturel des *Moosé.*

Les *Nînsi*, que l'on retrouve en grand nombre au Yatenga, à qui les traditions orales attribuent les sites archéologiques de la métallurgie du fer et les buttes anthropiques ne sont pas identifiés dans les populations récentes. Pour elles, les *Nînsi* se sont dirigés dans les pays « Gurunsi » et au nord du Burkina, où ils se sont assimilés. Et pourtant, les populations actuelles du Bulkiemdé affirment que ces peuples anciens, qu'ils disent souvent ne pas avoir trouvés sur place, sont les diffuseurs des techniques de la métallurgie du fer. Ont-ils bénéficié des techniques sidérurgiques du fer des Nînsi avant leur migration au Bulkiemdé ? Cela reviendrait à dire qu'ils ont partagé à un moment donné le même espace de vie. L'imbrication des occupations par les migrations successives permet-elle d'identifier ce peuple ancien ? A-t-il vraiment existé avec une identité ethnique repérable aujourd'hui ?

V. LES ETUDES DE LABORATOIRE : DATATION, ANALYSES CHIMIQUES, ETUDE METALLOGRAPHIQUE

Les études de laboratoire ont été la partie de notre travail qui a pris le plus de notre temps. Les délais d'attente des résultats ont été assez longs et ont paralysé à un moment donné l'avancée de la rédaction de notre thèse.

Les datations de nos échantillons (par le C14), constitués uniquement de charbon de bois ont été faites à l'Université Abdou Moumouni de Niamey, à l'Institut des Radioisotopes, dans le service de M. P. Marini. Elles ont posé des problèmes techniques dus au poids insuffisant de plusieurs échantillons. Le nombre de charbons de bois trouvé en fouille était assez élevé mais de poids infime chacun. La solution proposée par le laboratoire de Niamey était de regrouper les échantillons, en tenant compte de l'altitude, des carrés de fouille et de nos observations personnelles. Les datations obtenues (les échantillons NIA 117 a - 20 cm, NIA 119 a - 50 cm et NIA 127) sont actuelles, les échantillons ayant été pollués. Les charbons de l'échantillon NIA 125, ont été mélangés par erreur (565 BP + ou - 60). Nous avons décidé d'écarter la datation obtenue. Sur six échantillons, deux de quantité suffisante, issus du site de réduction de lilbouré (NIA 118) et du site d'habitat de sondontengyir (NIA 126), ont pu donner des datations fiables sans avoir été regroupés.

Code lab	**Ref échant**	**Age PB**	**Age cal AD**
NIA118	GodkiI94N°12 (-30 cm)	395 + ou –35	1440-1635
NIA 126	GodkiII94N°2 (-40 cm)	1055 +ou –70	895-1030

Nous avons cherché à compléter ces résultats en procédant à la datation des matières organiques des céramiques archéologiques par la méthode du radiocarbone, au Laboratoire d'Océanographie Dynamique et de Climatologie de l'Université Pierre et Marie Curie de Paris VI Jussieu. Celle-ci n'a malheureusement pas été concluante, à cause des dégraissants minéraux utilisés en majorité dans cette céramique.

Les analyses chimiques ont été faites au Centre de Recherches Pétrographiques et Géochimiques Spectrochimie-Service d'Analyses des Roches du C.N.R.S à Nancy, par M. Ploquin, sur les scories de sites de réduction et un minerai d'un site d'extraction de Réo dans la province du Sanguié, considéré comme centre d'extraction du minerai de fer des métallurgistes du Bulkiemdé. Compte tenu des quantités infimes des scories de site d'habitat, aucune analyse chimique n'a pu être réalisée sur celles-ci. Nous avons voulu par l'analyse du minerai offert par les métallurgistes de Réo, établir une filiation, si elle existe, avec les scories des sites de réduction, afin de savoir si les anciens métallurgistes se ravitaillaient dans le même centre. Mais le minerai est très anonyme et ne livre pas de teneurs aptes à servir de marqueurs clairs dans la réduction. Par contre, les résultats d'analyse de trois scories ont pu aider à connaître leur composition chimique et le lien qui existe entre deux types de fourneau trouvés en fouille.

Les études métallographiques, les plus difficiles et les plus longues à réaliser, compte tenu du temps et de la disponibilité qu'elles demandent, ont occupé la majeure partie du temps de notre recherche. Elles ont été faites en 1993, 1994 et 1995, au Laboratoire de Paléométallurgie du fer et Culture à Sevenans (territoire de Belfort en France) sous la direction du responsable du laboratoire, M. Philippe Fluzin. Les études se sont avérées très longues, à cause des résultats que nous voulions atteindre. Des objets (scories, objets en fer, loupes) des habitants actuels et ceux des fouilles archéologiques sont étudiés, pour connaître leurs techniques de transformation et aussi pouvoir établir une certaine comparaison entre les sidérurgies des deux périodes.

Cette étude basée sur les données de l'histoire et de l'archéologie pour répondre à des questions fondamentales liées à la métallurgie du fer, est une introduction avec des défauts et des imperfections, que les études prochaines tâcheront de corriger.

Dans le souci de faire connaître ces différentes sidérurgies directes du fer, nous abordons en deux grandes parties plusieurs aspects, allant de la recherche du minerai de fer à la place du forgeron dans la société du Bulkiemdé.

La première partie a pour objet de mettre en exergue la méthodologie de recherche et le cadre naturel et humain de l'étude. La confrontation des documents écrits, des traditions orales, des données archéologiques et de l'étude métallographique fait ressortir l'importance de la complémentarité des différentes sources à la compréhension des techniques sidérurgiques anciennes. Au niveau des traditions orales, la réussite des collectes des données tient en grande partie, à la stratégie de recherche sur le terrain, au comportement du chercheur, aux premiers contacts, à la connaissance du milieu traditionnel et surtout à la manière de gérer certaines contradictions propres à ce milieu, de manière à ne pas se faire refuser l'accès à l'information.

Le milieu naturel a joué un rôle important dans la sidérurgie directe du fer. Notre objectif est de montrer la dépendance de la sidérurgie du fer et des hommes envers ce milieu. En effet, dans notre étude, nous tentons de faire ressortir le rôle des cuirasses, de la végétation, des vents et du réseau hydraulique dans l'existence de cette technique. Mais il ne faudra pas oublier que ce même milieu naturel a été la base de l'établissement des humains sur cette partie du territoire du Burkina Faso. En d'autres termes, il ne faut pas uniquement lier le milieu naturel à la métallurgie du fer mais aussi à l'établissement des populations. C'est pourquoi, nous avons tenu à montrer la dépendance des populations à ce milieu. L'eau, l'élément essentiel qui motive l'installation des populations sur un lieu donné, a été abordée. En effet, le Bulkiemdé fait partie des régions du Burkina Faso, où à première vue, les eaux de surface font particulièrement défaut après la saison pluvieuse. On se demande comment des populations anciennes ou récentes ont pu s'installer à cet endroit et pratiquer une industrie sidérurgique du fer. L'étude des ensembles hydrogéologiques a révélé une énorme potentialité en eau souterraine. Cette richesse a été exploitée par une stratégie de maîtrise en eau, tant au niveau des populations anciennes qu'au niveau des populations récentes, par le biais des puits et des retenues d'eau. La thèse de Zakaria Lingané consacre un chapitre entier sur la maîtrise de l'eau souterraine au Yatenga, région du plateau central des *Moosé*, très pauvre, elle aussi en eau pérenne[7].

---

[7] LINGANE Z : *Sites d'anciens villages et organisation de l'espace dans le Yatenga (Nord-ouest du Burkina Faso)* Thèse de doctorat, Université de Paris I Sorbonne 1995.

L'histoire du peuplement a été un problème réel à cause du manque de document. L'identification des anciens occupants a toujours été un casse-tête pour les chercheurs du *Moogo* (le pays des *Moosé*). Les confusions sont énormes et jusqu'à ce jour, la question des Nînsi et des *Yônyôosé,* considérés comme les populations anciennes, constitue une véritable difficulté dans l'écriture de l'histoire des formations sociales du Burkina Faso. Cependant, l'approche a permis de savoir qu'au Bulkiemdé la stratification de la société ne répond pas toujours aux mêmes normes que les autres sociétés *Moosé*. Un des fondements du système politique des *Moosé* est l'opposition entre les détenteurs de l'autorité politique, qui ont statut de conquérants et les détenteurs des maîtrises de la terre qui ont statut d'autochtones. Au Bulkiemdé, les détenteurs des maîtrises de la terre ne sont pas toujours des autochtones mais parfois des migrants, au même titre que les conquérants *Nakomsé*. Ils ont, au contraire, le plus souvent migré avec les *Nakomsé* conquérants et constitué, pour ceux-ci, les éléments de légitimation de leur pouvoir; car le pouvoir politique a toujours besoin du pouvoir religieux pour asseoir sa domination.

La deuxième partie est consacrée à l'étude ethnologique, archéologique et métallographique de la métallurgie du fer. Nous avons recueilli les données orales sur les modes de prospection, d'extraction, de réduction et les aspects sociaux culturels et commerciaux liés à la métallurgie du fer des populations actuelles. Des études métallographiques des objets récents ont montré le degré de technicité des forgerons actuels. Les fouilles sur le site de réduction et les sites d'habitat du village de Wologteng-Gooden ont révélé des éléments importants à l'avancée de l'étude. Deux types de fourneau sont apparus sur le site de réduction. Aucun des deux fourneaux n'avait été signalé par les traditions orales au cours de nos enquêtes. Après études archéologiques et métallographiques des restes de scories, les deux fourneaux pourraient avoir eu des fonctions différentes et complémentaires. Des objets en fer et du mobilier important en céramique ont pu être étudiés grâce aux fouilles des sites d'habitat que les traditions orales associent systématiquement aux sites de réduction. Les objets en fer de ces habitants anciens étudiés sur le plan métallographique ont laissé apparaître quelques défauts de confection et aussi une haute performance technologique. L'étude de la céramique archéologique a démontré une certaine richesse technologique et décorative qui diffère énormément de celle des populations actuelles du Bulkiemdé, que nous avons pu observer au cours de nos enquêtes.

PREMIERE PARTIE

METHODOLOGIE D'APPROCHE ET CADRE DE RECHERCHE

Chapitre I

METHODOLOGIE DE RECHERCHE : APPORTS ET LIMITES DES SOURCES

L'ossature de notre travail repose sur les résultats de l'archéologie, ceux des traditions orales et des documents écrits. Notre objectif, dans cette approche plurielle, vise à restituer l'histoire de la sidérurgie ancienne du fer d'une part, et d'autre part, le passé des auteurs de cette activité. C'est pour cette raison que nous avons consacré un chapitre aux problèmes des sources, afin de souligner l'importance d'une démarche qui prend en compte toute source pouvant être utile à la connaissance de l'histoire des techniques anciennes. Notre approche consiste alors à établir une collaboration des techniques de terrain et de laboratoire afin de parvenir à des résultats intéressants. Dans cette optique, nous abordons la métallurgie des populations actuelles en nous référant aux traditions orales et la métallurgie basée sur l'étude des vestiges archéologiques, qui, en revanche, serait l'oeuvre des anciens occupants du plateau *Moosé*. A ce niveau, nous avons eu d'énormes difficultés compte tenu du manque de documents écrits sur les anciens habitants et les auteurs des sites archéologiques.

I-1. La bibliographie

L'histoire de la sidérurgie directe du fer dans la province du Bulkiemdé est basée sur les données des traditions orales. Aucun écrit n'a été produit sur ce sujet avant 1990 date à laquelle nous avons soutenu notre mémoire de maîtrise.[8] Quelques écrits sur la vie économique, sociale et historique de certaines communautés *Moosé* de la province du Bulkiemdé ont vu le jour, grâce notamment aux données des traditions orales. Certains ont signalé l'existence des sites sidérurgiques, même si la métallurgie ancienne du fer ne constituait pas un élément de leur recherche. [9]

Néanmoins, plusieurs écrits ont été consultés sur ce sujet, dont des ouvrages généraux, spécialisés et des articles. Ces travaux, bien que n'intégrant pas directement le cadre géographique de notre étude, ont été d'un grand apport dans la compréhension générale des techniques d'exploitation du fer au Burkina Faso. Il s'agit des Mémoires de Maîtrise sur la métallurgie ancienne du fer concernant certaines régions du Burkina Faso, que nous avons cités plus haut et en particulier des écrits de M. Jean-Baptiste Kiéthéga, qui ont permis de comprendre certains aspects des sidérurgies anciennes du fer au Burkina Faso[10]. Ainsi, nous avons pu mettre en place un questionnaire nous permettant de saisir les

---

[8] KIENON, T. *L'exploitation traditionnelle du fer à Ralo(province du Bulkiemdé, Burkina Faso)*. Mémoire de Maîtrise, université de Ouagadougou Burkina Faso 1989-1990 172 pages

[9] IMBS, F. : *Kumtaabo: une collectivité rurale et son rapport à l'espace*. Thèse de troisième cycle, Paris X, Avril 1985, 452 pages.

YAMEOGO, M. : *Approche du peuplement du village de Godin-Ouologtenga* Mémoire de Maîtrise Université de Ouagadougou, 1988, 119 pages.

[10] Il s'agit surtout de « la carte du fer en Haute Volta. » *Recherche pédagogique et culture*, 1986

«Quelques aspects de la recherche archéologique sur la métallurgie du fer en Haute-volta.».*C.N..R.S.-R.C.P., opération métallurgie.*, 1981,doc 02

« Les bas-fourneaux du bord du lac de Sian (Haute Volta). ». *Colloque sur l'histoire de la métallurgie, de la mine au métal avant l'adoption du procédé indirect*,Paris 1983

« Le fer ancien au Burkina faso : technique de production et chronologie. ». *Connaissance du Burkina Faso, Ouagadougou 1989.*

données d'une activité qui a disparu, ne laissant aucune trace écrite[11]. Nos seuls recours pour une approche de l'histoire de la sidérurgie directe du fer dans le Bulkiemdé sont les traditions orales et les sites archéologiques.

Comment, les sources orales qui la plupart du temps donnent peu d'informations sur les sites anciens de métallurgie du fer pourraient-elles nous être utiles ? Comment les utiliser? Et quels sont nos objectifs ?

I-2. Les traditions orales

A. le recueil des traditions orales : qui interroger ? et quelle attitude adopter?

L'utilisation des traditions orales n'a pas pour seul objet de présenter une étude historique et sociale de la métallurgie du fer. Elles permettent aussi de faire quelques analyses comparatives des techniques récentes et anciennes, afin de déceler les ressemblances, les différences et les interférences.

Les traditionnistes sont unanimes sur la question des *Nînsi (*nous apporterons plus de détails ultérieurement). Ils sont considérés comme les plus anciennement installés sur le plateau *Moosé*. Reconnus comme étant d'excellents métallurgistes, ils auraient été les diffuseurs de la technique sidérurgique du fer. De ce fait, les restes archéologiques de site d'habitat et de réduction du fer leur sont attribués. Actuellement, les *Nînsi* n'existent pas au Bulkiemdé en tant que peuple. Cependant, dans le Yatenga, au nord du Burkina Faso, il y a une forte concentration de *Nînse-Samo*[12]. Ceux-ci s'imbriquent et cohabitent avec les *Moosé*.

Sont-ils les auteurs de ces techniques anciennes? Celles-ci ont-elles un rapport avec la métallurgie des peuples actuels ? Quelles sont les causes de leur départ? Pour répondre à toutes ces questions, il faudra adopter une méthode d'approche analytique.

Compte tenu de la malléabilité des traditions orales, il est important de donner des précisions sur l'approche méthodologique adoptée. Les recueils des traditions orales comportent certaines limites comme toute source. Pour éviter les pièges, nous nous sommes imposée une méthode de travail qui permet d'atteindre des résultats fiables.

Dès le premier abord, le problème qui s'est posé à nous était de savoir qui interroger et comment entrer en contact avec des personnes à qui nous étions étrangère. Au départ, nous avons rencontré plusieurs difficultés. Notre intégration s'est heurtée à la méfiance des habitants des différents villages, qui, ne comprenaient pas le bien fondé de nos recherches. En plus de cela, notre condition de femme a bloqué certains informateurs qui s'abstenaient de nous répondre sur des sujets interdits aux femmes, dont les rites liés aux enterrements de chefs forgerons, les secrets rituels de la forge, de l'extraction et de la

---

La métallurgie lourde du fer au Burkina faso. Thèse de Doctorat Es Lettres et Sciences Humaines, Université de Paris I sorbonne, 1996, TI et TII.

[11] Nous nous sommes inspirée du questionnaire établi au laboratoire d'archéologie de l'université de Ouagadougou, dans le cadre de la recherche sur l'histoire du fer au Burkina Faso (voir annexe).

[12] L'ethnonyme Nînsi renvoie confusément à des "Gurunsi", des Samo dans le Bulkiemdé, à des Dogon, Samo et à des Kurumba dans le Moogo méridional et central, tandis que dans le Yatenga, il désigne uniquement les Samo,d'origine Mandé. Leur installation sur leur territoire actuel serait très ancienne.

réduction du minerai de fer. Pour les traditionnistes, la production du fer est un domaine réservé aux hommes. Parler de métallurgie à une femme est, pour eux, comme un sacrilège aux autels de forges. Le contact établi, l'explication sur le bien-fondé de notre recherche et la fréquence de nos visites sur le terrain ont permis de les mettre en confiance et de gagner leur sympathie.

Un oncle paternel, très influent dans le milieu villageois, nous accompagnait sur le terrain[13]. Notre origine forgeronne, du côté de notre mère, contribua favorablement à nous faciliter l'accès à l'information.

Nous utilisions un magnétophone pour enregistrer tout ce qui se disait sur place, mais avec l'accord des intéressés. Car certains refusaient d'être enregistrés. Un appareil photographique servait à saisir certaines images.

Ces traditions orales ont été collectées dans la langue locale, le *Mooré,* puis traduites en français, mises sur fiches et classées par thèmes et sous-thèmes pour faciliter le traitement des données. Près de 200 personnes ont été interrogées (hommes, femmes, enfants, personnes âgées), dont des informateurs principaux, choisis parmi les mieux informés sur le sujet. Ainsi, pour connaître ceux qui nous apportaient des éléments importants, un premier entretien a été fait. Quelquefois les informations sur les techniques de production anciennes du fer ont été suivies de pratique. En effet, nous avons observé de très près la confection de certains objets délicats comme le briquet, la lame ancienne et autres. Ces observations des faits et gestes du forgeron ont permis de compléter les données des traditions orales et de comprendre certaines descriptions de confection d'objets.[14]

Les entretiens se faisaient soit en groupe soit individuellement. Ces deux modes d'enquêtes orales comportent des avantages et des inconvénients. Le premier mode d'entretien en groupe oblige les personnes à surveiller leur récit, à cause du regard des autres. Nous avons perdu, à ce niveau, certaines informations, car, par peur des querelles, des faits historiques importants sont expressément tus. Le second mode d'enquête a permis d'aborder les sujets délicats et secrets. Cependant, par rapport au premier, le traditionniste donne des informations à son avantage, quelquefois pour des raisons de prestige. C'est pourquoi nous portons beaucoup d'attention au traitement des données qui permet de déceler ces imperfections et oublis volontaires.

Les premières personnes rencontrées furent les chefs de village. Ces derniers nous ont conduite vers les chefs forgerons qui ont donné la permission d'interroger toute personne du village susceptible de nous fournir des informations sur la sidérurgie directe du fer, forgerons et non forgerons compris.

Les personnes interrogées sont d'origines diverses. Le choix des traditionnistes s'est imposé à nous. Nous nous sommes rendu compte, après notre première investigation, qu'il existait des gens bien informés quel que soit leur âge. De ce fait, nous avons interrogé tout le monde, les forgerons âgés, jeunes, enfants, les femmes d'anciens chefs forgerons, les anciens de lignage et les chefs de village.

Les forgerons âgés ont permis, par leur expérience, d'avoir une idée générale sur les techniques de réduction du minerai de fer, les modes d'échanges anciens, les rites et interdits du métier de forgeron ainsi que l'histoire du peuplement de la région. Certains

[13] KIENON, Y. décédé en mai 1993

[14] Au Bulkiemdé il n'y a pas de division professionnelle dans la production du fer. Le terme forgeron désigne à la fois le métallurgiste et le transformateur de la loupe en produit fini.

forgerons, jeunes et enfants, étaient plus informés que des forgerons plus âgés. Ils étaient plus attentifs aux rites liés à la forge et aux techniques de fabrication de certains objets délicats.

Les anciens de lignage nous ont informée sur l'histoire du peuplement et l'occupation du sol. En revanche, certains chefs de village, que nous n'allons pas citer, avaient du mal à établir l'histoire de leur village. Cela s'explique par le fait que plusieurs d'entre eux étaient des fonctionnaires de l'Etat, qui avaient démissionné de leur poste pour hériter du pouvoir leur revenant de droit. Ils étaient coupés de la réalité historique et culturelle de leur village.

Les veuves des chefs forgerons ont apporté beaucoup sur la connaissance de l'image de la femme dans les sociétés de forgerons et le rôle qu'elles jouent sur le plan cultuel. La femme ne participe à aucune activité métallurgique dans certaines de ces sociétés de forgerons, car elle est considérée comme celle qui souille et peut faire échouer les opérations de réduction du fer. Néanmoins, elle joue un rôle très important sur le plan rituel. Un forgeron célibataire ne peut pas, par exemple, devenir chef forgeron. Il lui faut une femme qui l'épaule dans les opérations rituelles de la grande forge qu'il supervise.[15] La femme est celle qui apporte l'eau versée à la forge où l'on transforme la loupe en produit fini pour les différents sacrifices rituels.

Pour avoir de bons contacts avec la population au sein de laquelle on travaille, il faut adopter une attitude en conformité avec les règles de cette société. Le comportement sur le terrain est un point déterminant dans la collecte des données. Les traditionnistes sont plus exigeants envers un chercheur de leur milieu. Les erreurs de comportement sont considérées comme des fautes graves. Notre avantage à ce niveau est notre appartenance à ce milieu, nous mettant ainsi à l'abri de certaines maladresses préjudiciables à notre travail. La tenue vestimentaire, par exemple, chez une femme peut lui ouvrir ou fermer l'accès à l'information, selon qu'elle s'habille par rapport aux normes traditionnelles ou non. Chez une femme africaine, le port du pantalon est fortement déconseillé lors des premiers contacts.

B. le traitement des données

Nous avons procédé au recoupement des différentes données (écrites, archéologiques et orales) afin de relever les incohérences et les convergences. L'accent a été mis sur la critique des données de la sidérurgie directe du fer ainsi que sur celles de l'histoire du peuplement ancien, afin d'identifier ces populations communément appelées *Nînsi* qui posent encore aujourd'hui un problème d'identification.

Dès lors, l'approche de la toponymie comme indice de recherche archéologique et historique s'est imposée. Chaque site archéologique a un toponyme. Et comme le dit si bien Bernard Henry dans *Toponymie et archéologie sciences solidaires* « les toponymes sont autant de cristallisation fossile de langues et de cultures disparues (...). Ils sont donc à priori des indices précieux et pour la linguistique et pour l'archéologie, au même titre que les tessons de céramique avec lesquels ils peuvent cohabiter. »[16]

---

[15] Au Bulkiemdé, il existe différents types de forges. Nous donnerons plus d'explication dans les derniers chapitres.

[16] HENRY, M. B. : « Toponymie et archéologie, Sciences solidaires. ». *Société archéologique et Historique de la Charente* Angoulême 1971, P 531-540, P 532

Les traditions orales nous permettent de connaître les toponymes des sites archéologiques et une partie de leur histoire. Par ce biais, nous avons pu comparer ces données aux fouilles archéologiques. Les résultats des critiques ont confirmé ou infirmé les données des traditions orales. Nous avons effectivement constaté l'existence de deux types de métallurgie. Celle des anciens occupants, très différente de celle des populations actuelles. Quant à la présence d'un peuple nommé *Ninga* (pl *Nînsi*) qui a existé au Bulkiemdé avec une identité culturelle et ethnique, le doute est encore présent.

D'autre part, l'approche des aspects sociaux et cultuels donne des résultats inattendus. Ceux-ci sont de véritables « véhicules d'histoire ». Ils ont été suivis avec beaucoup d'attention, notamment au niveau des paroles prononcées lors des libations et des sacrifices rituels. Ils renferment des informations sur l'origine des différentes forges et l'histoire de la métallurgie du fer en général. Les paroles sacrées prononcées lors du chargement du fourneau et le sacrifice du poulet aux dieux de la forge et de la terre, avant le début de la réduction du minerai de fer, ont permis la découverte de différents types de forges.

I-3. les sources archéologiques

A. Les différents sites

Sur toute l'étendue de la province, ont été décelées des traces de réduction du minerai de fer qui sont, les restes de scories, de tuyères, des fragments de fours etc...Preuve que la province a connu la réduction directe du minerai de fer. Toutefois, certains sites ont retenu notre attention par l'histoire tenue à leur propos, leur aspect et leur importance.

a. sites anciens de la sidérurgie directe du fer

Dans la province du Bulkiemdé, Plusieurs sites d'extraction du minerai de fer ont été signalés. Mais compte tenu de certains modes d'exploitation comme le ramassage de cailloux, le décapage des montagnes, des collines, et de certaines cuirasses ferrugineuses qui affleurent en surface, seuls les villages de Kindi et de Ralo où a été pratiquée l'exploitation par puits circulaires, gardent des traces palpables[17].

Les sites de réduction du minerai de fer de la province du Bulkiemdé, qui gardent encore certaines superstructures, sont situés dans le village de Wologteng-Gooden. Mais, seul celui situé au sud-ouest du village, au quartier Lilbouré revêt un intérêt particulier par son étendue et par les restes de bases de fourneaux qui apparaissent en surface.

b. sites d'habitat, nécropole, et buttes anthropiques

Des sites étendus ont été mis au jour à Pella, Kindi, Ralo et Wologteng-Gooden. Une partie des sites métallurgiques de Ralo a été découverte par l'équipe de recherche du laboratoire d'archéologie de l'université de Ouagadougou en 1983. Ceux de Pella, Kindi, et Wologteng-Gooden ont pu être identifiés grâce au projet Campus. Les sites de Ralo et de Wologteng-Gooden, l'objet d'étude de notre part, ont un potentiel archéologique énorme.

[17] Nous abordons les détails sur les différents types d'exploitation du minerai de fer dans les prochains chapitres.

A Ralo, le site est constitué de plusieurs buttes anthropiques, dont les surfaces sont jonchées de fragments de céramique[18]. Certaines renferment des jarres funéraires que l'on voit apparaître dans les bas-fonds alluviaux, révélant des crânes humains.

Les sites d'habitat de Wologteng-Gooden sont les plus importants en étendu et en nombre. Plusieurs sites ont été portés à notre connaissance. Le plus vaste, se présente sous forme d'une colline de 70 à 100 m de long, de 50 à 60 m de large et de 2 à 5 m de hauteur[19]. Il est situé au sud-est de la route Yako-Koudougou, où vient d'être construit un barrage dont les eaux engloutissent une partie du site archéologique. L'important dans cette étude, c'est le lien systématique que les traditionnistes établissent entre les sites d'habitat et les sites de la métallurgie ancienne du fer, qui sont le plus souvent très proches les uns des autres. Ces sites ont-ils vraiment un lien? Et comment établir ce lien entre les sites d'habitat et les sites de l'exploitation ancienne du fer?

B. Méthodologie générale d'approche des sites archéologiques : privilégier une étude complète.

Nous avons décidé de faire une étude complète, allant de la recherche du minerai à l'étude métallographique des objets finis des habitants actuels et anciens. Pour ce faire, nous avons privilégié l'étude des sites de réduction proches des sites d'habitat que les traditions orales attribuent aux mêmes auteurs. Le but est non seulement de savoir s'ils sont contemporains mais aussi d'avoir des éléments en fer permettant d'étudier les techniques de transformation des produits finis des anciens occupants.

Tout au début, nous avons retenu l'idée de fouiller plusieurs sites. Cependant pour des raisons logistiques et financières, nous avons opté pour une étude approfondie et complète d'un village qui renfermerait les vestiges de réduction du fer et d'habitat.

Cette stratégie de recherche posait aussi des problèmes fondamentaux. Quel village choisir ? Et quel site fouiller ? Par rapport à quel critère doit-on choisir un site plutôt qu'un autre ?

Au stade actuel de nos recherches, les sites d'habitat associés à des sites de la métallurgie directe du fer par les traditions orales se situent dans le village de Ralo et de Wologteng-Gooden. A Ralo, les sites d'habitat cohabitent avec les puits de minerai de fer. Aucun site de réduction du fer n'a été signalé, mis à part un reste de four de réduction attribué aux ancêtres des actuels habitants. Il est probable que ces puits aient été exploités par des forgerons d'autres localités qui n'ont aucun lien avec les sites d'habitat anciens, contrairement aux affirmations des traditions orales qui prétendent qu'une partie du site a été exploitée par les auteurs des sites d'habitat. En revanche, à Wologteng-Gooden, plusieurs sites de réduction du fer sont proches des sites d'habitat.

De plus, de tous les sites de la province, les restes de ce village semblent avoir mieux résisté au phénomène d'érosion. Toutes ces raisons ont déterminé notre choix du village de Wologteng-Gooden.

Les résultats des fouilles furent à la hauteur de nos attentes. Les sites d'habitat ont fourni un mobilier très important. Les céramiques d'une grande diversité furent mises au

---

[18]Cette céramique est étudiée dans notre mémoire de maîtrise sur l'exploitation traditionnelle du fer à Ralo.

[19]Le tertre anthropique a été signalé par F. IBMS op cité et la mission de J. DEVISSE et J.B. KIETHEGA du 10 juin 1973. Archives du laboratoire d'archéologie de l'université de Ouagadougou.

jour, ainsi qu'un matériel en fer et des scories qui nous ont permis de faire une approche archéométrique conséquente.

I-4. La paléométallurgie : une science d'avenir

L'étude archéométrique a constitué une véritable révolution dans l'approche de la métallurgie ancienne du fer. Elle a fortement progressé avec le développement des méthodes physico-chimiques[20]. Aujourd'hui, une étude complète sur la sidérurgie ancienne du fer ne peut se faire en dehors de l'approche archéométrique, qui permet une double analyse externe et interne, des objets archéologiques et historiques.

A. Méthodologie de base de l'étude archéométrique

Il est possible, à partir d'observations structurales, de déterminer une partie de l'histoire d'objets métalliques, étant donné que la structure d'un métal est conditionnée par les traitements thermomécaniques subis par le matériau.[21]

Mais avant d'atteindre des résultats fiables, une bonne préparation de l'échantillon est nécessaire. Au préalable, une étude formelle sur tous les objets est conseillée. Celle-ci permet de détecter les parties significatives et de pratiquer des prélèvements conséquents. En effet, un bon prélèvement garantit des données intéressantes sur les différentes mises en forme de l'objet.

Les secteurs à étudier sont sectionnés à l'aide d'une tronçonneuse métallographique. Ils sont par la suite enrobés, par petits fragments, dans de la résine pour faciliter le polissage qui se fait sur papier abrasif à grains décroissants (de 180 à 4000). Le polissage est ensuite raffiné à la pâte diamantée de 3 à 1 micron. De plus, avant de passer au polissage à la pâte diamantée, l'objet est mis dans un bac à ultrason afin d'éliminer toutes les impuretés et particules qui pourraient rayer la surface à étudier. A la fin de l'opération, l'échantillon est observé au microscope optique pour s'assurer de son bon polissage et procéder à l'attaque chimique au nital (solution alcoolique à 6% d'acide nitrique). Celle-ci a pour rôle de révéler la structure de l'échantillon métallique. De ce fait, l'attaque doit être faite avec assez de délicatesse[22] car le temps d'attaque dépend du matériau de l'objet.

Une autre étape consiste à faire des essais de microdureté sur les différentes phases en présence, pour rendre plus facile l'interprétation des structures métallographiques. Le principe consiste à appliquer une force sur une pointe diamantée. L'empreinte laissée par le diamant sur le matériau est proportionnelle à la dureté.

B. Etudes métallographiques et analyses chimiques

Les métaux portent les traces des traitements thermiques et mécaniques au niveau de leurs microstructures. Ces dernières sont visibles grâce au microscope optique après les

[20] MOHEN J.P.: *Métallurgie préhistorique, introduction à la paléométallurgie*. Masson Paris, 1990, 230p , P28

[21] GUILLOT, I., FLUZIN, P. : « Interprétation structurale de l'élaboration et de l'utilisation d'outils miniers.». *Bulletin de la société préhistorique française*, 1984, T84 C.R.S.M., n° 8, p249.

[22] L'acier se révèle plus vite que la ferrite. Ainsi, lorsqu'on a un matériau composé d'acier et de ferrite, il est préférable de faire une attaque par tranche, en commençant par l'acier qui se piqûre très vite.

traitements métallographiques dont nous avons parlé plus haut. De ce fait, l'étude métallographique est l'approche structurale des objets métalliques. Elle permet d'appréhender les traitements thermomécaniques, thermochimiques, les techniques de forges, le degré de technicité du forgeron, l'élaboration, l'utilisation et les réparations effectuées sur l'objet.[23]

Au niveau de ces études archéométriques, nous étudions aussi les restes de minerai, les scories, les morceaux de loupes. Ces analyses physico-chimiques nous aident quant à la reproduction des conditions de réduction dans les fourneaux. En effet, l'étude des scories par exemple, sur le plan des composants chimiques et de la métallographie, apporte des éléments sur le fonctionnement du fourneau et la formation du métal. Un autre avantage de ces analyses chimiques est d'essayer d'établir par ces études, la filiation minerai-scorie-objet, d'identifier l'origine de la matière première. L'approche chimique pour déterminer la composition du minerai peut éclairer le chercheur quant aux conditions de réduction dans les fourneaux. Certains minerais sont plus faciles à réduire que d'autres ; tout dépend de leur teneur et de leur composition chimique.

CONCLUSION PARTIELLE

La méthodologie de recherche basée sur la confrontation de différentes sources (orales, historiques et archéologiques) pour arriver à des résultats positifs montre les difficultés du chercheur archéologue des sociétés à traditions orales. Ces dernières, qui constituent les seules sources à pouvoir donner des informations préliminaires sur les sites archéologiques de la métallurgie ancienne du fer, sont limitées. Ils n'ont pas de souvenirs concrets et ne peuvent que faire des descriptions des sidérurgies de leur propre société que nous comparons aux structures métallurgiques trouvées en fouille. Cependant, les résultats obtenus par les données orales sont importants et marquent un pas décisif dans la connaissance de la métallurgie ancienne du fer des populations actuelles.

La sidérurgie directe du fer est une activité qui nécessite par ailleurs l'existence de certaines conditions particulières telle la présence de matière première, de combustible, de comburant, que seul le milieu naturel est capable de fournir.

[23] GUILLOT I., FLUZIN P.: "Interprétation structurale de l'élaboration et de l'utilisation d'outils miniers." extrait du *bulletin de la société préhistorique française*, T84 1984 C.R.S.M. N° 8 , P 248-256, P 249.

Chapitre II

LE MILIEU NATUREL DANS LA SIDERURGIE DIRECTE DU FER

Dans le cadre d'une étude sur la sidérurgie directe du fer, il nous a paru indispensable de mettre en évidence le rôle du milieu naturel dans l'exploitation de la sidérurgie directe du fer. Certes, l'intérêt ici n'est pas de décrire un milieu naturel, mais d'établir le lien qui existe entre le sidérurgiste, la sidérurgie et ce milieu. Nous essayons de montrer les besoins du métallurgiste au sein de son cadre naturel, qui comporte des éléments tels les sols, les vents, le minerai et la végétation.

II.1. Le cadre géologique et géomorphologique

A. La géologie: une structure dominée par les roches précambriennes

Le Burkina Faso s'étend sur trois grands ensembles géologiques de l'ouest africain qui sont:

- le socle précambrien métamorphique et éruptif qui s'étend sur les trois quarts du pays.

-les couvertures sédimentaires des bordures orientales et nord orientales du bassin de *Taoudéni*.

-les couvertures sédimentaires situées à l'extrémité nord-est des formations de l'*Oti*. (carte p32).

La structure géologique de la province du Bulkiemdé incluse dans celle du Burkina Faso, se compose dans sa majorité du précambrien C (le birrimien) et du précambrien D (antébirrimien) (carte p33).

Le birrimien est constitué de roches très diverses dont les schistes, les grauwackes, les micaschistes, les quartzites et les roches vertes d'origine volcanique.

Le précambrien D est quant à lui composé de migmatites et de granites indifférenciés.

Les roches birrimiennes qui constituent l'essentiel du socle géologique du Bulkiemdé sont fréquemment cuirassées. Elles jouent un rôle très important dans les gisements des eaux souterraines et l'extraction du minerai de fer dans ces différentes cuirasses.

B.Géomorphologie : une région monotone et très cuirassée

a. Une vaste pénéplaine

La province du Bulkiemdé fait partie de l'immense pénéplaine qui constitue, avec la très ancienne action d'érosion, une grande partie du Burkina Faso. C'est en fait une juxtaposition de reliefs résiduels de très faible dénivelé (généralement inférieur à 15 m de hauteur) essentiellement constitués de:

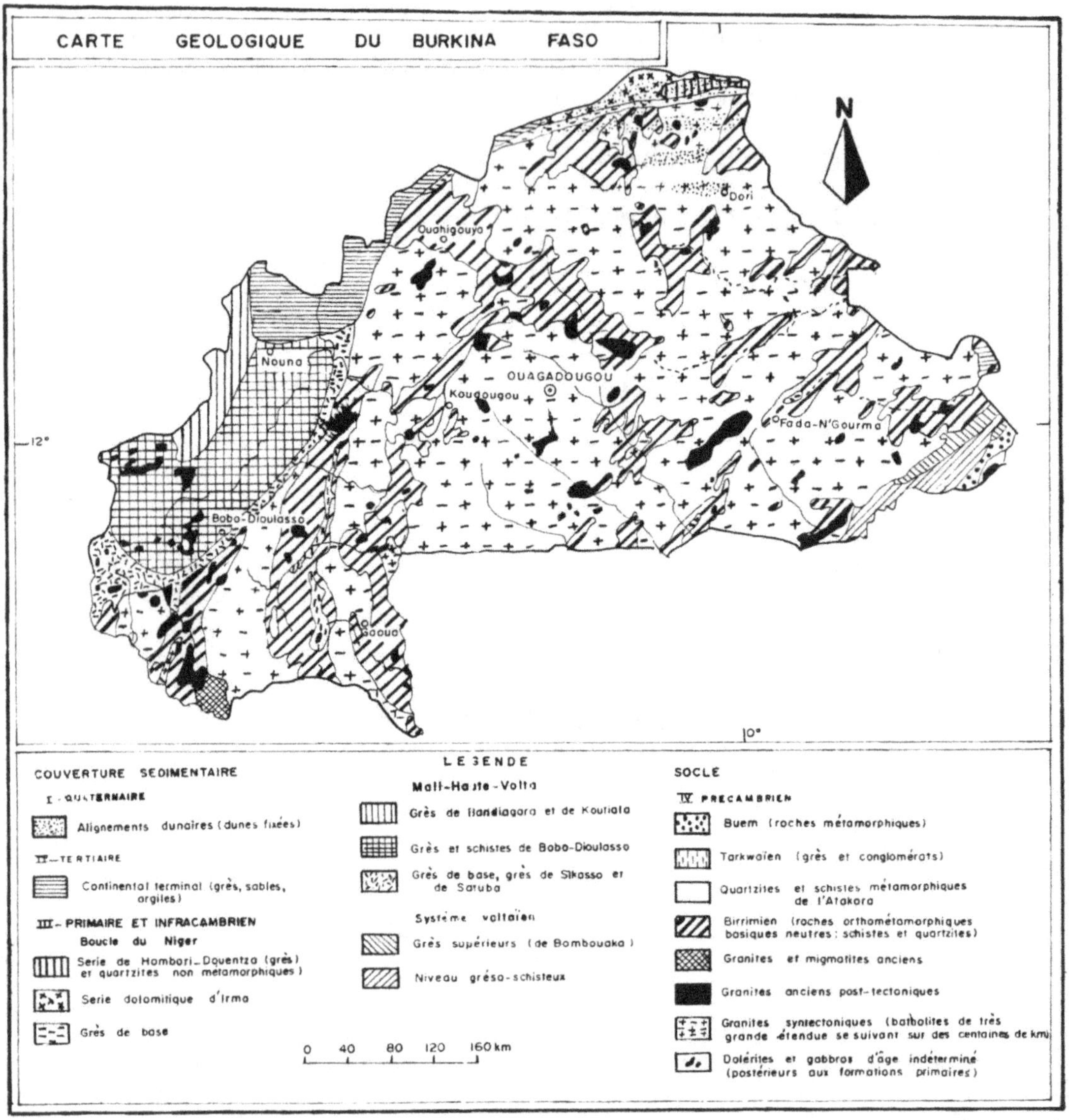

Source : S.A.E.D. d'après Atlas Haute-Volta.   Cartographie : DABIRE E.   U.O.

CARTE GEOLOGIQUE DU BULKIEMDE

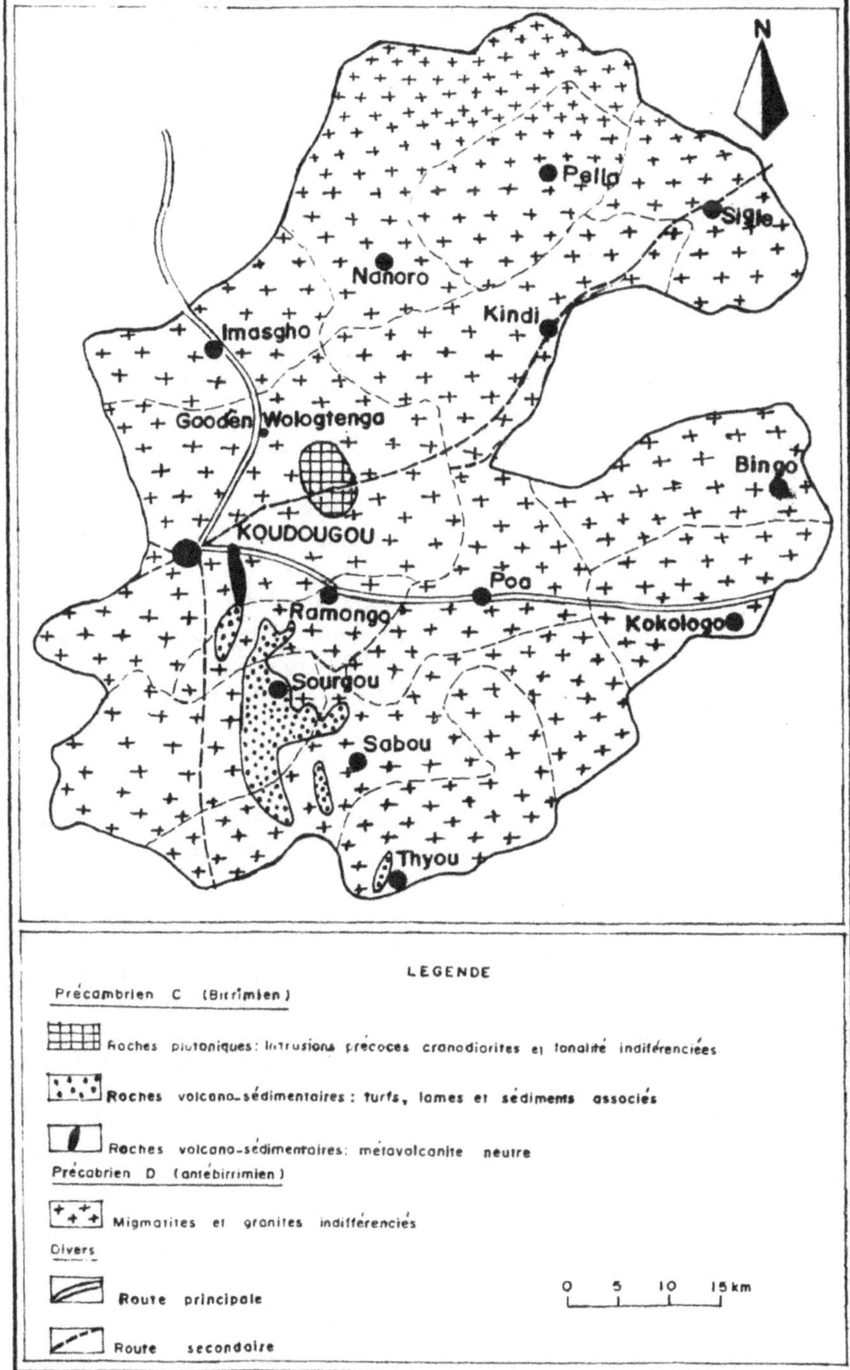

Source: Ministère de l'eau DEP
Projet bilan d'eau

Cartographie: DABIRE E. U.O.

- dos de baleine rocheux : ce sont des roches plutoniques précambriennes (précambrien C et D) du type granitoïde dont les migmatites, les granites indifférenciés (ex granite leucocrate à biotite et granite à biotite et muscovite de Ralo.)

- de petites collines présentant à leur sommet de la cuirasse ferrugineuse généralement très démantelée.

- de micro-buttes cuirassées qui ont conservé leur dalle. Celle-ci présente actuellement de grandes diaclases.

Ces micro-buttes et petites collines sont des lambeaux d'un glacis cuirassé fortement disséqué et à démantèlement plus où moins poussé selon le cas.

b. Une région très cuirassée

Le phénomène de cuirassement est quasi généralisé dans la région, à l'exception des zones d'inondation temporaire de certains chenaux d'écoulement. Les cuirasses se rencontrent presque partout au Burkina Faso. Leur nombre croit à proximité des roches birrimiennes. Leur puissance varie de 50 cm à plus de 10 m. Les cuirasses de la province du Bulkiemdé sont formées à partir de la recimentation de nodules ferrugineux de formes arrondies et ayant été repris par une deuxième phase de cuirassement. Ces cuirasses ont été primordiales dans l'existence de cette industrie ancienne.[24]

C. Les cuirasses : leur importance dans la sidérurgie directe du fer

De façon générale, il existe une cuirasse latéritique, très souvent ferrugineuse, sur presque toute l'étendue de l'Afrique occidentale. Ce qui pourrait expliquer l'existence de très nombreuses industries du fer en Afrique, différentes les unes des autres selon les sociétés.

a. définition et origine des cuirasses

La cuirasse latéritique est un produit de décomposition de toute roche silicatée alumineuse, caractérisée au point de vue chimique par la présence des hydroxydes de fer et d'aluminium, les autres éléments de la roche sont éliminés.[25]

Ces cuirasses sont des témoins d'aplanissements conservés grâce à l'armature d'oxydes indurés d'aluminium ou de fer. Celles-ci se regroupent en ensembles par rapport à leur âge. Au cours de leur formation, il y a des phénomènes d'aplanissement, de cuirassement, d'altération et une période d'évolution où dominent les phénomènes de démantèlement, de lessivage, de dissection.

L'extension des cuirasses d'un niveau, leur altitude relative, leur transformation plus ou moins complète en horizon gravillonnaire sont déterminées par la période d'évolution ou de destruction de ce niveau, au cours de laquelle les événements qui se sont produits peuvent être différents d'une région à l'autre. Le climat joue un rôle déterminant.

---

[24] SANOU Dya, membre du projet Campus, est Maître Assistant au département de géographie de l'Université de Ouagadougou, où il enseigne la géomorphologie. Il a été chargé de faire une étude géologique et géomorphologique de la province du Bulkiemdé.

[25] FRANCIS-BOEUF, CL. : "L'industrie autochtone du fer en Afrique occidentale" *Bulletin de l'I.F.A.N., B.C.E.A.S.- A.O.F,* T 20 N°4, 1937 , p 403-464, p 409

En effet, pendant la période de construction ou de destruction, les résultats obtenus dépendent des climats qui se sont succédé. Mais il faut noter que ces résultats sont fonction du modelé et des matériaux en place au début de la période considérée.[26]

Les ensembles de cuirasses généralement appelés niveaux cuirassés ou systèmes de cuirasses, observés en Côte d'Ivoire, au Ghana et au Burkina Faso, sont attribués à cinq niveaux qui sont:

- le niveau bauxitique qui rassemble les cuirasses les plus anciennes et les plus puissantes. Leurs altitudes varient entre plus de 800m et moins de 300m. Ces cuirasses bauxitiques sont les seules à contenir une forte proportion d'alumine libre atteignant fréquemment 40%. En observant les caractères de la surface d'aplanissement on en déduit que des climats à pluviosité forte et régulière ont dominé la formation de la surface cuirassée. Des climats à saison sèche assez marquée, favorisant l'induration des cuirasses, ont pu succéder à des climats constamment humides, favorisant l'existence d'un modelé à faible ondulation, ou ont alterné avec de tels climats et cela au début du tertiaire.

- le niveau intermédiaire, quant à lui, rassemble des cuirasses ferrugineuses. Il a une forte teneur d'oxyde de fer (Fe2o3) qui dépasse en général 50 % et atteint le plus souvent 60%. Ce sont les cuirasses les plus riches en fer parmi toutes les autres. Les cuirasses intermédiaires sont les témoins d'un système de multiples aplanissements, formés en position de piémont qui sont en fait des glacis. Leur extension initiale dépendait de la densité des reliefs et du réseau hydrographique. Leur situation géomorphologique est variable. Elles peuvent occuper les points les plus hauts, les plateaux proches des collines plus élevées portant ou ayant porté des cuirasses bauxitiques formant ainsi des éperons aux flancs de ces collines. La formation des cuirasses intermédiaires est favorisée par la séquence de climats très diversifiée qui comporte à la fois des climats à pluviosité très concentrée, nécessaires au façonnement de vastes glacis[27] et des climats humides, responsables de l'altération des kaolinites profondes.

- le haut-glacis quant à lui a un système d'aplanissement qui ne se présente pas sous la seule forme d'un niveau de cuirasses. On a des portions non indurées des glacis qui ont échappé à la dissection. Leur aspect varie avec la latitude, le contexte géomorphologique et la nature des roches du substratum. Sur le plan géomorphologique, il peut se présenter sous plusieurs formes telles le témoin isolé, le point culminant local, le glacis conservé en position de piémont.

- le moyen-glacis s'emboîte dans le haut-glacis à quelques mètres. C'est le même système d'aplanissement cuirassé que le haut-glacis. Le moyen-glacis étant récent, les présentations morphologiques sont moins variées. Néanmoins il reste en général relié le plus souvent à des témoins cuirassés du haut-glacis. Au Burkina Faso central et septentrional, le moyen-glacis atteint une extension considérable.

- le bas-glacis ne se développe qu'à partir du Burkina méridional, en dehors des vallées des grands fleuves. Il peut être cuirassé à ce niveau, à la différence du Burkina Faso septentrional où il présente une grande extension et reste fonctionnel. Les cuirasses des bas-

---

[26] GRANDIN, G.: *Aplanissements cuirassés et enrichissement des gisements de manganèse dans quelques régions d'Afrique de l'ouest.*
Mémoire O.R.S.T.O.M. 275 P, N° 82 Paris 1976 P 163

[27] Les glacis sont des surfaces d'érosion en pente douce développées aux pieds des reliefs.

glacis sont peu épaisses (0,5 à 1 m, rarement 1,5 m), peu indurées et occupent de faibles superficies[28].

En somme, l'importance des cuirasses ferrugineuses au niveau de la zone soudanienne résulterait d'un compromis entre les intensités de l'aplanissement, du cuirassement et du démantèlement pour les trois glacis cuirassés.

b. Les différents états de la cuirasse ferrugineuse

La cuirasse ferrugineuse peut affleurer à la surface du sol, sur des collines et des montagnes, ou se trouver sous des formations sableuses ou encore au fond des mers. Au Sénégal par exemple, on rencontre la carapace de fer existant sous des épaisseurs de sable de 4 m et plus. La croûte latéritique était déjà formée avant l'invasion des sables. Il en va de même pour la latérite des fonds marins, qui s'explique en fait par la transgression marine[29]. Les différents modes d'exploitation dépendent de la présentation de la cuirasse ferrugineuse, de la nature du minerai recherché.

Les métallurgistes à la recherche du minerai de fer ont employé plusieurs techniques que nous étudierons en détail aux prochains chapitres. Au Burkina Faso, quatre principaux systèmes de prélèvement du minerai de fer sont identifiés : le prélèvement dans la cuirasse, l'exploitation de la carapace, l'utilisation des nodules ou gravillons ferrugineux, le prélèvement dans les schistes.

c. Le minerai de fer

Le fer constitue près de 5,6 % de l'écorce terrestre. Il se présente sous différentes combinaisons qui conditionnent leur traitement pour l'opération de réduction. Les constituants minéralogiques peuvent être divisés en deux groupes. Les constituants ferrifères, qui mis à part quelques cas de fer natif, se rencontrent soit sous forme d'oxydes, ou d'hydroxydes (les magnétites, la limonite, l'oligiste, l'hématite...), soit sous forme de sels composés (les sulfures, les carbonates, les silicates...) et les constituants d'accompagnement ou de formation de la gangue (quartz, apathite, silico-aluminate...). Ils jouent un rôle important d'abord par leur composition chimique qui influence celle du laitier et aussi par leurs propriétés chimiques qui conditionnent souvent celles des minerais, et par conséquent la réduction directe du minerai de fer. Trois conditions essentielles doivent être remplies pour la bonne marche de cette opération. Ce sont, la facilité de réduction tenant à la richesse en fer des minerais et à sa constitution physique, la limitation de la teneur en silice du minerai de fer pour éviter une trop grosse perte en fer par scorification, la facilité d'exploitation des minerais[30]

En effet, le minerai de fer utilisé a une influence sur la réduction du fer. Selon sa composition, il peut faciliter ou retarder l'opération. Les limonites, les oligistes de forme naturelle et de très haute teneur en fer sont favorables à la réduction à basse température.

[28] GRANDIN, G. : *Aplanissements cuirassés en Afrique occidentale et enrichissements des gisements en manganèse dans quelques régions d'Afrique de l'ouest.* Mémoire ORSTOM N82 Paris1976, 275pages P 169

[29] FRANCIS-BOEUF, CL. ,: « L'industrie autochtone du fer en Afrique occidentale . » *Bulletin de l'I.F.A..N., B.C.E.A..S.-A.O.F.* T20, N°4, 1937,p 403-464, p 409

[30] MARECHAL J.R. : *La préhistoire de la métallurgie et ses prolongements.* Revue archéologique hors série n°14, 2ème trimestre 1983, 413p, p 166

Par contre les magnétites et les carbonates spathiques[31] pauvres en fer sont difficilement réductibles. Il faut les griller pour faciliter le traitement[32].

Les anciens métallurgistes de la province du Bulkiemdé, qui ont utilisé en majorité l'hématite, savaient par simple observation et toucher de la main, faire la distinction entre le bon minerai facile à réduire et le mauvais. La bonne qualité se traduisait par une couleur noire, brillante et lourd entre les doigts[33].

Le minerai de fer n'est pas la seule matière première recherchée par les métallurgistes. La présence de combustible dans l'environnement immédiat est nécessaire et déterminante.

II-2 Pédologie et végétation

A. Pédologie : des sols très pauvres

Dans la province du Bulkiemdé, comme dans la plupart des régions du plateau *Moaga*, se pose le problème de l'érosion des sols. Ceux-ci sont très dégradés.

Ce sont, les sols peu évolués sur matériau gravillonnaire associés à des lithosols sur cuirasse ferrugineuse, les sols minéraux bruts d'érosion ou squelettiques, les sols hydromorphes et les sols à mull des pays tropicaux.

A l'est et au nord-ouest de la province, nous avons une grande majorité de sols peu évolués sur matériau gravillonnaire, de sols bruts d'érosion ou squelettiques, associés aux lithosols sur cuirasse ferrugineuse. Ces sols sont très réfractaires quant à l'activité agricole et ont une faible capacité en rétention d'eau. Toutes ces caractéristiques ont favorisé l'existence des cultures pluviales tels le sorgho, les mils et l'arachide. Au sud et au sud-est, ainsi qu'au nord, nous sommes en présence de sols hydromorphes, hydromorphes minéraux, de sols à taches et à concrétions.

Ces sols ont en commun un faible taux de matière organique et une insuffisance d'éléments minéraux indispensables à leur fertilité. En outre, l'action de l'homme tels que les feux de brousse, la coupe abusive du bois, le surpâturage, les défrichements diminuent énormément l'apport biomassique issu de la couverture herbeuse et des feuilles de ligneux.

Les caractéristiques de ces sols sont des facteurs déterminants de la couverture végétale qui laisse apparaître une savane anthropique très lâche.

B. Les formations végétales : une végétation «procure tout»

Le Bulkiemdé appartient au domaine soudanien avec la savane arborée et arbustive. Il existe diverses formations très localisées.

Dans les zones cultivées qui entourent presque toutes les habitations familiales, se dressent des espèces tels le karité (*Butyrospermum parkii*) et le néré (*Parkia biglobosa*). On se sert des deux essences pour la production du bois de feu, du bois d'œuvre, ainsi que pour la régénération naturelle du couvert végétal.

---

[31] Les carbonates spathiques font partie des sidérolithiques. Ils désignent une formation géologique complexe caractérisée par des argiles rouges (bolus) à concrétions ferrugineuses (pisolithes).

[32] MARECHAL J R : *La préhistoire de la métallurgie et ses prolongements* Revue archéologique hors série N° 14, 2è trimestre 1983, 413P, P166.

[33] Zongo, B, 1994, Ralo

*Le Butyrospermum parkii n'*est utilisé qu'occasionnellement comme charbon de bois au niveau de la forge pour l'affinage, du fait de sa qualité médiocre et de sa capacité à fumer désagréablement avec des jets d'étincelles. Son tronc, coupé et enterré au milieu de la forge, sert de support à l'enclume, pièce maîtresse de l'atelier.

Le *Khaya senegalensis*, préférant les sols humides, profonds et alluvionnaires, pousse sur le bord des cours d'eau, les bas-fonds non inondés. Il s'établit aussi sur des stations très sèches, superficielles ou latéritiques quand les précipitations suffisent, c'est-à-dire des pluies de 650 à 1300 mm réparties sur 4 à 7 mois. C'est une très bonne essence pour le bois de feu, le charbon de bois, la réduction du minerai du fer et l'épuration à la forge. Son pouvoir calorifique est excellent, 4775 en cal/g avec une densité de 0,82[34]. Le *Kaya senegalensis* est aussi très recherché à cause de ses multiples utilisations domestiques et artistiques. Il convient aussi à la plantation ou à la régénération naturelle de la végétation. Ainsi, il constitue quelquefois des savanes-parcs qui sont des sélections anthropiques, de très grande hauteur, concentrées dans les bas-fonds. Sous ces arbres poussent des arbustes denses et une couverture de graminées.

On note aussi la présence de forêt claire, où l'on rencontre des arbres de taille petite ou moyenne, situés près des villages. Cette formation végétale constitue en général les bois sacrés ou les forêts classées et regorge de plusieurs espèces qui sont :

Le *Burkea africana* et le *Detarium microcarpum* dont le charbon de bois est utilisé uniquement pour l'affinage à la forge. Les traditionnistes pensent que ce dernier a une grande capacité d'épuration de la loupe de fer et facilite ainsi le travail du forgeron à l'atelier.[35]

L'Anogeissus leiocarpus utilisé pour le bois de feu, le charbon de bois et pour la production de bois d'œuvre, convient pour la régénération naturelle du couvert végétal.

Le *Bombax costatum*, le kapokier rouge, a une importance restreinte dans la construction des maisons et la fabrication des objets d'art. Ses fleurs, fruits et graines sont utilisés pour la cuisine. Aucune utilisation au niveau de la métallurgie du fer n'a été signalée.

L'Annea microcarpa a besoin de sols plus profonds et plus frais. Il a un pouvoir calorifique moyen et est employé pour le bois de feu, le charbon de bois. Les fruits et graines, disponibles avant la saison des pluies, sont comestibles.[36]

Le *Cassia sieberiana*, de la famille des Caesalpiniace, aime les sols humides des galeries forestières avec au moins 500 mm de pluie par an. On peut aussi le trouver sous forme de buissons sur les stations latéritiques ou arides. Son pouvoir calorifique moyen, faciliterait, d'après les forgerons, la réduction du minerai de fer.

Le *Sclerocarya birrea* est une espèce moins exigeante, il pousse sur les sols pierreux, sableux et les croûtes latéritiques. Il est employé fréquemment pour le bois de feu occasionnellement pour le charbon de bois.

---

[34] VON MAYDELL H. J.: *Arbres et arbustes du Sahel: leurs caractéristiques et leurs utilisations* Eschborn 1983, p289

[35] KIENDREBEOGO K., 23/12/95 à Tiogo
KIENDREBEOGO R.et al , 20/01/93 à Tiogo

[36] VON MAYDELL H. J.: *Arbres et arbustes du Sahel : leurs caractéristiques et leurs utilisations.* Eschborn 1983, P 289

Le *Guiera senegalensis* est très recherché au niveau de la métallurgie ancienne du fer, car ses racines faciliteraient la réduction du minerai. Son pouvoir calorifique est excellent. Il pousse sur les sols lessivés, sableux, en jachère et dans les endroits secs.

TABLEAU N 1: DIFFERENTES ESPECES VEGETALES ET LEUR UTILITE DANS LES SOCIETES DU BULKIEMDE

Nom scientifique	**Nom en langue Mooré**	**Utilisations domestiques/ autres**	**Utilisation dans la métallurgie du fer**	**Qualité de l'espèce dans son utilisation pour la métallurgie du fer**
Annéa microcarpa		Feu de bois, charbon de bois, bois d'œuvre, les fruits et les graines sont comestibles, utilisation médicinale(feuilles et écorces)	Néant	
Angeinus léocarpus	Siiga	Feu de bois, charbon de bois, bois d'œuvre, développement systématique de la régénération naturelle	Néant	
Bombax costatum	Voaka	Très recherché dans la confection de meubles, bois d'œuvre, fleur fruit et graine comestibles	Néant	
Burkea africana	Sêega		Utilisé uniquement pour l'affinage à la forge	Son charbon de bois possède un très grand pouvoir de purification au niveau de la

				loupe de fer
Butyrospermum parkii	Taãga	Bois de feu, bois d'œuvre, régénération naturelle, aliments et denrées de consommation	Utilisation occasionnelle comme charbon de bois au niveau des opérations de la forge. Le tronc d'arbre est utilisé comme support de l'enclume	
Cassia sieberiana	Kubr sak	Bois d'œuvre, charbon de bois, utilisations médicinales et vétérinaires	Utilisé dans la réduction du fer, il facilite la réduction du minerai	Très bonne qualité pour la réduction du fer
Detarium microcarpum	Kagdga		Utilisé uniquement pour l'affinage à la forge	Son charbon de bois possède un très grand pouvoir de purification
Guiera sénégalensis	Wiliwigué	Utilisation pour la régénération naturelle, les feuilles et les fruits sont consommés par le bétail en saison sèche	Les racines utilisées en réduction du fer facilitent cette opération	Excellente qualité
Kaya sénégalensis	Kuka	Bois de feu et charbon de bois, régénération naturelle, bois d'œuvre, usages médicinaux	Son charbon de bois est utilisé pour la réduction du minérai, l'épuration de la loupe, ainsi que l'affinage à la forge	Excellente qualité

Parkia biglobosa	Rwãga	Bois de feu, bois d'œuvre, régénération naturelle, aliments et denrées de consommation	Néant	
Sclérocarya birrea		Bois de feu, utilisé occasionnellement comme charbon de bois, bois d'œuvre, utilisations médicinales et teinture(écorce)		

Il est nécessaire de montrer les rôles essentiels du climat, du vent et de l'hydrographie dans la sidérurgie directe du fer.

II-3 Les données climatiques

La province du Bulkiemdé se situe dans la zone soudano-sahélienne comprise entre les isohyètes 900 et 600 qui constitue la région climatique la plus vaste du pays et dans laquelle l'on distingue quatre saisons : une saison sèche et fraîche de novembre à février, une saison sèche et chaude de mars à mai, une saison humide et fraîche de juin à septembre, une saison humide et chaude en octobre.

Le climat se caractérise par la prédominance de hautes pressions sahariennes, chaudes pendant la journée et fraîches la nuit ; ou par un flux d'air humide de direction sud-ouest à sud provenant des hautes pressions océaniques de l'hémisphère sud. Il est responsable des nuages et des perturbations tropicales.

Les vents sont de deux types. En saison sèche, ils sont de secteur nord-est à est, où prédomine l'anticyclone saharien l'harmattan, masse d'air sec et chaud, souvent chargé d'aérosols minéraux et organiques. Pendant la saison des pluies, il existe un flux d'air humide de direction sud-ouest à sud. Les forgerons adaptent leurs activités métallurgiques à ces saisons. Pendant la saison sèche, ils organisent les campagnes d'extraction du minerai et de réduction sans être gênés par les eaux de pluies. Dès le début de la saison des pluies, les activités se tournent vers l'affinage à la forge et la culture des champs[37].

L'eau est toujours un élément indispensable dans l'établissement des populations sur un territoire donné. La province du Bulkiemdé, comme l'ensemble du plateau *Moosé*, est caractérisée par un réseau hydrologique de surface très pauvre. Elle fait pourtant partie des zones les plus peuplées du Burkina Faso. Sa réserve en eau souterraine a permis aux populations anciennes et récentes de survivre par une maîtrise de son réseau hydrogéologique.

---

[37] KIENDREBEOGO K., et al, 1988, Tiogo

II-4 L'hydrographie : un réseau hydrologique de surface pauvre

Au Bulkiemdé, seul le Nazinon draine la partie est. Ce cours d'eau se rattache au bassin de la Volta. Il est le plus important des trois principaux bassins (les bassins de la Volta, de la Comoé et du Niger) et s'étend au centre et à l'ouest du pays sur une superficie de 120.000 km² . Il prend sa source au nord-ouest de Ouagadougou, plus précisément près de Boussé. Pendant les saisons pluvieuses, on a une bonne répartition des eaux de surface avec l'existence des fleuves secondaires et du fleuve principal, le Nazinon (carte p43). A ce réseau, s'ajoutent les marigots, les mares et les retenues d'eau artificielles qui jouent un rôle important dans les activités pastorales et agricoles. A la saison sèche, presque toutes les eaux de surface à régime hivernal, qui constituent la majeure partie du réseau, disparaissent, entraînant ainsi des difficultés pour l'approvisionnement en eau. Le Nazinon constitue à cette période de l'année la seule réserve d'eaux pérennes.

II-5 Les ensembles hydrogéologiques : une potentialité hydraulique souterraine importante

Les ensembles hydrogéologiques sont tributaires du socle géologique de la région[38]. (carte p44) Ainsi on a :

-un ensemble à dominante granito-gneissique ou migmatique (anté-birrimien). Il est le plus étendu et se caractérise par une épaisseur d'altération donc une potentialité hydraulique. Ce dernier est assez faible, mais on peut lui apporter une certaine amélioration locale par l'existence de différents réseaux de fractures aux mailles parfois serrées. Les potentialités aquifères semblent augmenter avec l'âge des roches granitiques. De ce fait, les granites anté-birrimiens sont parmi les formations les plus favorables du socle dues aux zones fracturées caractérisées par une altération plus profonde et une frange granulaire plus épaisse et par les fissures ouvertes qui assurent une perméabilité plus élevée que dans les zones non fracturées (tab.2 p45).

-un ensemble à dominante schisto-gréseuse ou volcano-sédimentaire (birrimien), qui se caractérise par une frange d'altération très épaisse et argileuse et une forte hétérogénéité lithologique. En effet, l'alternance des schistes avec des grès, des arkoses, des conglomérats, des grauwackes et l'existence des petits filons quartzeux expliquent cette hétérogénéité. Les ressources sont limitées par la faible perméabilité du matériau. Malgré cette caractéristique, la présence d'intercalations détritiques ou volcano-détritiques et de filon de quartz, qui agissent comme des drains contribue grandement à améliorer la qualité du réservoir dans les tranches superficielles altérées et en profondeur. Mais, il faut noter que les statistiques sur les données de forage ont démontré que le taux de réussite est plus élevé dans les schistes. Cependant les débits obtenus sont en général moins élevés que dans les granites.[39]

On comprend alors, en observant les eaux de surface et les eaux souterraines, pourquoi, malgré une réserve d'eau de surface très pauvre au Bulkiemdé, populations anciennes et récentes se sont installées sur cet espace. Elles se sont installées souvent à pro-

---

[38] D..E..P.(Direction des Etudes et de la Planification) : *Carte hydrogéologique du Burkina. Feuille de Ouagadougou.*Sept 1993, 45p.

[39] D.E..P.(Direction des Etudes et de la Planification): *Carte hydrogéologique du Burkina Faso. Feuille de Ouagadougou.* Sept. 1993, 45 P

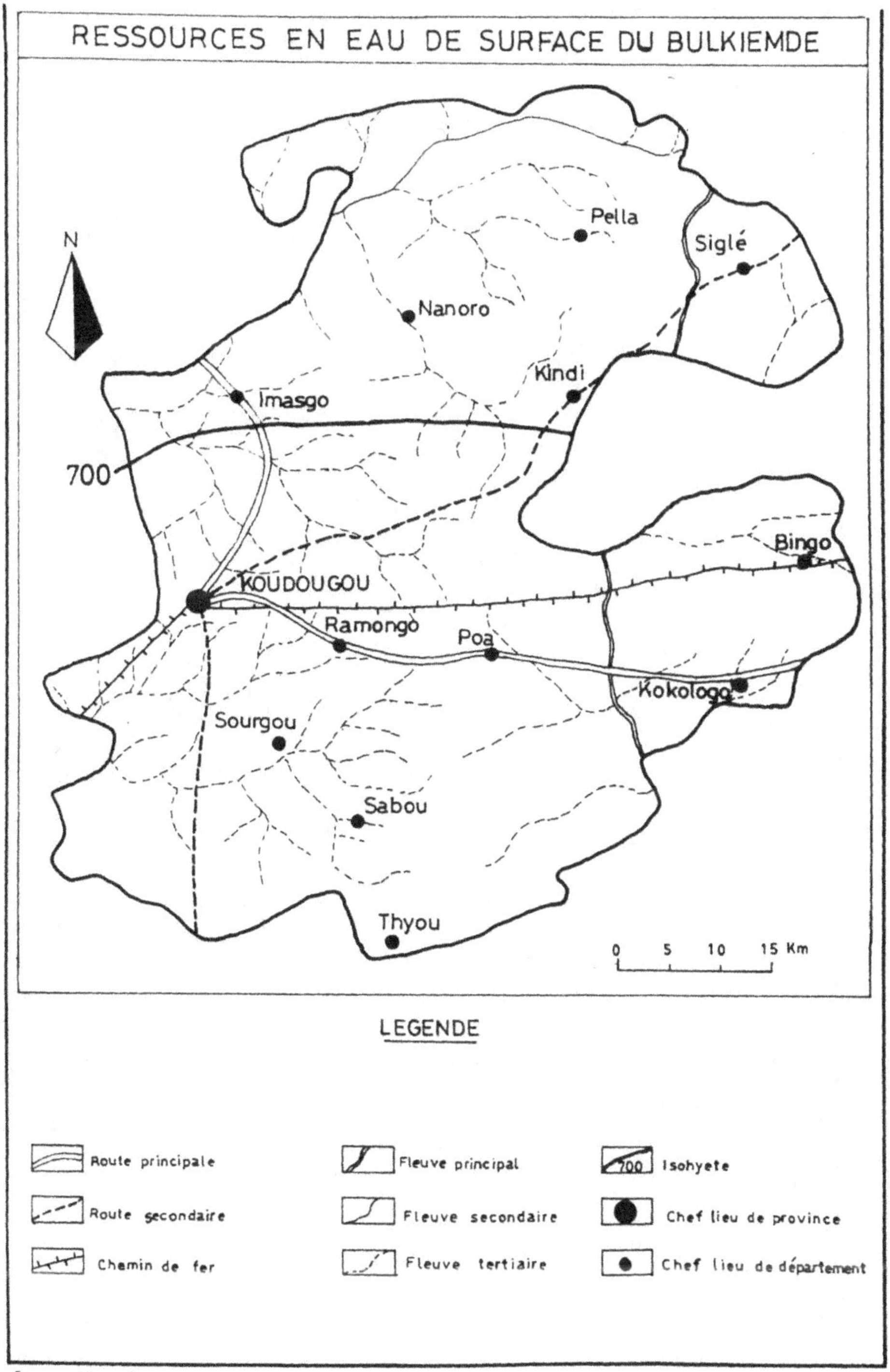

Source : Ministère de l'eau, DEP.

Cartographie : DABIRE E.

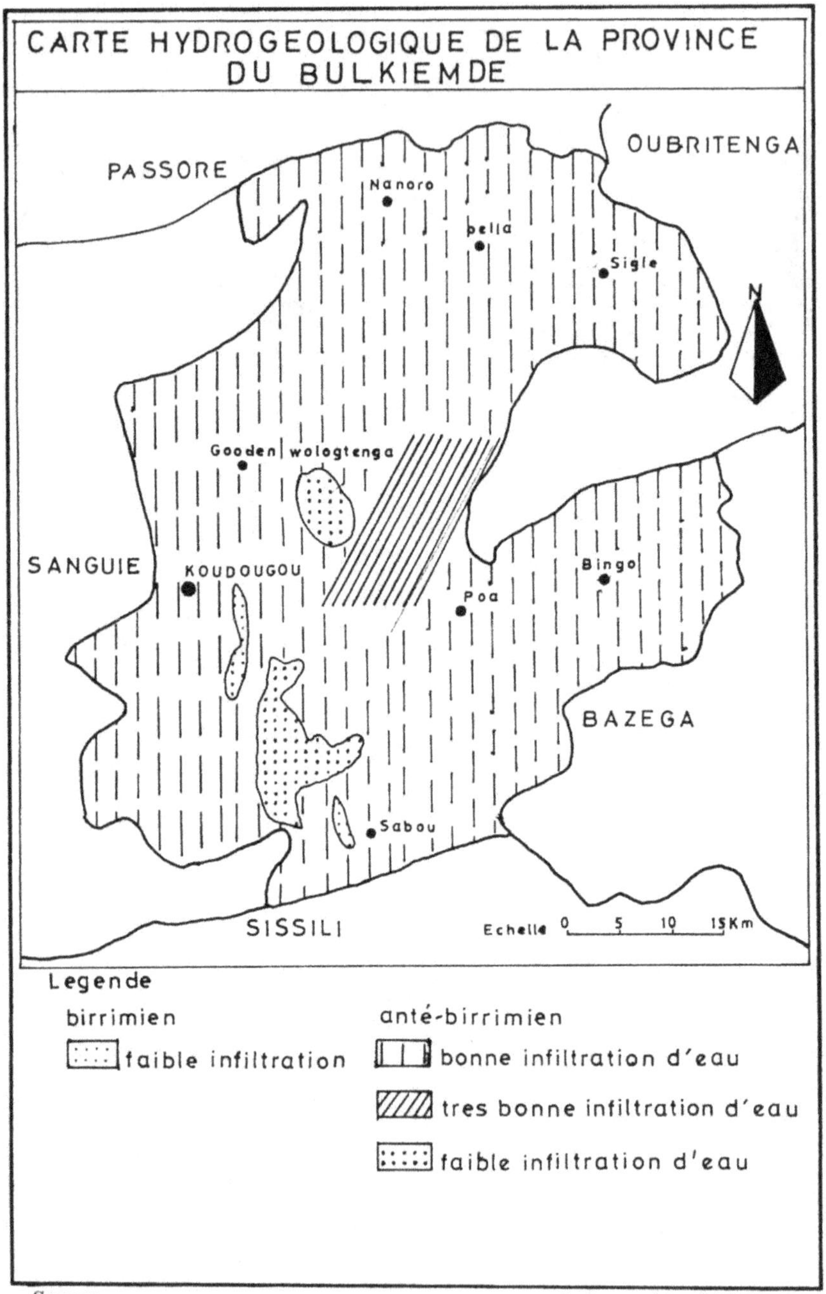

Source Cartographie DABIRE E.

Carte hydrogéologique du Burkina Faso

feuille Ouagadougou - DEP - IWACO 1993

ximité des substrats géologiques capables de fournir des ressources permanentes en eaux souterraines.

TABLEAU N°2: L'IMPORTANCE DES SYSTEMES AQUIFERES DANS LES GRANDES UNITES HYDROGEOLOGIQUES

Grandes unités hydrogéologiques	**Systèmes aquifères**			
	Milieu fissuré	Milieu karstifié	Zone altérée	Latérites
Socle :				
Granito-gneisique	A	C	A	A
Volcano-sédimentaire	A	B	A	A
Sédimentaire :				
Gréseuse	A	C	A	C
Schisteuse	A	B	A	B
Colcono-dolomique	A	A	A	C

A : importance grande   C : importance faible
B : importance moyenne

Source : Note explicative de la carte hydrogéologique du Burkina Faso feuille Ouagadougou 1993-P 18.

CONCLUSION PARTIELLE

Ce chapitre, consacré à l'étude du milieu naturel, a permis d'analyser la géologie, la géomorphologie, la pédologie, la végétation et le réseau hydraulique de la zone d'étude. Il est le cadre dans lequel se sont développées les activités métallurgiques et humaines (anciennes ou récentes).

Une analyse succincte de la végétation montre que chaque arbre a une fonction bien déterminée pour garantir l'existence de la population. La végétation répond à tous les besoins d'une population très dense. Les systèmes agricoles restés anciens et intensifs participent à une désertification énorme du couvert végétal. La mauvaise utilisation du pouvoir calorifique du bois est aussi responsable de cette véritable « saignée » forestière. Le feu allumé entre trois pierres, utilisées comme foyer dans presque toutes les familles, rend à peine 5% de l'énergie dégagée. En utilisant un foyer amélioré, c'est-à-dire un fourneau fermé fait en brique avec une courte cheminée, on diminuerait la consommation de combustible à plus d'un tiers.[40]Cette situation a entraîné la formation de savanes anthropiques très lâches. Elle est concomitante à une crise du climat ces trente dernières années. En effet, les isohyètes de 500 à 900 mm sont descendus à plus de deux cents km

[40]VON MAYDELL H. L. : *Arbres et arbustes du sahel : leurs caractéristiques et leurs utilisations*. Eschborn, 1983, p 30 .

vers le sud.[41]. Les analyses comparées des cartes des isohyètes ont permis de noter une importante modification de leur tracé et l'existence de poches généralement humides dans les secteurs plus secs. La pluviosité a baissé. Les températures ont subi une forte augmentation. Certaines espèces végétales ont disparu du couvert végétal. La conséquence de tout ceci est le déplacement des populations vers d'autres zones plus propices comme l'ouest du pays et la Côte d'Ivoire.

On peut ainsi écarter l'hypothèse d'une dégradation de la végétation par la réduction directe du minerai de fer à cause du besoin en charbon de bois. L'utilisation d'un fourneau pour la réduction du minerai de fer permet, par sa structure, une consommation modérée du combustible.

Le substrat hydrogéologique a montré la richesse en eau souterraine de la province du Bulkiemdé, qui a permis aux populations de s'installer sur une terre dont l'eau de surface est très pauvre. Les sites archéologiques de Pella, de Kindi, de Wologteng-Gooden et de Ralo, sont situés sur des socles géologiques dont le potentiel hydrogéologique est très riche. Ils sont ainsi localisés près des cours d'eau.

Il est important d'appréhender l'histoire du peuplement qui est indissociablement liée à celle de la sidérurgie directe du fer. Nous replaçons ces populations dans leur contexte historique et social à travers les données fournies par les documents écrits.

Le second aspect sur lequel il convient d'insister, est l'aspect sociologique. Les rapports entre les populations récentes, l'organisation sociale dans le Bulkiemdé méritent d'être mis en exergue pour la compréhension de certaines données de la métallurgie des populations actuelles que nous allons aborder ultérieurement.

---

[41] SIRKOULON, J. : « Evolution des climats et ressources en eau. ». *Afrique contemporaine* N° 161, 1992 P 57-76

Chapitre III

LE PEUPLEMENT DE LA REGION A TRAVERS LES ETUDES HISTORIQUES.

L'approche de l'histoire du peuplement dans ce chapitre vise à présenter une première esquisse du contexte socio-historique du Bulkiemdé. Il s'agit de faire un compte rendu analytique des différentes données. Ceci permettrait de saisir l'ossature du développement historique des sociétés de la province du Bulkiemdé. Elle a été occupée tout d'abord par des populations très anciennes que les habitants actuels identifient comme les premiers occupants de leur territoire: les *Nînsi.* Plusieurs vestiges leur sont attribués. Les fouilles archéologiques du village de Wologteng-Gooden ont effectivement confirmé l'existence jadis d'un peuple connaissant la métallurgie du fer et la céramique. Mis à part ces fouilles archéologiques, seules les traditions orales constituent, de prime abord, une source essentielle dans la différenciation des sites anciens et récents. Certes, cette source comporte des limites, mais en les soumettant à la critique, nous en tirons le plus grand nombre d'informations.

Un de nos objectifs est de reconstituer l'histoire de l'occupation ancienne du Bulkiemdé. La présence jadis de cette population ancienne et des nouveaux arrivants sur le sol de la province du Bulkiemdé, met en évidence deux types de métallurgie. La première, attribuée aux *Nînsi* considérés comme les spécialistes de la technique métallurgique du plateau *Moosé*, ne peut être étudiée qu'à travers l'étude archéologique, compte tenu de l'inexistence des documents écrits et l'insuffisance des traditions orales sur ce sujet. La seconde concerne les populations récentes ; les traditions orales et l'étude métallographique des objets en fer nous informent sur leurs techniques sidérurgiques.

Les *Nînsi* ne sont pas seulement considérés, par les populations actuelles, comme de grands spécialistes de la métallurgie du fer, mais aussi comme les diffuseurs de cette technique auprès des habitants du plateau *Moosé.* La métallurgie des populations anciennes a-t-elle influencé celle des peuples récemment installés, ou serait-elle autonome ? Nous essayons de répondre à ces questions.

III-1 Le peuplement ancien

Les *Nakomsé* en pénétrant dans l'ouest du *Moogo* ont trouvé sur place des populations anciennement installées, que les traditions historiques désignent par les termes *Nînsi*, *Gurunsi* et *Kipirsi.* L'identité des anciens occupants de cette partie du territoire est un peu plus confuse.

Plusieurs auteurs ont abordé la question. Selon Michel Izard, «les voisins occidentaux des *Moosé* du Yatenga et de Yako sont les *Samo* (*Nînsi*), population proche des *Bisa* du sud du Burkina Faso et des *Bisa* du Nigeria, qui comme eux parlent des langues appartenant au groupe *Mandé* sud.»[42]

---

[42] IZARD, M. : *Introduction à l'histoire des royaumes Mossi.* Recherches voltaïques T1 N° 12, 212 P, P11, Paris Ouaga CNRS-CVRS 1970.

Maurice Delafosse assimile les *Nînsi* aux *Nyônyôosé*, considérés aussi comme un peuple ancien. Pour lui, les *Nînsi*, les *Kipirsi*, les *Nyônyôosé* seraient une même branche.[43]Pour Emmanuel Bayili, il existe une parenté et un lien direct entre les Nînsi du plateau *Moosé* et les populations nord *Nuna* actuelles. Selon lui, toute la partie occidentale du pays *Moosé*, allant du sud Yatenga (zone de Gurci) à la région de Koudougou, paraît être, selon les traditions, un territoire « primitivement » habité par les Gurunsi.[44]

Les travaux de Martial Halpougdou sur le peuplement pré-dagomba dans le Wubr-tenga, montrent que les *Nînsi* ont une identité culturelle bien définie dans cette région, qui se traduit à travers les sites archéologiques tels les puits de mine de fer, les restes de fourneaux de réduction du fer et la céramique. Les *Nînsi* seraient venus des régions septentrionales du Burkina Faso et du pays *San* (*Samo*), proches de la République du Mali actuel. Certaines traditions orales du Bulkiemdé assimilent aussi les *Nînsi* aux *San* et aux *Gurunsi*. Ces *Nînsi* travaillaient le fer et attaquaient en outre les *Nyônyôosé* avec des armes perfectionnées, couteaux, flèches, lances, massues munies d'anneaux de fer. Selon ces traditions, les *Nînsi* se seraient dirigés vers les régions habitées actuellement par les *San* et *Gurunsi* à la suite de l'arrivée des *Nakomsé*, abandonnant tout. Sous Naba Kumdumyé, la conquête du pays *Gurunsi* dans la région actuelle de Koudougou était entamée. «Il résida à Thiou dans la région de Koudougou, à la limite du pays des Moosé et du pays *Gurunsi* (...) d'où il lança des entreprises militaires de grande envergure en direction du pays *Gurunsi*.»[45]

La carte (p49) du peuplement des *Nînsi*, fondée sur les données des traditions orales, confirme qu'ils auraient bien occupé les régions de l'ouest du *Moogo*. Mais cette occupation était assez faible. Les études des céramiques, des restes anciens d'habitat et de la métallurgie du fer (attribués aux *Nînsi)* faites dans certains mémoires de maîtrise[46]ont fait ressortir les mêmes caractéristiques confirmant la thèse d'une unité culturelle antérieure aux périodes pré-*Nakomsé*[47]. Il a peut être existé des populations pré-*Nakomsé* différentes les unes des autres au niveau ethnique mais avec une unité culturelle sur le plan du matériel et de certaines techniques. Ils ont peut-être été appelés abusivement *Nînsi* partout sur le plateau central des *Moosé*.

Selon les traditions orales, la plupart des *Nyônyôosé* du Bulkiemdé ne font pas partie des anciens occupants du centre ouest. Ils se sont établis en même temps que les conquérants *Nakomsé*. Les *Nînsi* sont les plus anciens occupants qu'ils auraient jamais trouvés sur place.

---

[43] DELAFOSSE, M.: *Haut Sénégal Niger, le pays , les peuples, les langues*. Nouvelles éditions, Paris Larose, 1972, 248p.

[44] BAYILI, E. : *Les populations Nord Nuna. Haute-volta. Des origines à 1920* Thèse d'histoire 3ème cycle Paris I, 1983, P 279.

[45] IZARD, M.: *Introduction à l'histoire des royaumes Mossi* Recherches voltaïques, Paris Ouagadougou, T1, 1970, P153.

[46] BOUDA, B. : *l'exploitation traditionnelle du fer dans la région de Pabré (Burkina Faso)*. Mémoire de Maîtrise d'archéologie, Ouagadougou, 1985-1986, 246p.

HALPOUGDOU, M.: *Approche du peuplement pré-dagomba du Burkina-Faso. Les Yônyôosé et les Nînsi du Wubr-tênga*. Mémoire de Maîtrise d'archéologie, Ouagadougou 1984-1985, 249p.

[47] Nous étudierons plus en profondeur l'histoire du peuplement ancien à travers l'étude des objets trouvés en fouille dans la deuxième partie de notre approche.

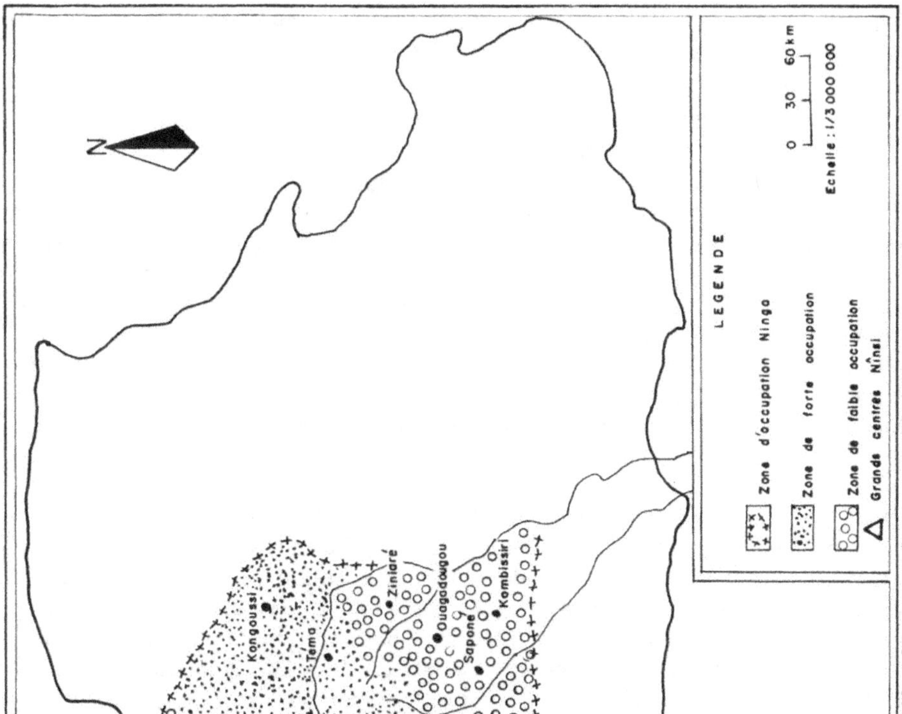

Carte GEOGRAPHIE DES NINSI

Source: M. Halpougdou: Approche du peuplement prédagomba du Burkina Faso. 1984-1985. p.74

Cartographie : DABIRE E. U.O.

III-2. La population actuelle

La province du Bulkiemdé fait partie des zones de peuplement *Moosé* récentes, par rapport aux zones d'occupation ancienne, telles les localités de Ouagadougou[48]. Les populations qui se sont installées dans cette partie du territoire burkinabè (l'ouest du Moogo)[49] ont, pour beaucoup d'entre eux, fui leur lieu d'origine pour des raisons politiques, économiques ou sociales.

A. La conquête de l'ouest du Moogo par les Nakomsé

Selon les traditions historiques orales des peuples du *Moogo* actuel, des cavaliers venus vers la fin du XVème siècle du nord Ghana actuel, ont envahi les territoires qui vont du bassin de la Nakambé à la plaine du Gondo qui se situe au Mali actuel. Dans leur expansion, ces envahisseurs, appelés *Nakomsé,* se sont surajoutés aux populations autochtones. Dans les territoires méridionaux et centraux, ces conquérants imposent leur pouvoir aux *Nyônyôosé* et *Nînsi* et, dans le nord-ouest du bassin, aux *Kibsé* (dogon), aux *Fulsé* (Kurumba du lurum), aux *Nînsi* (*Samo*) et aux *Kalamse*[50]. Dans la province du Bulkiemdé, les *Nakomsé,* dans leur avancée, se sont heurtés aux populations *Gurunsi*[51](qui sont souvent assimilés au *Nînsi* par certains traditionnistes et auteurs) qu'ils trouvèrent sur place.

La création des chefferies de l'ouest est essentiellement liée au royaume de Ouagadougou. Celui-ci a été fondé par le Moogo Naba Wubri aux environs de l'an 1495 selon la chronologie de Michel Izard. Du Wubritenga, du nom du fondateur Wubri, (cette appellation est réservée à la région de Guilongou, centre religieux du royaume de Ouagadougou), il étendit son autorité à l'est et au nord-est en passant par l'ouest. Il atteignit les régions actuelles de Koudougou et Yako où se trouvaient déjà de nombreux établissements *Nakomsé.*[52]Le centre politique du royaume de Ouagadougou se déplaça vers l'ouest. A sa mort, Naba Wubri laisse un territoire important. Cette politique d'expansion vers l'ouest se poursuivra par le biais de ses successeurs immédiats: Naba Naskyemdé, Naba Nasbiré, et Naba Kumdumyé au XVI ème siècle. Ce dernier a été le fer de lance de la mise en place des royaumes *Moosé* et de l'expansion du royaume de Ouagadougou. Il conduisit la conquête en pays Gurunsi et atteignit Boromo, puis il se replia sur Koudougou. Il installa ses fils à la périphérie de son royaume créant les royaumes de Konkistenga, de Yako, de Tema, de Mané et de Bousouma, qui sépareront d'ouest en est le Yatenga et les pays *Moosé* centraux et méridionaux sous son autorité.

---

[48] IZARD, M.: *Introduction à l'histoire des royaumes Mossi.* Recherche voltaïque T1, Paris Ouagadougou, C.N.R.S-C.V.R.S, 1970 , 212 P, P9.

[49] Le Moogo désigne le territoire conquis par les Nakomsé (sg Nakombga) venus du Nord Ghana actuel dès la fin du XVè siècle. Les habitants désignés sous le terme Moosé (sg , Mooga ou Moaga), sont un amalgame de rencontres entre les peuples de conquérants et les groupes autochtones dominés et assimilés par la suite.

[50] LINGANE, Z. : *Site d'anciens villages et organisation de l'espace dans le Yatenga (Nord-ouest du Burkina Faso)* . T1, Thèse en archéologie, Paris I Sorbonne, 1995, 383 P, P 92.

[51] Les populations Gourounsi qui occupent le sud du Burkina Faso partant de la frontière du Ghana et le centre ouest sont composées de plusieurs groupes ethniques dont les Nuna, les Kassena, les Sissala, les Ko, et les Léla. Ces derniers (Léla) sont les plus proches des populations du Bulkiemdé étant donné qu'ils sont leurs voisins immédiats. Ils occupent actuellement la province du Sangué dont le chef lieu est Réo.

[52] IZARD, M. : *Introduction à l'histoire des royaumes Mossi.* Recherches voltaïques 12, T1, 212 P,Paris C.N.R.S 1970. Ouagadougou C.V.R.S.

La chefferie du village de Wologtêng-Goodên, au sein duquel nous avons mené nos fouilles sur des sites considérés comme faisant partie des plus anciens de la région, est citée parmi les premières installées dans la province. En effet, selon la chronologie de Michel Izard, les *Nakomsé* de cette localité se sont installés depuis la première moitié du XVIème siècle, l'ancêtre fondateur étant Naba Oubri. Ils auraient devancé ceux du Lallé, du Konkistenga, de Ramongo, de Poa, de Sabou et de Thiou (cartes p 52-53). Les fondateurs *Nakomsé* de Wologteng-Gooden affirment avoir trouvé les sites archéologiques, que nous avons fouillés, dans le village à leur arrivée. Ces sites peuvent être datés, à une limite supérieure de la première moitié du XVI ème siècle.

L'influence de la chefferie de wologteng-gooden s'étendait de Pabré (localité située dans la région de Ouagadougou) à Kyo (village de Tenado) en pays Gurunsi et au mont Sanguié dans la province du Sanguié. Ses limites sud et nord étaient imprécises jusqu'à la fondation du Konkistenga, étant donné que ce dernier aurait occupé des localités ayant appartenu au Wologteng-Gooden. Actuellement, Wologteng-Gooden regroupe neuf villages coutumiers qui s'échelonnent d'ouest en est, Boulsin, Kikigogo, Lilbouré, Gooden, Kumtaabo, Nyandguin, Gninga, Tibrela et Somé. Cette réduction du territoire est due à l'établissement d'autres Nakomsé.[53]

B. Les Nyônyôose

Les *Nyônyôosé* sont fortement représentés dans la province du Bulkiemdé. Cités comme faisant partie des premiers habitants du territoire *Moaga* (pl *Moosé*), ils ont été l'objet de plusieurs écrits. Le point commun de toutes ces approches est la confusion qui existe au sujet de l'identité de ce peuple.

Pour Delafosse, ce sont des populations anciennes, qui, à l'origine étaient des Gurunsi de la région de Ouagadougou et de Ouayigouya.[54]Tauxier les identifie aux Fulsé (sg Fulga). Le terme désigne le groupe composite des Kurumba localisés dans la province du Yatenga au nord du Burkina Faso. Ils ont été en grande majorité assimilés par les *Moosé* du Yatenga[55]). Pagéard pense qu'ils sont les premiers habitants du pays à avoir pactisé avec les *Nakomsé.*[56]

Le mémoire de Martial Halpougdou[57]qui constitue, dans l'état actuel des recherches, la référence la plus récente et la plus pertinente sur l'histoire des populations pré-*Nakomsé*, a montré que les *Nyônyôosé* avaient une identité propre, qui se traduit à travers les manifestations culturelles de leur culte des *Yônyôosé*. De ce fait, il ne faut pas les confondre avec les autres populations anciennes.

---

[53] YAMEOGO, M. : *Approche du peuplement du village de Godin ouologtenga* Mémoire de Maîtrise, université de Ouagadougou, 1986, P 15.

[54] DELAFOSSE, M. : *Haut Sénégal Niger, le pays , les peuples, les langues*. Nouvelles éditions Paris Larose, 1972. 248 P.

[55] TAUXIER, L. : *Nouvelles notes sur le Mossi et le Gurunsi*. Paris Larose ,1924, 208p .

[56] PAGEARD, R.: «Recherches sur les Nioniossé». *Etudes voltaïques*,, N°4, I.F.A.N.- Dakar, 1963, P 1- 17

[57] HALPOUGDOU, M.: *Approche du peuplement pré-dagomba du Burkina Faso. Les Yônyôosé et les Nînsi du Wubr-tênga*. Mémoire de maîtrise, Université de Ouagadougou 1984-1985, 249p.

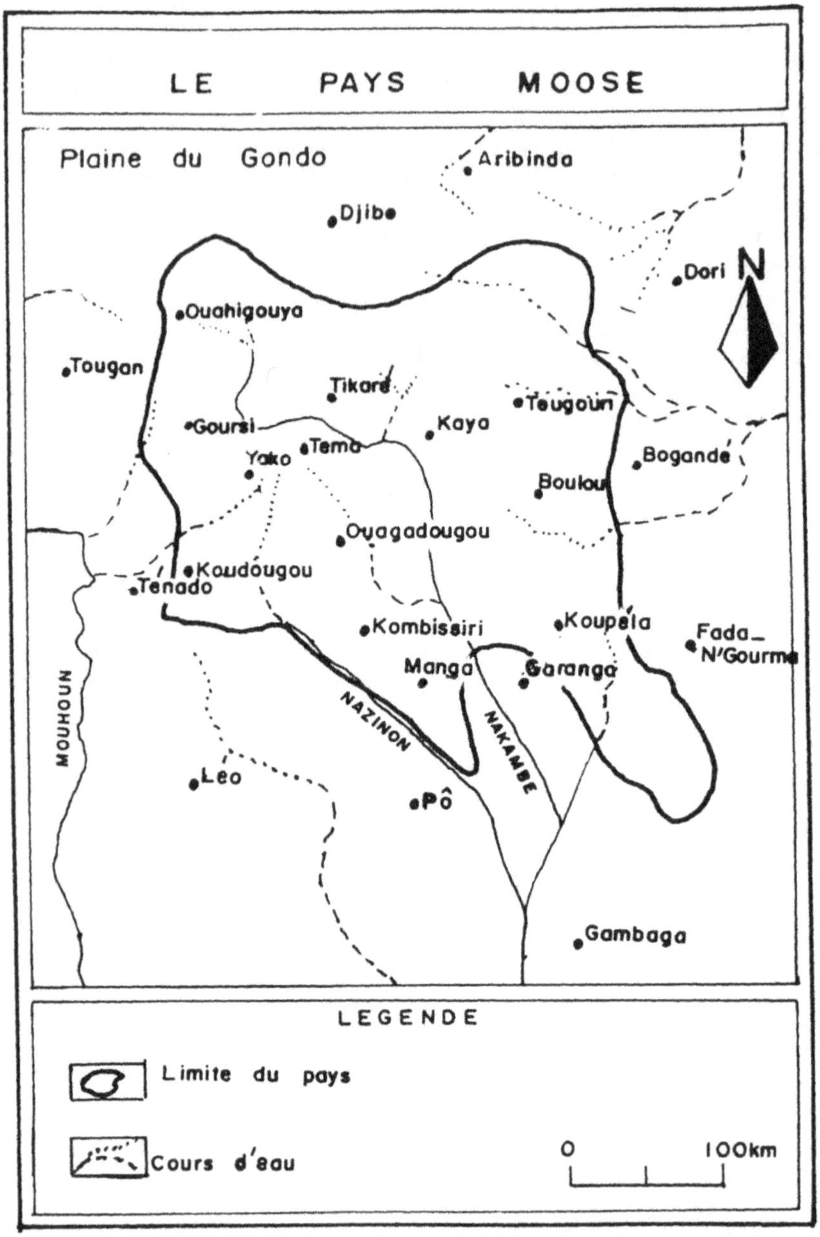

Source : Cartographie: DABIRE E. U.O.

introduction de l'histoire des royaumes mossi, T1 P. 10.

LES ROYAUMES MOOSE EN 1896

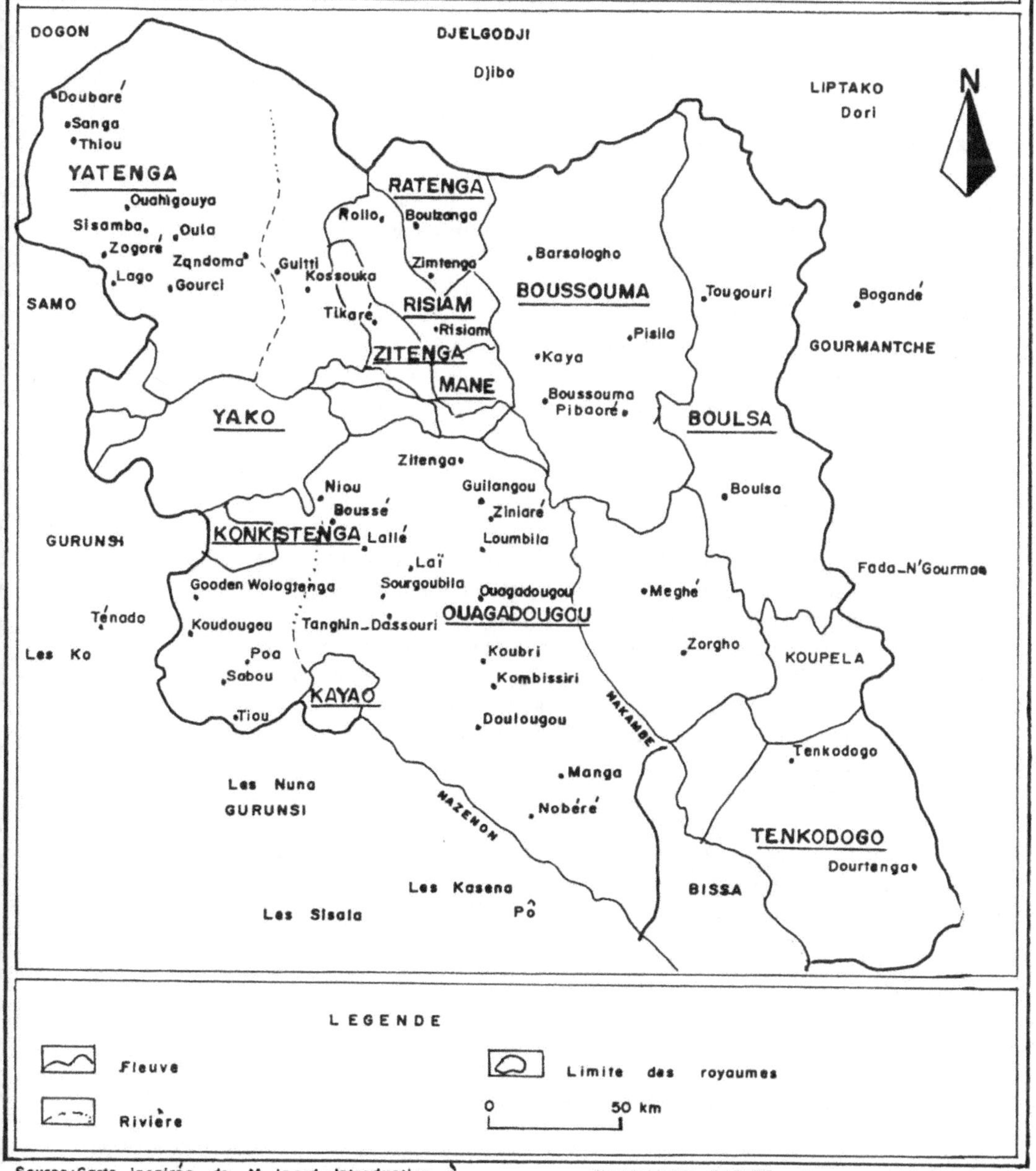

Source : Carte inspirée de M. Izard : Introduction à l'histoire des royaumes mossi, 1970, p.387.

Cartographie : DABIRE E. U. O.

Selon Michel Izard, il est établi qu'à l'arrivée de Naba Oubri, il guerroya contre les *Nyônyôosé* avant de sceller une alliance avec eux, par le don d'une de ses filles en mariage au chef des *Nyônyôosé*[58].

Selon les traditions historiques du *Moogo*, reprises par Michel Izard, le territoire était habité par deux catégories de populations : les *Nînsi*, hommes de guerre et forgerons habiles d'une part, et d'autre part les gens de la terre (les *Tengsobdamba*), essentiellement cultivateurs, les *Nyônyôosé*. Les *Nînsi* exerçaient une sorte de tutelle sur les seconds. Ils menaient des raids de pillages dans la région de Guilongo. Cette situation a contraint les *Nyônyôosé* à solliciter la protection des *Nakomsé* à Tenkudugu (Tenkodogo), base de départ de Naba Oubri. A la fondation du royaume de Ouagadougou, des *Nyônyôosé* ont fait partie de la suite de Oubri pour officier sur les autels de la terre en tant que *Tengsobdamba* (sg *Tengsoba*), c'est-à-dire les maîtres de la terre. En effet, un *Nakombga* (le sg de *Nakomsé*) qui s'installe dans une région donnée doit être accompagné par un *Nyônyôaga* (le sg de *Nyônyôosé*). La plupart des *Nyônyôosé* du Bulkiemdé font partie de ceux qui ont accompagné les Nakomsé dans leur conquête de l'ouest du *Moogo*. La carte de la géographie des *Nyônyônsé* établie par Halpougdou Martial nous le confirme (carte p 55). La partie ouest semble ne pas avoir été occupée en majorité par ceux-ci avant la conquête des *Nakomsé*. La plupart des *Nyônyôosé* de la localité déclarent venir de Ouagadougou ou de Bõsa (localité citée par Halpougdou comme un centre de dispersion des *Nyônyôosé*). Ils ont dû s'installer à la suite de la conquête de l'ouest du *Moogo*.

C. Les yarsé

Les *Yarsé* sont un groupe constitutif de la population du *Moogo*. Ils sont issus de lignages d'origine mandé. L'arrivée de ceux-ci sur le territoire des *Moosé* se situerait sous le règne des premiers descendants de Naba Oubri dès le XVIème siècle. Naba Kumdumuyé favorisa leur installation dans l'est de son royaume, tout au début de l'histoire du royaume de Ouagadougou et avant la formation du Royaume de Gurci, qui deviendra par la suite le Yatenga. Leur principale activité était le commerce caravanier à dos d'âne, de bœuf, à cheval et à pied. Ils traversèrent le territoire du nord au sud à la recherche du sel (du Yatenga à Tombouctou), du poisson (de Ouayigouya à Mopti), de la kola (de Walé Walé au sud en remontant vers le nord à Gurcy).[59]Ils sont les vecteurs de l'introduction de l'Islam au Burkina Faso actuel. D'obédience musulmane, ils introduisirent l'Islam dans les sociétés qu'ils côtoyaient. On les retrouve dans l'ouest du *Moogo* où ils ont subi des changements culturels.

L'arrivée des conquérants *Nakomsé* a entraîné un profond changement dans les rapports entre les populations sur le plan culturel et social. Elle a établi de nouveaux types de rapport, où chaque population a un rôle bien déterminé à jouer.

---

[58] IZARD, M., : *Introduction à l'histoire des rooyaumes Moosé*. Recherche voltaïque, Paris C.N.R.S. 1970, 12, TI, 212P, P138.

[59] IZARD, M. : « Les Yarsé et le commerce dans le Yatenga précolonial » Extrait de *The development of indigenous trade and markets in west africa*. London, Oxford , University Presse, 1971.

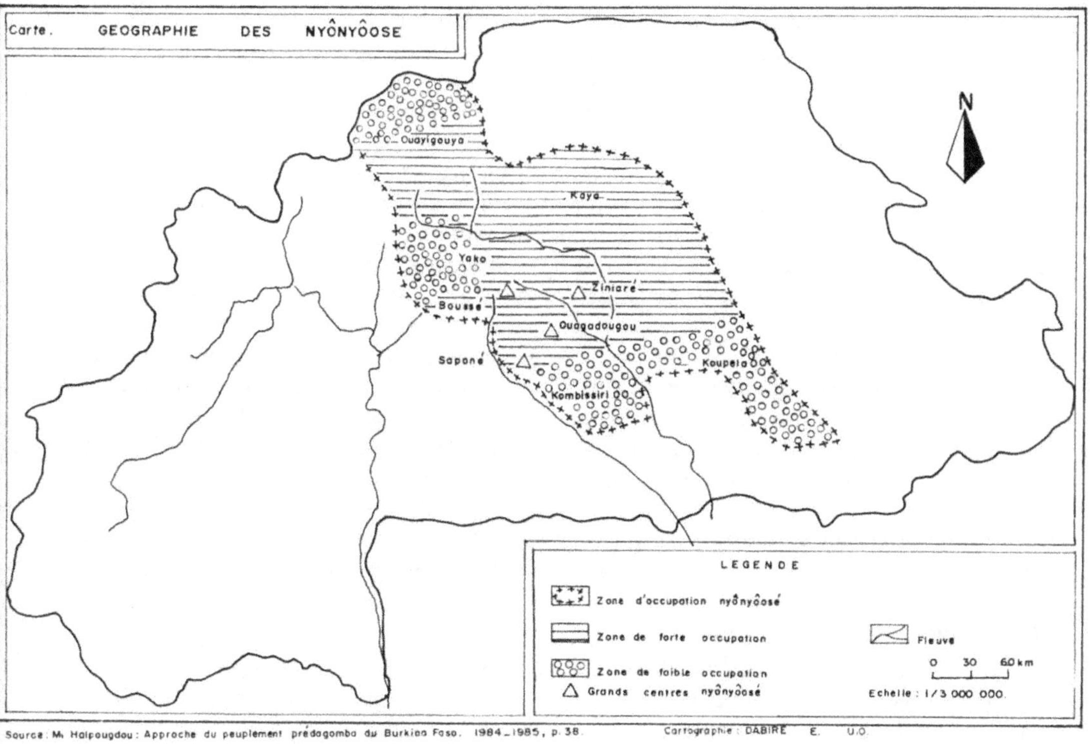

Source : M. Halpougdou : Approche du peuplement prédagomba du Burkina Faso. 1984_1985, p. 38. Cartographie : DABIRE E. U.O.

III-3 De la conquête à l'assimilation: une recherche perpétuelle de la légitimation du pouvoir politique par les Nakomsé.

Après l'installation des chefferies de l'ouest, une des conséquences de la conquête est la large autonomie dont devaient bénéficier certaines d'entre elles vis-à-vis de l'ensemble politique dépendant des *Moogo Nanamsé* (pl. de *Naba*). Ainsi, les chefferies du Lallé, de Poa, de Sabou et Thiou se sont vu accorder cette place à part. Les conquérants repoussèrent les *Gurunsi* de la région. Ceux-ci ont opposé une vive résistance devant l'avancée des *Nakomsé*. Un des soucis premiers des *Nakomsé* après leur installation était la légitimation de leur pouvoir.

A. La « mosséfication » des peuples conquis et les conséquences socio-politiques

Ce phénomène est évident dans tout le *Moogo*. Les autochtones sont fortement assimilés sur le plan politique, culturel et social. C'est la fusion des conquérants et des conquis qui forme actuellement le peuple des *Moosé*. Dans l'ouest on a l'exemple des peuples dits *Gurunsi* qui deviennent des *Moosé*. Ce phénomène d'assimilation de cette mosaïque de population hétérogène tend vers une uniformisation qui n'est pas pour autant anodine de la part des peuples conquérants, qui cherchaient à établir leur hégémonie.

Une des conséquences de la conquête, qui fonde le système politique des *Moosé*, est l'opposition entre les détenteurs de l'autorité politique qui ont statut de conquérants et les détenteurs de la maîtrise de la terre qui ont statut d'autochtones. Ainsi, cette société est marquée par une base duale gens du pouvoir-gens de la terre. Le *Têngsoba* (pl *Têngsobdemba)* est le maître de la terre, à ce titre, il dirige différents rituels dédiés à la terre et au culte des ancêtres. On assiste à la légitimation du pouvoir politique par la création du pouvoir religieux sacré, d'autant plus que « les unités de maîtrise de la terre ne sont pas des entités territoriales définies une fois pour toutes avant la venue des conquérants *Nakomsé*. Bien au contraire, on assiste à un développement conjoint des unités de maîtrise de la terre et des unités politiques *Moosé*. »[60] L'autochtonie n'est pas toujours synonyme de détention de pouvoir religieux car il arrive que les conquérants se déplacent avec leurs prêtres ou les créent de toutes pièces, en confiant les maîtrises de la terre à un membre de leur suite ou à un parent. C'est le cas de plusieurs *têngsobdamba* dans l'ouest du *Moogo*.

B. Quelques aspects socio-culturels:

L'importance de l'étude des aspects socioculturels a été évoquée dès le début. Etant donné que nous faisons une approche archéologique et historique de l'étude de la métallurgie directe du fer, il nous a paru nécessaire de connaître non seulement les peuples responsables de cette industrie mais aussi les rapports entre les groupes qui pourraient expliquer certains faits historiques importants.

Mis à part les *Nakomsé* et les *Yarsé* dont nous avons parlé plus haut, les Sikomsé (les sociétés de masque), les *Tansobdemba* sont représentés.

Les *Tansobdemba* sont des chefs de guerre ou des archers venus de Ouagadougou et sont considérés comme les descendants des *Nînsi*. Ils conduisent les armées en période de

[60] GRUENAIS, M. E. : « Du bon usage de l'autochtonie ». *Cahiers de l'O.R.S.T.O.M, série sciences humaines*, vol xxi, N°1, Paris 1985, P 19-24, P 20.

guerre. Leur origine remonte au règne de Naba Oubri.Après avoir libéré les *Nyônyôosé* de la répression des populations *Nînsi*, il a fait de ceux-ci des archers, bénéficiant à la fois de leur capacité de maîtrise du travail du fer et de leur connaissance du terrain, car les *Nînsi* trouvent leur supériorité dans la maîtrise de l'exploitation du fer.[61]

Les *Sikomsé* sont les plus nombreux dans l'ouest du *Moogo*. Ils se caractérisent par le port de masques lors des manifestations religieuses et ludiques. Ils ne représentent pas une identité ethnique en tant que telle. C'est une confrérie de masques à laquelle l'on peut accéder par initiation. Le *Siku* est une des bases de leur croyance qui organise et cimente leur vie sociale. Il constitue aussi l'autel des masques et possède des pouvoirs surnaturels qui protègent et écartent les forces maléfiques.

La province du Bulkiemdé possède une certaine originalité, surtout en ce qui concerne les forgerons actuels. Deux groupes de forgerons cohabitent ; les forgerons d'origine et les forgerons de conversion, au sujet desquels nous allons donner plus de précisions dans les prochains chapitres. Le métier de la forge n'est pas un secret. Tout habitant aspirant à ce travail peut y accéder par l'apprentissage technique et cultuel. Ainsi, être forgeron est un métier accessible à tous, à la différence de la province du Yatenga où il est réservé à une catégorie bien déterminée de personnes, hermétiquement fermée, méprisée et redoutée à la fois. De ce fait, des *Nyônyôosé*, des *Sikomsé*, et même des *Nakomsé*, qui dans d'autres sociétés méprisent le métier, peuvent être forgerons.

CONCLUSION PARTIELLE

L'approche pluridisciplinaire montre l'importance et le rôle du milieu naturel et humain dans la connaissance de la sidérurgie directe du fer. Il a été établi qu'une bonne méthodologie de travail est la base d'une recherche scientifique crédible. C'est pourquoi nous avons insisté sur ce volet.

Les recherches actuelles doivent prendre en compte les études pluridisciplinaires qui ouvrent des perspectives nouvelles au niveau des stratégies d'approche et des résultats attendus.

La deuxième partie que nous abordons sur les recherches ethnologiques, archéologiques et archéométriques montre l'importance d'une recherche plurielle. A travers la description des traditions orales, la chaîne opératoire de la métallurgie ancienne du fer a pu être mise en place. Ce qui nous permet de faire une étude comparative avec les techniques anciennes à travers les résultats des fouilles archéologiques. Cette chaîne opératoire, partant de la recherche du minerai, du combustible, de la réduction du minerai de fer à la transformation de la loupe en produits finis, est exécutée par les mêmes forgerons sans spécialisation particulière.

---

[61] HALPOUGDOU, M. : *Approche du peuplement prédagomba du Burkina Faso. Les Yônyôosé et les Nînsi du Wubr-tênga*. Mémoire de Maîtrise, 1984 -1985

DEUXIEME PARTIE :
RECHERCHE ETHNOLOGIQUE, ARCHEOLOGIQUE ET APPROCHE ARCHEOMETRIQUE

Chapitre IV :

EXTRACTION DU MINERAI DE FER : RECHERCHES ETHNOLOGIQUES ET DESCRIPTION DE CERTAINS SITES DE SURFACES

IV-1. La vision du fer dans les sociétés du bulkiemdé et ses répercussions sur la prospection

A. Le fer dans les sociétés du bulkiemdé

Pour comprendre et pénétrer les différentes étapes de la production ancienne du fer, il faut prendre en compte la vision du fer dans les sociétés du Bulkiemdé. De la recherche du minerai jusqu'à la confection des produits finis, les rites et interdits sont omniprésents. Chez les *Moosé* et forgerons du Bukiemdé, tout ce qui relève du cosmos a une vie. Les éléments de la nature ont chacun une âme vivante qui peut intervenir d'une manière ou d'une autre dans la vie de chaque humain[62].

Le fer fait partie de tous ces éléments. Pour les forgerons, il est un être vivant qui bouge et réagit à tout. C'est pour toutes ces raisons que l'exploitation du minerai de fer est entourée d'un grand nombre de rites et d'interdits, pour ne pas offenser l'esprit vivant du fer. Cette vision du fer est commune à une grande partie de l'Afrique. En effet, l'univers au sein de ces sociétés africaines a une connotation religieuse et globale. Les activités artisanales comme le travail du fer, du bois, du cuivre n'étaient pas considérées comme de simples productions dont les seuls buts sont économiques, utilitaires, esthétiques ou domestiques. Tous les actes de création étaient rarement accomplis sans une préparation rituelle adéquate. Le sacré et le profane s'entremêlent et sont très liés.[63]

Cette vision du fer chez les forgerons du Bulkiemdé révèle une volonté manifeste de sacraliser et de garder secret le métier de la métallurgie du fer. Ainsi, il est préservé de toutes influences négatives et changements venant de l'extérieur. En effet, dans les sociétés du Bulkiemdé, tout ce qui est sacré est intouchable. De ce fait, le forgeron lui-même est valorisé et reconnu comme l'intermédiaire privilégié entre les Dieux de la forge et les êtres vivants.

B. La prospection: prospecteurs et méthodes de prospection

a. Prospecteurs

La prospection était une opération réservée à tous ceux qui étaient forgerons. Avant toute opération, les prospecteurs devaient avoir l'accord des autorités politiques et religieuses de la localité. C'est ainsi que la communauté forgeronne apporte un mouton ou un poulet au chef de village, en offrande aux esprits de la terre, afin que la prospection soit une opération réussie.[64] Les forgerons font des sacrifices aux esprits de la terre parce que pour eux, celle-ci est la force mère dans laquelle ils tirent l'essentielle de leur vie. Elle est

[62] NIKIEMA B.et al : 3/11/89
[63] BA A H: «Cet art où la main écoute.». *Le courrier de l'U.N.E.S.C.O* février.1976 P12 à 17, P1.
[64] ZONGO B., 3/01/ 1990, à ralo

vivante et ils ont besoin de son accord. Martial Halpougdou signale les mêmes manifestations cultuelles où un poulet rouge, un chien et une chèvre sont immolés[65].

Le plus souvent, la prospection se fait en groupe par des personnes âgées qui ont l'expérience rituelle et technique de la recherche du minerai de fer[66].

b. Les modes de prospection

Les méthodes de prospection sont variées et très diverses. Les forgerons se basent sur plusieurs indices qui reposent sur des connaissances très anciennes. Ils emploient plusieurs modes de prospection selon le temps, l'espace et la période à laquelle ils prospectent.

L'observation sur le terrain est le mode de prospection le plus utilisé. En effet, les éléments de la nature jouent un rôle important. Ils sont les indicateurs privilégiés dans la recherche du minerai de fer. La présence de certaines plantes comme le *wiliwiga* (*Guiera senegalensis*), le *wêdga* (*Saba senegalensis*), le *kubr sak* (*Cassia sieberiana*) révèle l'existence du minerai de fer sous certaines formations de cuirasse ferrugineuse[67]. Chez les Bwaba dans la province de la Kossi, les mêmes procédés sont utilisés, mais les différentes plantes ne sont pas signalées[68].

Pendant la saison pluvieuse, après chaque pluie, les prospecteurs observent les surfaces cuirassées. La présence du minerai de fer est signalée par la libération de la chaleur emmagasinée pendant le jour aux endroits où il y a des fissures. Les prospecteurs l'appellent «fumée noire», parce que cette chaleur a une couleur particulière qui tire vers le noir[69]. C'est une pratique très connue dans le Bulkiemdé et aussi par les métallurgistes du Yatenga[70]. Certains forgerons utilisent le même mode de prospection mais, ils le pratiquent à toutes les saisons, le soir avant la tombée de la nuit. La cuirasse ferrugineuse emmagasine de la chaleur pendant la journée. La nuit, les températures baissent et entraînent un refroidissement systématique de cette dernière. Cette baisse de température est suivie d'une libération de chaleur. Les forgerons sillonnent et observent les surfaces cuirassées à la recherche de cette «fumée noire».[71]

Dans certaines sociétés d'Afrique, la nature joue aussi un rôle prédominant au niveau de la prospection. Au Niger par exemple, dans la région de Maradi, les forgerons examinent les termitières. En remontant à la surface, des éléments du sol profond, les termites effectuent une sorte de « carottage des couches » non visibles. L'interprétation de ces données fait découvrir des sites[72].

---

[65] HALPOUGDOU M.:*Approche du peuplement pré-Dagomba au Burkina Faso. Les Yônyôosé et les Nînsi du Wubr-tênga*..Mémoire de Maîtrise, 1984-1985; 249 P, P 168

[66] KIENDREBEOGO, K. : 26/1/91 à Tiogo

[67] KIENDREBEOGO K., 23/ 12/ 95 à Tiogo

[68] COULIBALY E. : *La métallurgie traditionnelle du fer dans la région de Sanaba (province de la Kossi Burkina Faso)* Mémoire de Maîtrise. 1988-1989, 207P, P 108.

[69] KIENDREBEOGO R .,20/ 01 / 1993 à Tiogo

[70] SAMTOUMA I: *La métallurgie ancienne du fer dans la région de Koumbri (yatenga Burkina Faso).* Mémoire de .Maîtrise, 1986-1987, 119P, P 57.

[71] ZONGO B., et Al , 1994, Nandjèla.

[72] LEVY-LUXEREAU A. : « Métallurgie dans le Sahel nigérien : contraintes de l'écosystème effets de la technique. L'exemple de la région de Maradi (Niger) » *in Métallurgies africaines, Nouvelles contributions, Mémoire de la société des Africanistes* 1983, P 227-228.

Le minerai de fer est aussi recherché en surface. Les forgerons du Bulkiemdé ramassent les cailloux ferrugineux, les observent et les soupèsent à la main. Les plus lourds, de couleur noire, sont souvent considérés comme excellents pour la réduction[73]. Cette procédure a été signalée par Claude Francis Bœuf. Elle est utilisée par les forgerons du Yatenga , ceux du Fouta etc... D'après lui, cette estimation à la main vaut, pour les forgerons, toutes les analyses de laboratoire[74]. Issaka Samtouma, qui a fait des recherches dans la région de Koumbri au Yatenga, indique le même procédé, qui a pour avantage d'indiquer immédiatement la qualité du minerai. De ce fait, il est couramment utilisé par les métallurgistes[75].

La prospection au Bulkiemdé ne consistait pas uniquement à rechercher de nouveaux gisements mais aussi à découvrir d'anciennes mines. C'est ainsi qu'à Ralo, d'anciennes mines ont été réexploitées par les nouveaux arrivants. A Maradi, au Niger, la présence de débris latéritiques particulièrement nombreux en surface était un indice de découverte d'anciennes mines. Les mineurs se contentaient de revenir exploiter les sites utilisés avant[76].

Certains forgerons du Bulkiemdé affirment sentir une odeur qui atteste de la présence du minerai de fer. D'autres, en revanche, insistent sur le fait qu'ils n'ont pas besoin d'indices particuliers pour prospecter, mais savent détecter les endroits où se trouve le bon minerai[77]. Cette affirmation peut-être la conséquence d'une expérience acquise sur le terrain par les prospecteurs, ou une volonté de ne pas dévoiler certains secrets de prospection.

La vision religieuse des forgerons vis-à-vis du minerai de fer joue un rôle très important dans la prospection. Des pratiques divinatoires sont souvent sollicitées quand la recherche par observation directe du milieu n'a pas été efficace, ou encore lorsque pendant l'exploitation, le forgeron, à un moment donné, n'arrive plus à trouver du minerai de fer. Les prospecteurs se réunissent et décident de consulter un devin, car, pour eux, ils ont peut-être offensé l'esprit vivant du minerai qui ne veut pas se révéler à eux. Le devin, après des rites incantatoires, donne la cause du refus du fer de se montrer et révèle le sacrifice expiatoire[78]. Les forgerons font aussi souvent appellent au devin appelé *kikirbaga* lorsque la faute commise envers le minerai de fer est considérée comme très grave. Il a la particularité de parler aux esprits des morts pour déterminer la cause de leur mort. Il invoque aussi l'esprit des jumeaux, considérés comme des êtres hors du commun, pour savoir s'ils sont de « bons » ou de « mauvais » jumeaux[79] . Dans le cadre de la métallurgie du fer, le minerai dans la société du Bulkiemdé est un être vivant qui parle et qui à travers son esprit invoqué

---

[73] YAMEOGO Y., 30 / 12/ 95 à Péyir.

[74] BOEUF C. L. : « L'industrie autochtone du fer en A.O.F ». *Bulletin IFAN B.C.E.A.S-A.O.F.* T20, N°4, 1937, P 411.

[75] SAMTOUMA I. : *La métallurgie ancienne du fer dans la région de Koumbri (Yatenga burkina faso)*, Mémoire de Maîtrise, université de Ouagadougou, 1986-1987, 119p, P58.

[76] LEVY-LUXEREAU : « Métallurgie dans le Sahel Nigérien: contraintes de l'écosystème effet de la technique. Exemple de la région de Maradi (Niger) » *In Métallurgies Africaines, Nouvelles contributions*, Mémoire de la société des Africanistes, 1983, P227-228.

[77] KINDA O.et Al , 1/ 11/ 94 à Réo (Province du sanguié) ZONGO Y. , 22/ 09/ 94 à Siguoguin

[78] NIKIEMA K., 3/ 11 / 89 à Ralo

[79] KIENON, Y., 22/12/1988, Tiogo

par le *kikirbaga*, dénonce les actes négatifs posés à son encontre et donne le sacrifice expiatoire[80].

Le but principal de toutes ces recherches n'était pas uniquement de trouver le minerai de fer, mais aussi d'avoir un minerai qui se réduise facilement, donnant du bon fer. Ce principe a toujours régi le travail des métallurgistes du monde entier, car les minerais de fer ont chacun leur propre composition qui peut être favorable ou défavorable à la réduction. Au Bulkiemdé, il s'agit des petits morceaux de cailloux noirs ramassés le plus souvent en surface et des gros blocs de couleur rouge (l'hématite) extraits sous la latérite ferrugineuse par des puits circulaires[81].

IV.2. L'exploitation du minerai de fer

A. Géographie des ressources : aspects rituels

L'étape la plus importante pour les forgerons du Bulkiemdé à ce stade est la pratique des rites de sacrifice qui, constitue le lien ombilical entre eux et le minerai de fer. Sans pratiques rituelles, aucun forgeron ne peut exploiter le minerai. La réussite de la campagne d'exploitation dépend exclusivement du succès de ces sacrifices rituels. Ils donnent une certaine force et une autorisation religieuse aux forgerons. Les différents procédés rituels dépendent de la situation géographique des ressources. Le minerai de fer peut se trouver en profondeur dans les plaines, les rivières, au niveau des collines, des buttes, des montagnes et aussi en surface. Dans ce dernier cas, il suffit de casser les petits blocs de cailloux appelés « bowal, bowal », ou de les ramasser simplement. Les meilleurs étaient noirs et brillants[82]. L'exploitation dans des plaines et sur des buttes, qui se fait par puits circulaires, est précédée d'un sacrifice de poulet, de chien et de pintade à l'endroit où l'on doit creuser. Près des rivières, le même rite est accompli sur les rives[83]. Le minerai de montagne et de colline était aussi exploité, mais avant, l'on versait de la cendre tout autour, avant d'immoler un chien noir.[84]

B. Exploitation des ressources

Plusieurs modes d'exploitation ont été utilisés dans la province du Bulkiemdé (carte p65). Mais il faut noter que de toutes ces méthodes, l'extraction par puits circulaire est encore visible en surface.

Les forgerons ont le plus exploité les carrières, sur les collines, les montagnes et les buttes qui n'ont pas laissé de traces archéologiques.

---

[80] NIKIEMA, K., 22/12/1988, Ralo

[81] ZONGO, Y. 11/01/91, Siguoguin.

[82] ZONGO Y., 11/ 01 / 91 à Siguoguin

[83] KIENDREBEOGO K., 23 / 12 / 95 à Tiogo

[84] KIEBDREBEOGO, K., 23/ 12/ 95 à Toigo.
Au Burundi où le minerai abondait, il était aussi recherché au niveau des collines. Quatre heures d'escalade conduisaient les fondeurs à près de 1500 à 2300m d'altitude. Ce type d'exploitation était le plus répandu à cause du relief de la région, on ne rencontre que des excavations rarement profondes. CELIS G. et NZIKOBANYANKA : *La métallurgie traditionnelle au Burundi techniques et croyances*. Musée royal de Afrique centrale. Tervuren, Belgique archive d'anthropologie n° 25 1976 214P, P21.

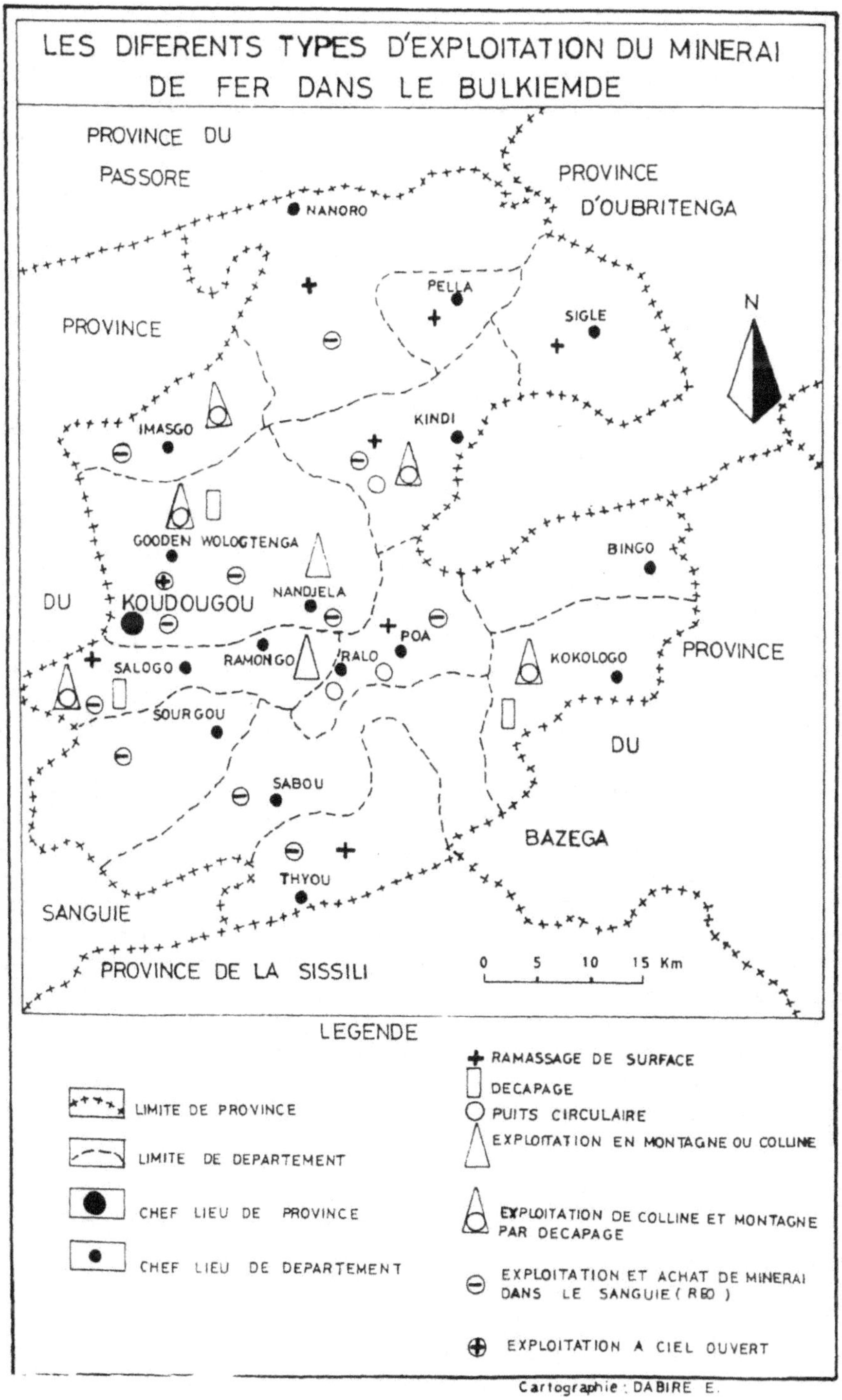

LES DIFERENTS TYPES D'EXPLOITATION DU MINERAI DE FER DANS LE BULKIEMDE
PROVINCE DU PASSORE
PROVINCE D'OUBRITENGA
NANORO
PELLA
SIGLE
N
PROVINCE DU KOUDOUGOU
IMASGO
KINDI
GOODEN
WOLOGTENGA
NANDJELA
BINGO
POA
RAMONGO
RALO
SALOGO
KOKOLOGO
PROVINCE DU BAZEGA
SOURGOU
SABOU
THYOU
SANGUIE
PROVINCE DE LA SISSILI
0 5 10 15 Km
LEGENDE
LIMITE DE PROVINCE
LIMITE DE DEPARTEMENT
CHEF LIEU DE PROVINCE
CHEF LIEU DE DEPARTEMENT
RAMASSAGE DE SURFACE
DECAPAGE
PUITS CIRCULAIRE
EXPLOITATION EN MONTAGNE OU COLLINE
EXPLOITATION DE COLLINE ET MONTAGNE PAR DECAPAGE
EXPLOITATION ET ACHAT DE MINERAI DANS LE SANGUIE (REO)
EXPLOITATION A CIEL OUVERT
Cartographie : DABIRE E.

a. Les carrières

Le Bulkiemdé n'a pas été un grand centre d'extraction du minerai de fer. Tous les forgerons de cette localité sont unanimes quant à l'approvisionnement de la province en minerai de fer La grande majorité de cette matière première provenait de la province du Sanguié, située à l'ouest du Bulkiemdé (avec laquelle elle fait frontière), dans les localités de Bulkio, de Napoen, avec un fe_20_3 titré entre 65,35% à 71,17% [85] et de Réo, où nous avons pu avoir un minerai des forgerons de la localité. Il a été analysé au Centre de Recherche Pétrographiques et Géochimique de Nancy. Le fe_20_3 est titré à 79,73%. Les minerais de fer de Réo (province du Sanguié) ont une forte teneur en fer dans la majorité des cas. Pour les métallurgistes, ce minerai provenait de montagne, de plaine et était de très bonne qualité. Il donnait une quantité élevée de fer, pour peu de minerai réduit. La bonne qualité du minerai du Sanguié motivait les forgerons à y acheter le minerai de fer lorsqu'ils n'en avaient pas eu assez pendant l'extraction[86]. Selon Olivier Kinda, les minerais de montagne et de colline sont souvent de très bonne qualité et sont très recherchés par les métallurgistes[87]. Le forgeron utilisait un instrument appelé *kyodogo*, sorte de pic, pour détacher le minerai de fer dans les montagnes. Le Sanguié a été ainsi un très grand centre d'extraction du minerai de fer, reconnu historiquement par tous les forgerons de la localité. Dans la province du Bulkiemdé, le minerai de montagne a été surtout exploité à Tolotanga, situé à 5 km au sud de Koudougou, à Goulouré entre Kokologo et Sakoinsé, à Nandjèla dans la localité de Zerkoum, situé à 15 km à l'est du village[88]. Le système consistait en un simple décapage des cuirasses ferrugineuses. Dans la province du Bougouriba, au niveau des villages de Bamako et de Koper, le minerai était aussi extrait des collines. Dans ce dernier village, le gisement est à ciel ouvert sur une colline. A Fada, chef lieu de la province du Gourma, situé à l'est du Burkina Faso, le minerai de colline était exploité et très recherché pour sa qualité supérieure[89].

Mis à part ces modes d'extraction, le ramassage de surface a été pratiqué dans plusieurs localités comme à Ralo, à Sambisgo, à Nandjèla, à Palogo, Nanoro, Pèla, Siglé, Thyou et Kindi sur des carrières où la cuirasse est fortement altérée. L'extraction à ciel ouvert est signalée à Tiogo situé à quatre km au nord du chef lieu de province Koudougou. La province du Bulkiemdé est marquée par la faiblesse de la présence des sites archéologiques concernant l'extraction du minerai de fer. Cela s'explique d'abord par la proximité du minerai de la région de Réo (chef lieu de la province du Sanguié), dont la qualité était meilleure et aussi par le fait que les forgerons ont beaucoup pratiqué le ramassage de surface, qui ne laisse pas de traces archéologiques visibles.

Néanmoins, des anciennes mines d'extraction du minerai de fer ont été localisées à Kindi et dans le département de Poa, plus précisément dans le village de Ralo, cité par les métallurgistes comme le deuxième centre d'approvisionnement du minerai de la province du Bulkiemdé après Réo.

---

[85] KIETHEGA J.B.: *La métallurgie lourde du fer au Burkina Faso* Doctorat Es Lettres et Sciences Humaines. Nov 1996, Université de Paris I Sorbonne, TI et TII, 802p, P295

[86] KIENDREBEOGO K. et Al, 23/12/95 à Tiogo

[87] KINDA O : 1/11/ 94 à Réo (province du Sanguié)

[88] ZONGO Y. : 11/01/91 à Siguoguin, ZONGO R. et Al, 30/09/94 à Nandjèla

[89] KIETHEGA J. B. : «Etude des anciennes mines de fer au Burkina Faso» *Rapport, projet M.E.T.A.F. / A.C.C.T.*, Ouagadougou, 1995.

b. les mines

- Le complexe cuirassé

C'est le mode d'extraction le plus répandu au Burkina Faso. Le complexe cuirassé dans lequel on exploite le minerai se compose de la roche mère, de l'horizon argileux, de la carapace poreuse très riche en argile et de la cuirasse dure, riche en fer (fig1 p 68). Certains mineurs du Bulkiemdé ont toujours exploité la carapace qui, pourtant, selon M. Dya Sanou, Géomorphologue à l'Université de Ouagadougou, a une teneur en fer moins riche que la cuirasse ferrugineuse qui se trouve au sommet et facile d'accès. On pourrait se demander pourquoi ce paradoxe. C'est la question que nous avons posée aux métallurgistes qui ont une assez longue expérience du métier. Les minerais de fer de chaque région ont des caractéristiques qui leur sont propres, ce qui s'explique par l'origine différente de chaque minerai. Avec l'expérience, le forgeron arrive à adapter une technique adéquate à ces différentes situations. Pour certains mineurs, la cuirasse située au sommet du complexe cuirassé, exploitée par des forgerons est difficilement réductible pour certains sites[90]. Tandis que la carapace très poreuse et riche en argile se réduit beaucoup plus facilement[91]. Pour Règma Kiendrébéogo, la présence de l'argile contribue à faciliter la réduction du minerai de fer[92]. Gangré Nikiéma et Konmènèmoogo Nikiéma à Ralo affirment plutôt que, la facilité d'exploitation de la carapace est la raison première de son extraction[93]. Le minerai de la carapace riche en argile contient peut-être des éléments alcalins, qui font de ce dernier un minerai auto-fondant. Au cours des enquêtes orales, il s'est avéré que les métallurgistes n'ajoutent pas de fondant pendant la réduction. Il est probablement contenu dans les matériaux utilisés, comme le minerai. Yveline Poncet signale que les surfaces latéritiques d'Afrique de l'ouest, riches en fer, sont particulièrement pauvres en éléments alcalins à cause du lessivage, donc ne sont pas souvent utilisables. Elle formule l'hypothèse selon laquelle, seuls les minerais auto-fondants étaient recherchés, c'est-à-dire ceux issus des latérites imprégnées ou réimprégnées d'éléments alcalins[94]. Ce qui expliquerait peut-être cette préférence des métallurgistes pour le minerai de la carapace. Nous n'avons pas eu d'échantillons pour effectuer des analyses.

-organisation du travail à la mine

La période propice à l'extraction est la saison sèche, car pendant la saison des pluies, l'eau gêne le travail. De novembre à janvier, les métallurgistes font des campagnes d'extraction du minerai, à laquelle participent tous les forgerons qui ont besoin de matière première[95]. Les mines de Ralo étaient des propriétés collectives appartenant à tous les forgerons de la localité de Ramongo, Poa et des environs de Sourgou. A Kindi, au nord-est de Koudougou, chef-lieu de la province du Bulkiemdé, où l'on trouve aussi des puits circulaires, l'exploitation était commune à tous les forgerons des villages environnants.

---

[90] ZONGO, R., 22/12/1988, Ralo

[91] KIENDREBEOGO K et al, 23/12/95 à Tiogo

[92] KIENDREBEOGO R., 20 / 01 / 93 à Toigo, KIENDREBEOGO K.,23 / 12 / 95 à Tiogo

[93] NIKIEMA G. et al, 27/12/88 à Ralo

[94] PONCET, Y. : « Minerai et exploitation métallurgique : une réflexion géographique. » *Métallurgies africaines. Nouvelles contributions.* Mémoire de la société des africanistes, 9, p207

[95] Dans certaines régions d'Afrique, la recherche du minerai était aussi une affaire de groupe. C'était le cas de Télé Nugar, au Tchad, où chaque année, les chefs des villages voisins envoyaient un certain nombres de familles au niveau de la mine pour l'exploitation des besoins du village. GENERAL DERENDINGER: « Les curieuses mines de fer de Télé Nugar (Tchad)» *J.S.A.,TVI*, 1936 P 197-206.

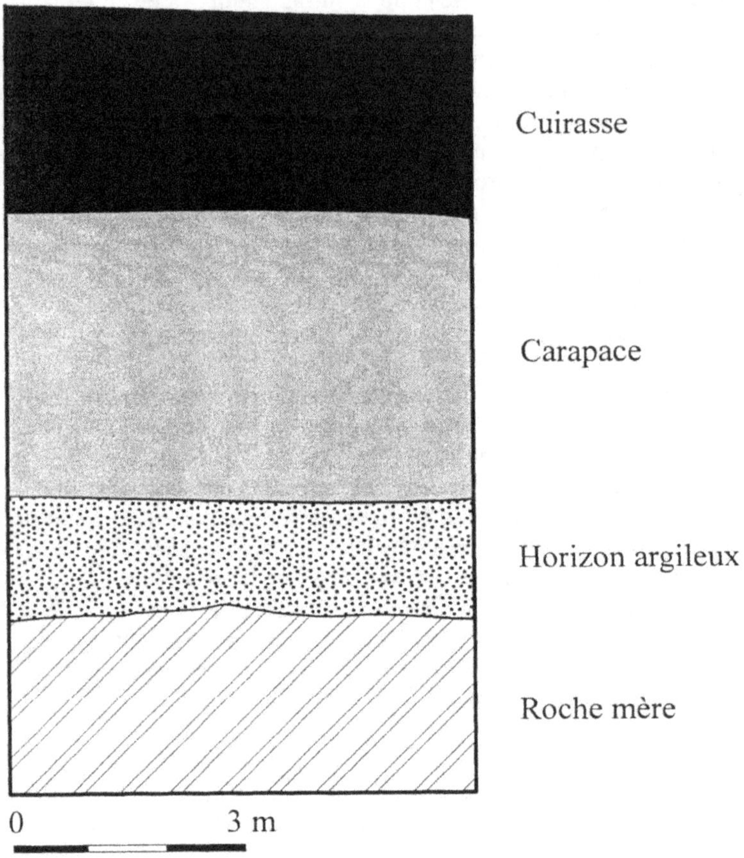

Fig. 1 : complexe cuirassée

Cependant elles sont strictement interdites à tous ceux qui ne sont pas initiés au métier de forgeron. L'exploitation de la mine ne demande aucune redevance particulière, mais les métallurgistes doivent avoir l'accord des Dieux en faisant un sacrifice à ceux-ci[96].

Ces ouvrages miniers dans le Bulkiemdé, constitués de puits circulaires, se composent de voies d'accès au minerai (les puits), de galeries et de puits de recherche. La description de ce mode d'exploitation est basée essentiellement sur les données des traditions orales, que nous comparons avec les sites archéologiques.

Avant le début de l'extraction, les mineurs doivent s'assurer de n'avoir pas eu de rapports sexuels la veille. Certains mineurs découchent pour ne pas enfreindre cet interdit[97]. Les métallurgistes qui savent avoir eu des rapports sexuels avec une même femme, ne pénètrent pas ensemble dans les puits. La croyance veut qu'il existe un risque d'éboulement[98]. Pour cette dernière interdiction, apparaît le souci des métallurgistes d'éviter les querelles de rivalités entre hommes, qui pouvaient aller, chez les *Moosé,* jusqu'à l'assassinat du rival. On peut dire que les forgerons cherchaient aussi un bon climat d'entente, d'entraide et de solidarité, qui pouvait être menacé par les rivalités pour cause de femme.

Lorsque les interdits et les rites sont respectés, les mineurs délimitent la zone à creuser au maximum de 1,2 m de diamètre. Avec une houe ordinaire, ils creusent deux puits à la fois, dégagent la terre arable pour atteindre 2 ou 3 m au maximum. Ces puits sont des puits de recherche et d'aération. Tout au long de l'avancée de leur œuvre, ils aménagent au niveau des parois des puits des encoches, des crans ou des spirales pour faciliter la circulation des mineurs. Les puits archéologiques de Ralo sont munis de ces types de systèmes de circulation. Ils sont effectivement creusés dans la cuirasse ferrugineuse très dure. Claude Francis Bœuf signale l'utilisation de planchettes en bois et de saillies[99]. Dans la majorité des provinces du Burkina Faso, les forgerons ont utilisé ce mode d'exploitation par puits circulaires, que l'on observe à travers les différents sites archéologiques. C'est le cas des provinces de Fada N'Gourma à Tiandjaka, de la Kossi à Béna, du Mouhoun à Kosso, du Oubritenga à Pabré etc... Les mêmes systèmes de circulation ont été utilisés, sauf le système de circulation à spirale employé uniquement à Pabré dans le Oubritenga[100].

Lorsque les mineurs du Bulkiemdé atteignent la carapace facile à exploiter, ils creusent des galeries souterraines pour rechercher et exploiter le minerai de fer. A ce niveau, l'outillage est constitué de burins, de marteaux et de pics (fig. 2, p 70). Les mineurs se relayent à l'intérieur de la mine. En effet, celui qui détache le minerai dans la carapace le met dans un panier appelé *yaaga* (fig. 3, p71), qu'il transmet à un autre mineur à mi-chemin entre l'extérieur de la mine et la carapace. Ce dernier remet sa charge aux mineurs restés hors de la mine.

Aucun forgeron n'a signalé l'utilisation de système de sécurité dans les puits de minerai de fer pendant l'extraction. Tous affirment que la dureté de la cuirasse ferrugineuse constituait une sécurité, car elle ne s'écroulait jamais sur les mineurs.

---

[96] NIKIEMA K. et al 22/12/88 à Ralo

[97] OUEDRAOGO A. et al, 29/12/89 à Ralo

[98] KIENDREBEOGO K.,20/ 09/ 96 à Doulou

[99] BOEUF, CL. F.: «L'industrie autochtone du fer en A.O.F». *in Bulletin I.F.A.N.-B.C.EA-A.O.F,* TXX, N° 4, P 412

[100]KIETHEGA J. B. : « Etude des anciennes mines de fer au Burkina Faso.» Rapport d'étape projet M.E.T.A.F. / A.C.C.T. Ouagadougou 1995

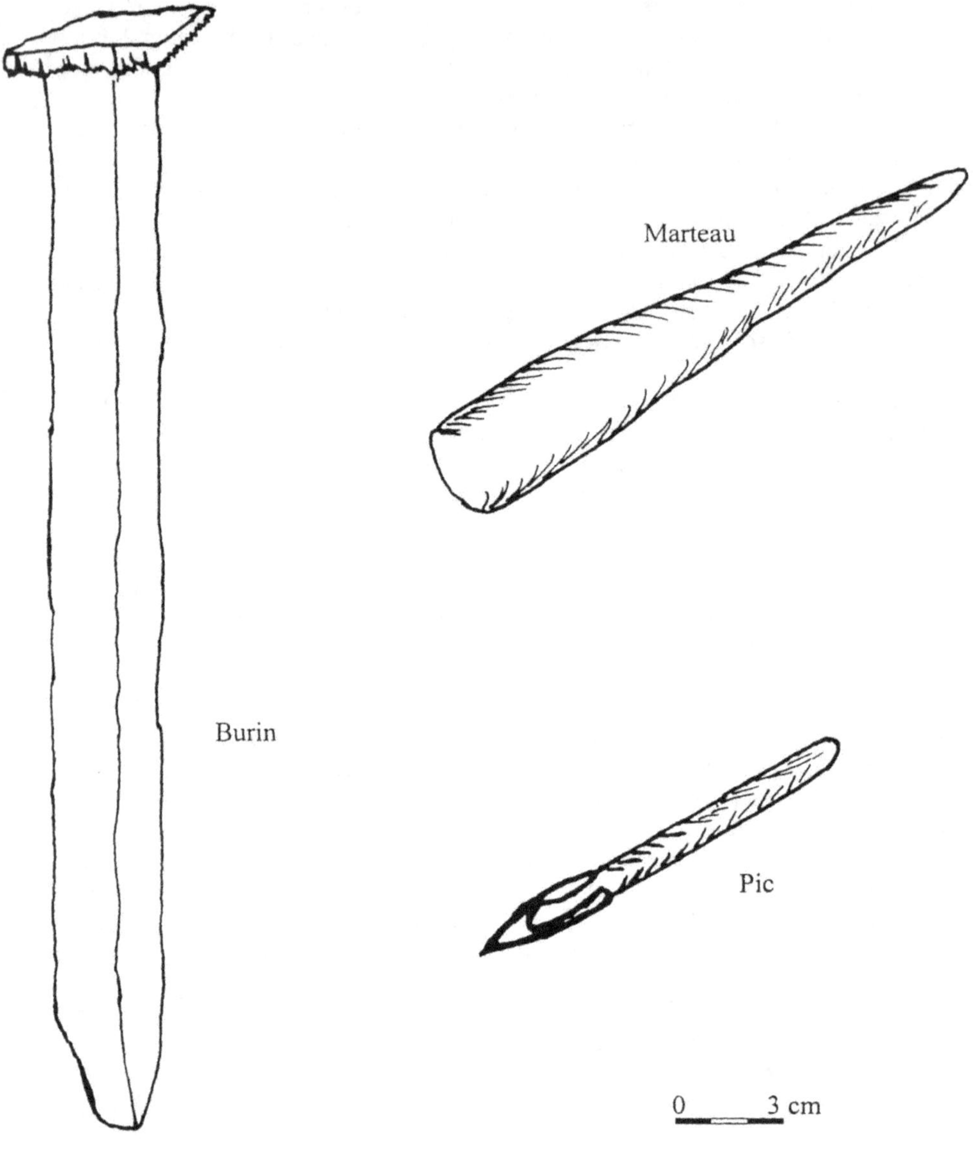

Fig. 2 : matériel utilisé dans les puits d'extraction du minerai de fer

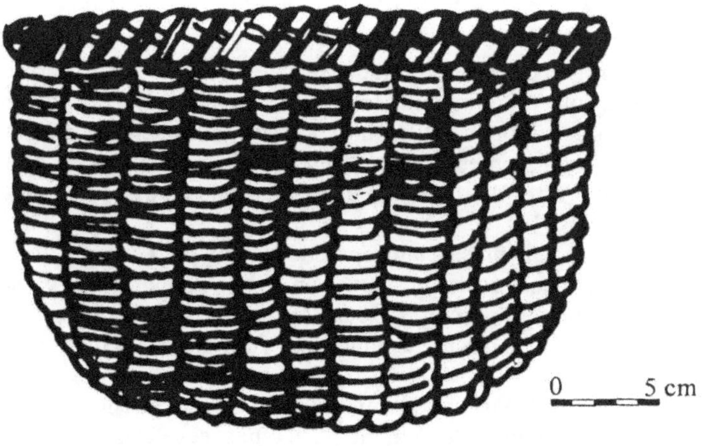

Fig. 3 : Yaaga, panier d'évacuation du minerai

A Réo, (chef-lieu de la province du Sanguié) l'une des raisons principales de l'abandon de certains sites d'exploitation à puits circulaires est l'éboulement des puits, par manque de système de sécurité. Les forgerons se rappellent encore les équipes entières qui y ont péri, entraînant ainsi, des interdictions d'exploitation décidées par le chef de village, qui trouvait que les mines étaient maudites[101]. En fait, la différence avec les mines du Bulkiemdé réside dans la dureté de la cuirasse. La cuirasse ferrugineuse des mines de Réo n'était pas très dure pour éviter un éboulement quelconque.

Après l'extraction et le concassage, le minerai n'étant pas réduit sur les sites d'extraction, des jeunes gens et des enfants se chargeaient du transport sur leur tête ou à dos d'ânes jusqu'à 20, 30 km de distance, selon la localité d'origine des forgerons.

Chez les forgerons Haoussa du Niger, les campements étaient installés près des mines, évitant ainsi les longs déplacements. Mais pour le transport du minerai de la mine vers le lieu de réduction, le campement, les mineurs se servaient des ânes et des chameaux[102].

A Tourny, chez les Sénoufo de Côte d'Ivoire où des morceaux de latérite rouge étaient exploités, la mine était cachée dans une gorge à une demi-heure de marche des fours. Après exploitation, "la bonne terre" est mise en sac et transportée par bicyclettes et motocyclettes[103].

Le minerai des mines et carrières du Bulkiemdé n'était pas directement mis dans les fourneaux de réduction. Il était traité sur le lieu d'exploitation.

C. Traitement du minerai de fer

Les minerais ont chacun leur caractéristique propre. Ils se présentent sous différentes combinaisons qui déterminent les traitements, allant du lavage jusqu'au chauffage du minerai. Les forgerons sont unanimes quant au traitement du minerai de fer dans le Bulkiemdé. Il était uniquement concassé et calibré sur des pierres granitiques, en petits morceaux de la taille d'un oeuf de poule, par les personnes âgées qui avaient des difficultés
pour travailler aux mines et carrières. Cette opération avait pour intérêt de faciliter non seulement le chargement, mais aussi la réduction[104]. Le minerai concassé en petits morceaux et mis dans le fourneau permet d'éviter tout écrasement de la matière première, qui pourrait empêcher l'air de bien circuler à l'intérieur du fourneau et nuire ainsi à son bon fonctionnement.

Dans d'autres régions d'Afrique, le minerai subit un traitement plus complexe. Les métallurgistes lavaient ou grillaient le minerai[105]. Toutes ces techniques de traitement

---

[101] KINDA OL et KINDA OM , 1/11/94 à Réo (Sanguié)

[102] ECHARD N: «Notes et questions sur la métallurgie Haoussa du fer (Ader, Koni et Kurfey, République du Niger)». *Opération métallurgie* C.N.R.S.-R.C.P. 320, Document Zéro 1980, P108.

[103] GARDI R. : *Les artisans africains*. Copyright C 1970 240P, PP 15 à 45.

[104] KIENDREBEOGO K., 27./ 09 / 1988 à Tiogo, ZONGO Y. ,28 / 09 / 1988 à Palogo

[105] Yves Monino dans « Accoucher du fer. La métallurgie Gbaya (centrafrique) » *Métallurgies africaines, nouvelles contributions* à la page 289, signale qu'en Centrafrique le minerai était grillé près des fourneaux pendant deux heures sur un bûcher de fagot et d'écorces avant d'être concassé en pierres de la grosseur d'une noisette. Dans d'autres contrées au Bonar Zotua où l'on utilise des fours à cheminée et des soufflets, le minerai est écrasé en fine poussière lavé et séché pour être réduit. A Tourny en Côte d'Ivoire, René Gardi dans *Artisans africains* à la page 30, parle de la transformation du sable fluvial en fer forgeable. Les forgerons le lavent selon la méthode du chercheur d'or. Ils obtiennent du sable gris à gros grains, de l'oxyde de fer et confectionnent des boules pour la réduction. Joseph-Marie Essomba, dans son article " aperçu sur les sources orales écrites

répondent à un but précis, faciliter la réduction tout en obtenant de bons rendements. On grillait certains minerais pour obtenir une teneur plus forte en fer. Les carbonates spathiques (sidéroses) pauvres en fer, très difficilement réductibles étaient grillées ou calcinées pour faciliter la réduction[106]. D'autres minerais sont très riches en fer mais difficilement réductibles. Le meilleur moyen de les traiter est de les griller. La magnétite, très riche en fer mais difficilement réductible peut donner des produits d'altération très riches en fer mais avant, il faut les griller pour les transformer en Fe_2O_3[107]. Les minerais destinés au lavage ont aussi leur propre composition, qui oblige le métallurgiste à pratiquer cette technique. Le lavage permet de débarrasser le minerai de la gangue argileuse qui pourrait gêner la réduction selon sa constitution chimique. Le lavage des minerais sidérolithiques offre deux avantages. Il permet d'une part d'obtenir un concentré (les pisolithes) à une teneur moyenne de 42% fe et d'autre part de mettre en valeur des concentrations de pisolithes assez faibles.

L'exploitation du minerai de fer par puits a laissé des traces dans la province du Bulkiemdé à Kindi où ils sont totalement bouchés et à Ralo où ils ont encore un bon état de conservation.

IV-3. Les sites d'extraction du minerai de fer par puits circulaires et sites annexes

Les puits de mines de fer, appelé *kugbogdo* en langue locale, que nous allons décrire, sont localisés dans le village de Ralo. Il est situé à environ 20 km à l'est de la ville de Koudougou chef-lieu, de la province, sur la voie bitumée Ouagadougou-Koudougou dans le département de Poa. Les restes archéologiques sont principalement situés dans deux quartiers différents du village de Ralo qui sont, Walyir et Goodên (carte page 74).

A. Les puits d'extraction de walyir

Le site de Walyir est situé à environ 500m à l'est de buttes anthropiques que les occupants actuels nomment «*Nînse Rabobo*», c'est-à-dire, les anciennes habitations des *Nînsi*, à 100 m à l'est de l'école et du village et à 50m au sud de la nationale 14 (route bitumée Ouagadougou-Koudougou).

La mine s'étend sur une superficie de 11.250m2 soit une longueur de 125m sur 90m de largeur. Elle s'oriente du sud vers le nord et est perpendiculaire à la nationale 14, sur sa plus longue dimension. Les conditions naturelles et anthropiques n'ont pas favorisé la conservation de certains puits qui se dégradent progressivement. Pour réduire les risques de chutes des enfants à cause de la proximité de l'école, un grand nombre de puits a été bouché. Nous avons dénombré sur le site près de 170 puits dont 70 entièrement comblés et 100 autres partiellement.

Une grande majorité se trouve concentrée dans la partie centrale du site. Les zones périphériques se caractérisent par la rareté des puits. Les puits centraux constituent en fait des voies d'accès au minerai. Ils jouent en même temps le rôle de moyen de ventilation à

---

iconographiques relatives à la métallurgie du fer chez les Fang-Béti-Bulu du sud Cameroun" signale le chauffage du minerai après concassage sur un feu ardent avant d'être mis dans le fourneau.

[106] MARECHAL J. R. : « La préhistoire de la métallurgie et ses prolongements.»*Revue archéologique sites* Hors série N°14, 2è trimestre 1983, 413P, P166.

[107] MARECHAL J. R.: «*La préhistoire de la métallurgie et ses prolongements*», Révue archéologique hors série N°14 , P167.

CARTE V: SITES ARCHEOLOGIQUES DE RALO

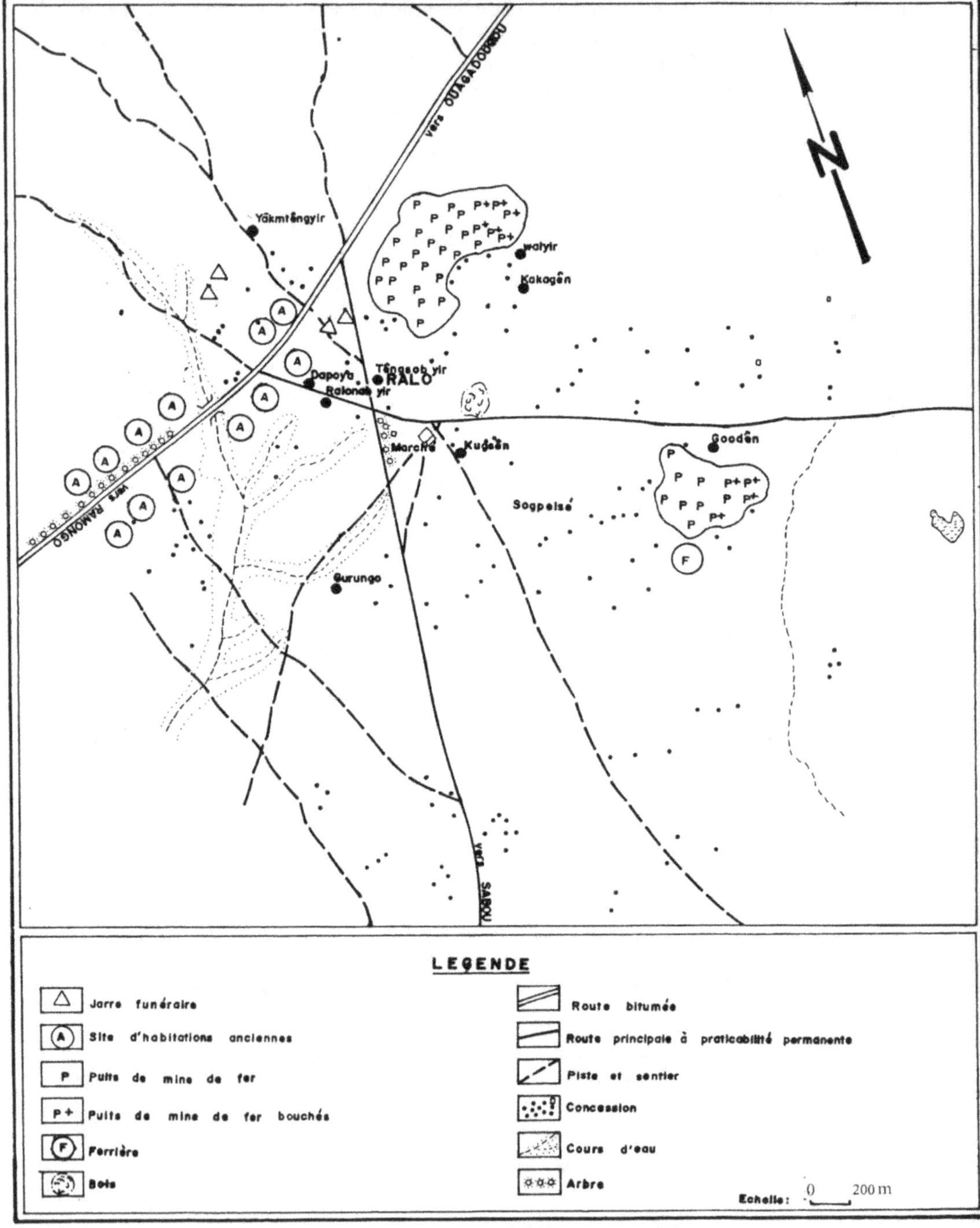

Source: PHOTO KOUDOUGOU, NOV. 1989.

travers les galeries qui relient les différents puits. Ceux des zones périphériques sont des puits de recherche du minerai pendant l'exploitation de la mine. En effet, les mineurs peuvent ne plus avoir de minerai au cours de l'extraction, c'est à ce moment qu'ils utilisent les puits de recherche pour retrouver le minerai, ou encore se tournent vers la divination décrite plus haut. Nous avons pu avoir plus d'informations sur le mode d'exploitation de ces mines d'autant plus que les habitants actuels installés approximativement entre la fin du 18ème début du 19ème siècle ont exploité ces puits, tout en suivant le modèle préexistant[108].

Etant donné que tous ces puits ont été creusés dans la latérite ferrugineuse, plusieurs d'entre eux ont conservé leur forme et ont encore des bords bien circulaires, nous permettant ainsi de prendre certaines mesures. Le diamètre des puits varie entre 1m et 1,20 m. Sur 170 puits dénombrés, 30 ont 1,20 m de diamètre, le reste des puits a 1 m environ. Les profondeurs des puits varient entre 1m et 4m. Une grande majorité a 2 m de profondeur de comblement. Les distances entre les puits, pour les zones de fortes concentrations, vont de 40 à 50 cm et pour les autres zones sont de 1 m environ.

Les modes de circulation utilisés au niveau de cette mine sont encore visibles le long des parois des puits. Ce sont des encoches et des crans. Un seul d'entre eux est muni d'une spirale à 20 cm du bord, relayée ensuite par des encoches (photos 1 et 2, p76).

Sur le plan botanique, le *Wêdga (Saba senegalensis*) abonde sur ce site au niveau de la partie centrale où les puits ne sont pas encore bouchés. Il empêche de voir l'intérieur des puits. On aurait cru à un bosquet de *Saba senegalensis,* si l'on n'est pas averti de la présence des puits. On y trouve aussi quelques *Butyrospermum paradoxum parkii* et une majorité de *Loudetia togoensis* qui couvre les surfaces des puits périphériques en grande partie bouchés.

Les buttes anthropiques, précédemment annoncées, attribuées aussi aux *Nînsi*, ont été associées aux sites d'extraction de Walyir par les traditionnistes du village de Ralo.

Les habitants de ces sites anciens sont-ils vraiment les auteurs des mines ? Difficile à affirmer à cause du manque de fouilles archéologiques adéquates pouvant aider à l'interprétation.

B. Les buttes anthropiques : description de surface

Un seul site constitué de plusieurs buttes anthropiques a été identifié. Il se situe au nord du village, séparé en deux par la N14. Les buttes s'étendent sur près de 500m de chaque côté de la route. Le bitumage de la voie et les cultures qui envahissent les surfaces en saison pluvieuse, ont perturbé le site. Elles ont des formes ovales avec des sommets irréguliers. Les hauteurs peuvent souvent atteindre 2 à 3m. Des espèces végétales y poussent. Ce sont le manguier (*Manguifera indica*) et le *kuka* (*Khaya senegalensis*). Les tessons de céramique sont les plus nombreux à la surface des buttes. Nous avons aussi des jarres funéraires souvent fragmentées et dénudées par l'érosion d'où l'on voit apparaître des ossements humains.

Les sites d'extraction de minerai et les buttes anthropiques sont situés près d'un réseau hydrographique. Dans le bas-fond alluvial, on aperçoit, en profondeur, des jarres funéraires traversées par de grosses racines des *Kaya senegalensis*.

---

[108] NIKIEMA, K., NIKIEMA, G., NIKIEMA, S., 22/12/1988

Photo 1 : système de circulation à spirale

Photo 2 : système de circulation à cran

Une première approche de ces buttes anthropiques a été de faire un échantillonnage du matériel de surface en pratiquant le ramassage des tessons de céramique. Nous avons adopté cette méthode par manque de moyens logistiques et financiers pour faire une fouille, comme dans le village de Wolgteng-Gooden. Ainsi, nous avons eu recours au ramassage de surface plus économique qui nous a permis de faire une comparaison avec le matériel des autres sites fouillés. Après dépouillement des données, nous avons pu établir une typologie morphologique et décorative, différente de la céramique des sites fouillés à Wologteng-Gooden, que les habitants des villages environnants attribuent aux mêmes *Nînsi*. Nous reviendrons plus en détail sur les résultats de l'étude de la céramique.

Parmi les éléments de surface, nous avons identifié de petits morceaux de scories çà et là, sans concentration particulière à un endroit précis. Aucun site de réduction du minerai de fer n'a été aperçu à proximité de ces structures archéologiques. Il est probable que la grande partie de ce minerai n'ait pas été utilisée sur place. Le minerai exploité après l'installation des nouveaux habitants du village, par exemple, a été l'œuvre de ces derniers et d'une grande majorité des villages environnants, avec une réduction faite uniquement dans la cellule familiale, entraînant ainsi une dispersion des déchets.

C. Les puits de minerai de fer de gooden (quartier de ralo) :

Ce second site d'extraction du minerai de fer par puits circulaire fait partie du village de Ralo. Il se situe à environ 4 km au sud de la N14 (route bitumée Ouagadougou-Koudougou) dans le quartier Gooden. Deux mines ont été découvertes. La première mine qui s'étend sur un espace de 135 m de long et 75 m de large, orientée est-ouest, se compose d'une soixantaine de puits totalement comblés. Creusés dans la latérite ferrugineuse, ils ont conservé leur forme circulaire (photo3, p78). La seconde mine, au sud-est de la première, se situe sur une dalle cuirassée au pied d'une colline birimienne. Contrairement aux autres, elle a la forme d'un carré d'environ 80 m de côté. Nous y avons dénombré 140 puits dont 49 totalement comblés. Les puits des deux sites ont des diamètres qui varient entre 90 cm et 1 m. La distance entre eux va de 90 cm à 1m. Nous n'avons pas remarqué au niveau de deux
sites un regroupement de puits au centre de la mine comme à Walyir. Les techniques d'exploitation de ces mines dépendent peut-être de la configuration topographique de chacune. Celle de Walyir est sur un terrain un peu élevé par rapport à la mine de Gooden, qui se trouve sur une surface très plane.

Sur le plan botanique, diverses espèces végétales poussent sur ces deux sites. Ce sont le *nõbga* (*Sclerocarya birrea*), le *sãbga* (*Lannea microcarpa*), le *gaãka* (*Diospyros mespiliformis*), le *lêega* (*Xinina americana*) le *kãkãga*, (*Ficus gnaphalocarpa*), et le *wiliwige* (*Guiera senegalensis*), le *kubr sak (Cassia sieberiana)*. Dans la partie des méthodes de prospection, les traditionnistes avaient signalé le *wiliwige* et le *kubr sak* comme des indices de présence du minerai de fer.

CONCLUSION PARTIELLE :

Cette approche sur les différentes étapes de l'extraction du minerai, comparée aux données archéologiques permet d'avoir des connaissances des techniques d'exploitation du minerai de fer. Les études scientifiques précises font encore défaut au niveau de ces mines

Photo 3 : vue d'ensemble du site d'extraction du minerai de Gooden anciennes. Des fouilles dans les mines et sur les buttes auraient été d'un apport scientifique intéressant. Mais, malheureusement, pour des raisons invoquées plus haut, nous avons été obligée de nous contenter d'une description de surface des sites archéologiques. C'est pourquoi nous faisons attention pour ne pas faire des généralisations abusives et hâtives à l'état actuel de nos connaissances sur l'archéologie minière du Bulkiemdé.

Cependant, nous pouvons affirmer que l'étude des mines ne permet pas d'évaluer l'ampleur de l'activité métallurgique dans cette province. Les exploitations des carrières étaient nombreuses et n'ont pas laissé de trace concrète. En plus de ces raisons, la majorité du minerai des forgerons venait de la province voisine du Sanguié, centre important d'extraction du minerai de fer.

Cette première ébauche atteste aussi qu'il existe deux types de métallurgie. Celle des populations actuelles, que nous découvrons à travers les données des traditions orales et celle des anciens occupants qui sont connus par les sites archéologiques. Les résultats qui seront livrés aux prochains chapitres confirment cette hypothèse. Martial Halpougoudou décrivant un site de puits de minerai de fer dans le Wubr-tênga, au nord-est de Ouagadougou, que les traditions orales attribuent aux anciens occupants les *Nînsi,* présente les mêmes caractéristiques que ceux de Walyir[109]. Les puits sont aussi groupés au centre du site. Ces deux types de métallurgie ont peut-être des ressemblances au niveau de l'extraction du minerai de fer mais nous verrons, à travers les prochaines études, que chacune d'elles à son originalité.

[109]HALPOUGOUDOU M.: *Approche du peuplement prédagomba du Burkina Faso. Les Yônyôosé et les Nînsi du Wubr tênga.* Mémoire de Maîtrise, Ouagadougou, 1984 - 1985, 249p, p 207

Chapitre V

ASPECTS TECHNIQUES DE LA REDUCTION DU MINERAI DE FER : APPROCHES ETHNOLOGIQUES.

Les recherches ethnologiques sur la réduction du fer concernent uniquement la province du Bulkiemdé, que nous comparons avec certaines données métallurgiques du Burkina. Il existe au Burkina Faso plusieurs techniques de réduction selon les fourneaux utilisés, les régions et les sociétés.

Nous avons tenté de recueillir le maximum d'informations sur ces techniques anciennes, qui tendent à disparaître; les détenteurs de ces secrets devenant de moins en moins nombreux. Les données sont comparées, au chapitre prochain, aux résultats des fouilles archéologiques.

V-1 Les types de fourneaux utilisés dans le bulkiemdé et leur mode de construction

A. Les différents fourneaux du bulkiemdé

D'après les données des traditions orales, les forgerons actuels de la localité du Bulkiemdé ont utilisé deux types de fourneaux qui sont: le *fêfêbga* (pl *fêfêbse*, dans d'autres régions comme au Yatenga, le Passoré le *fêfêbga* est désigné par les termes *fonoga* ou *fénéga*) et le *bõaaga*[110] (fig 4, p82). Les matériaux utilisés pour la construction sont l'argile et la paille pétries, ensemble avec de l'eau.

Le *fêfêbga* est un petit fourneau de 1m de haut, avec un soufflet unique en forme de terrine, de 50 cm de diamètre de base, recouvert de peaux de chèvre ou de mouton. La largeur du pot permet ainsi au forgeron d'actionner son soufflet avec les deux mains. Antérieur au *Bõaaga,* selon Kudu Kiendrébéogo, il a été utilisé, jadis, uniquement pour les besoins familiaux. L'avantage est qu'une seule personne pouvait l'actionner[111].

Barthélémy Bouda a signalé ce même type de fourneau à Pabré, au Burkina Faso (fourneau trapu de 1m de haut), très ancien par rapport au fourneau *Bõaaga* de sa région d'étude[112]. M. Jean-Baptiste Kiéthéga, dans sa thèse, signale ce fourneau dans la province du Bam et du Sanmatenga[113]. Le *fêfêbga* a été abandonné dans la province du Bulkiemdé à cause de son rendement insuffisant (pour un contexte socio-économique différent), en faveur d'un fourneau plus gros, le *bõaaga*. Les besoins de la population en matériel métallique à un moment donné devenant plus importants, les forgerons ont été obligés de travailler en groupe pour améliorer le rendement, d'où l'augmentation du volume du fourneau à soufflet; d'autant plus que ce dernier devait dépendre du nombre de forgerons qui y travaillait[114].

Le *bõaaga* est un fourneau à soufflet tronconique, (rétréci au sommet pour mieux conserver la chaleur) de 1,5 m de hauteur et de 1 m de diamètre à la base. Il fonctionne à

---

[110] NIKIEMA K., 22/12/19 à Ralo .
[111] KIENDREBEOGO K.: 25/12/88 à Tiogo
[112] BOUDA B: *L'exploitation traditionnelle du fer dans la région de Pabré.* Mémoire de Maîtrise. 1989, 207p, p124.
[113] KIETHEGA J: *La métallurgie lourde du fer au Burkina Faso* Thèse de doctorat d'Etat Es-lettres et sciences humaines. Paris I Panthéon Sorbonne 1996 TII, p 409.
[114] NIKIEMA G., 25/12/88 à Ralo

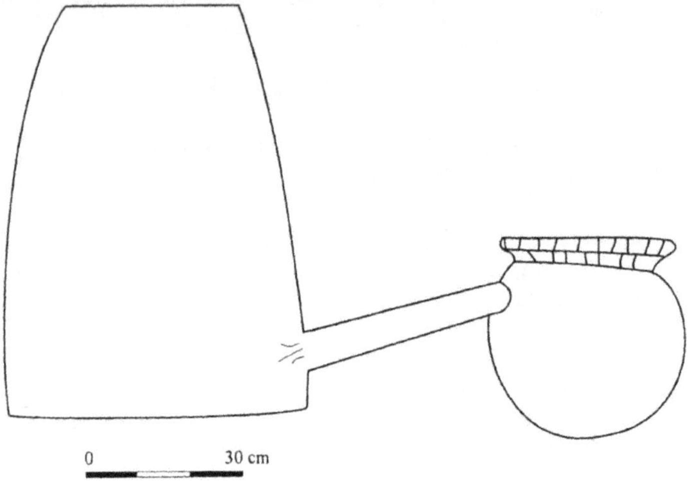

1. Fêfêbga

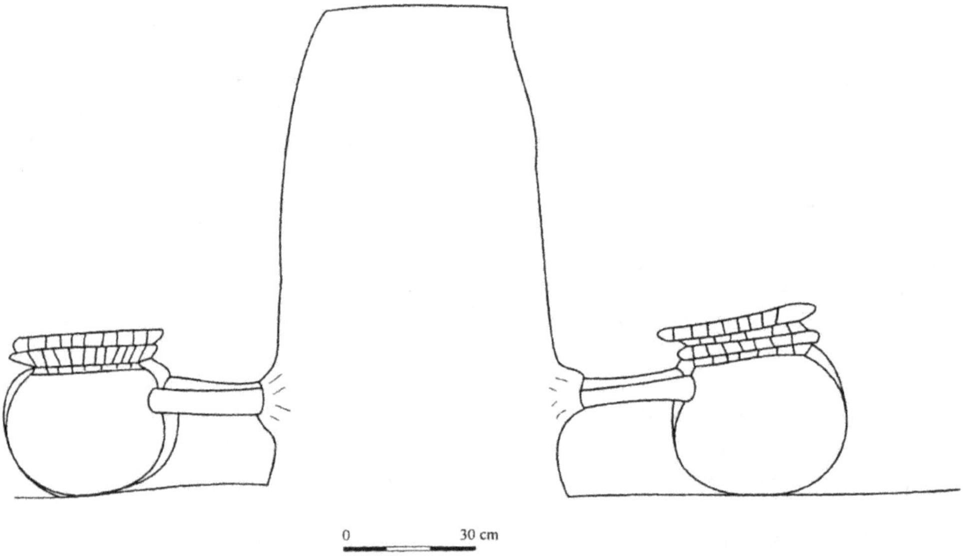

2. Boaaga

Fig. 4 : les types de fourneaux du Bulkiemdé

l'aide de deux ou quatre soufflets (selon la main-d'œuvre disponible et la quantité de minerai à réduire) de la forme d'une terrine recouverte de peaux d'animaux. Les pots, éléments centraux de la soufflerie, sont reliés au corps du fourneau par de longues tuyères d'une dimension d'un mètre environ, pour permettre aux souffleurs d'être éloignés de la source de chaleur.

Celui-ci est différent du fourneau du Yatenga qui se distingue par sa forme gigantesque. Sa hauteur varie de 3 à 4 m, avec un diamètre de 1,50 m environ. A la base, 9 à 11 ouvertures sont faites pour le tirage naturel d'air à l'aide de tuyères, ainsi que pour l'évacuation des scories (photo, p84). Ce type de fourneau n'a pas été signalé par les traditionnistes du Bulkiemdé. Le bõaaga a été par contre utilisé chez les métallurgistes du Yatenga mais un modèle entier n'a pas été retrouvé[115].

Pour quelles raisons ont-ils continué à utiliser le fourneau à soufflet beaucoup plus pénible à faire fonctionner à cause de l'énergie fournie, alors qu'au Yatenga, à quelques 200 km de là, les forgerons utilisaient un fourneau à tirage naturel, qui leur laissait beaucoup plus de liberté d'action ? Nous essayerons de répondre à ces questions à la fin de notre chapitre.

B. Mode de construction des fourneaux du Bulkiemdé

Les deux types de fourneaux sont construits de la même manière avec les mêmes matériaux. Toutefois, la construction du *bõaaga*, un peu plus détaillée, mérite que nous nous y attardions[116].

L'eau, l'argile et la paille sont les matériaux essentiels. L'argile est pétrie avec de la paille qu'on laisse reposer plusieurs heures. Pendant ce temps, un fagot de tiges de mil confectionné et coupé à la taille du futur fourneau (1,5m de hauteur), est attaché en trois endroits pour avoir la forme tronconique. Ensuite, le forgeron déblaie le sol, creuse une fosse circulaire (de 20 cm de profondeur) à la forme de la base du fourneau (1 m de diamètre), au centre duquel il fait un trou. Il s'arrange pour que la fosse ait une pente inclinée du côté est-ouest. Après cela, le fagot de tige de mil y est transféré et sert de moule à la construction du fourneau. L'argile pétrie est mise tout autour de celui-ci et crépie à l'aide d'un épi de maïs égrené. Trois jours après, le fagot de tige de mil est enlevé ou brûlé à l'intérieur du fourneau qui a pris forme. Cette dernière opération a un double avantage. La chaleur contribue à durcir le fourneau et la cendre obtenue, qui reste dans le creuset permet à la loupe de ne pas se souder au sol.

La construction du corps du fourneau étant terminée, les forgerons y aménagent les ouvertures (*zuglanwên*) nécessaires au fonctionnement. Le nombre d'ouvertures dépend des personnes disponibles pour la réduction. En général, trois ouvertures sont confectionnées:

- une ouverture à la base du fourneau pour les deux soufflets, au côté sud du fourneau.
- une deuxième ouverture (lorsque le forgeron a beaucoup plus de bras disponibles) au côté nord du fourneau, servant pour les deux autres soufflets.
-une troisième ouverture principale placée côté ouest sert à contrôler la réduction, à évacuer les déchets (wên) et à retirer la loupe (*kiyugu*) du fourneau.

---

[115] KIETHEGA J: *La métallurgie lourde du fer au Burkina Faso.* Thèse de doctorat d'Etat Paris I Panthéon Sorbonne 1996, TII p 446.

[116] Les forgerons du Bulkiemdé ont tous donné les mêmes descriptions pour la construction du fourneau.

Photo 4 : fourneau du village de Youba

La construction du fourneau est suivie immédiatement de celle des accessoires. La confection des pots (*zuglasé*, sing.*zuglaga)* et des tuyères secondaires (*zuglanwên*, sing *zuglanõr*) obéit aux mêmes principes que celle du fourneau, à la différence que ces deux derniers n'utilisent pas les mêmes moules. Pour les pots, une terrine de 30 cm environ de diamètre est indispensable. Le moule des tuyères secondaires est un bois cylindrique de 1m de long et 14 cm de diamètre environ. La tuyère principale le *pêbga* a la forme d'un entonnoir et sert de point de jonction des deux tuyères secondaires, au niveau de l'ouverture du fourneau, où elle s'emboîte en premier. Elle joue ici le rôle de canaliseur d'air, dans le cas contraire, l'air pourrait se disperser à la jonction des deux tuyères secondaires. Un bois fourchu sert à maintenir le fourneau incliné. Les raisons pratiques de l'inclinaison du fourneau ne sont pas données.

La construction du fourneau étant terminée, le forgeron se prépare à l'étape de réduction. Les éléments de base sont, le minerai et le combustible, indispensables pour la suite de l'opération.

V-2. Le combustible utilisé pour la réduction et le travail à la forge

Le charbon est un élément essentiel pour la réduction, aussi bien que pour la forge. Il assure la double fonction d'agent thermique et de réducteur. L'énergie du bois a joué un rôle important dans la métallurgie ancienne du fer. Elle a permis de fournir la température nécessaire aux réactions chimiques entraînant la réduction du minerai. La capacité de réduction du charbon dépend de son pouvoir calorifique, qui est la quantité de chaleur dégagée par la combustion de l'unité de poids de ce corps. Il doit aussi présenter une résistance à l'écrasement très élevée pour descendre dans le fourneau sans s'effriter, sans s'entasser, ni s'agglomérer pendant la hausse progressive de la température.

Comme tout végétal, le bois est composé de cellules vivantes et mortes dont la structure et la composition varient selon les différentes espèces et parties du matériau végétal. On comprend alors pourquoi les métallurgistes choisissent certaines parties du bois plutôt que d'autres.

A. Les différentes espèces utilisées

Le choix des espèces est déterminé par les qualités propres aux essences et par la disponibilité de celles-ci dans l'environnement immédiat. Les forgerons du Bulkiemdé ont plus utilisé le charbon de bois vert. Pour eux, ce dernier a un pouvoir calorifique plus élevé que le bois sec[117]. Certaines parties des espèces végétales comme les troncs, les grosses branches sont prélevées pour la production du charbon.

Les espèces les plus utilisées citées par les métallurgistes sont:

le *kuka* : *Kaya senegalensis*
le *wiliwige* : *Guiera senegalensis*
le *kagdga* : *Detarium microcarpum*
le *sêega* : *Burkea africana*
le *kubrsak* : *Cassia sieberiana*
le *cõndre* : *Terminola macroptera*

---

[117] YAMEOGO Y., 29/9/1988 à Péyir

le *tâaga* : *butyrospermun parkii*.

Le *Burkea africana*, le *Detarium microcarpum* et le *Terminola macroptera* sont beaucoup plus utilisés à la forge. Le dernier cité a la réputation de rendre le fer facile à manier à l'épuration et donne une très bonne qualité[118]. Pour Kombase Nikiéma le *Kaya senegalensis*, le *Guera senegalensis*, le *Burkea africana* et le *Cassia sieberiana* sont utilisés à la fois pour la réduction et le forgeage[119]. Chez la majorité des forgerons, le *Cassia sieberiana*, les racines du *Guiera senegalensis* et le *Kaya senegalensis* carbonisés ensemble facilitent la réduction du fer. Par contre, le *Butyrospermum parkii* a été signalé par un seul forgeron comme étant moyen en qualité pour le travail de la forge[120]. Les autres l'utilisent rarement à la forge et au fourneau parce qu'il produit trop d'étincelles et ne résiste pas à l'écrasement. Le *Burkea africana* considéré comme le meilleur en forge et au fourneau, est l'espèce la plus recherchée par tous les forgerons du Bulkiemdé.

Nous avons établi un tableau des arbres des métallurgistes du Bulkiemdé selon les données des traditions orales[121].

TABLEAU N° 3 : ***LES ARBRES DES METALLURGISTES DU BULKIEMDE***

VILLAGES	NOMS MOORE	NOMS SCIENTIFIQUES	OBSERVATION
Boulouré	Kumbrsak	Cassia sieberiana	Charbon très bon
	Kwimiga	Combretum Sp	Charbon
	Tâaga	Butirospermum parkü	Charbon arbre mort
Burkina		Lannea acida	Charbon
		Burkea africana	Charbon très bon
		Guiera Senegalensis	Charbon très bon
		Acasia macrostachya	Charbon
Koné	Cõndré	Terminolia macroptéra	Charbon très bon
	Kumbrsak	Cassia sieberiana	Charbon

118 NIKIEMA Kom. et al, 22/11/1988 à Ralo

119 NIKIEMA Kom., 22/12/1988 à Ralo

120 YAMEOGO Y., 29/09/1988 à Péyir

121 Nous avons aussi consulté la Thèse d'Etat de M.Kiéthega J.B. qui a établi un tableau des arbres des métallurgistes du Burkina Faso.

	Randga	Combretum micramtum	Charbon
Loaga	Tâaga	Butyrospermum parkii	Charbon bois mort
	Tamkwiliga	Afrormosia laxifloa	Charbon
Nandjèla	Kagdga	Detarium microcarpum	Charbon
	Cõndré	Terminolia macrptera	Charbon très bon
	Kuka	Kaya senegalensis	Charbon très bon
	Roanga	Parkia Biglobosa	Charbon bois mort
	Sêega	Burkea africana	Charbon très bon
	Tâaga	Butyrospermum parkü	Charbon bois mort
	Wiliwiga	Guera senegalensis	Charbon
Palogo	Sêega	Burkea africana	Charbon très bon
	Tâaga	Butyrospermum parkü	Charbon bois mort
	Tamkwiliga	Afrormosia laxiflora	Charbon
Pèla	Cõndré	Terminolia macroptera	Charbon très bon
	Randga	combretum micrantum	Charbon
Ralo	Cõndré	Terminolia macroptera	Charbon très bon
	Sêega	Burkea africana	Charbon très bon
	Tâaga	Butyrospermum parkü	Charbon bois frais et bois mort
	Tamkwiliga	Afrormosia laxifloria	Charbon
Ramongo	Cõndré	Terminolia macroptera	Charbon très bon
	Sêega	Burkea africana	Charbon très bon
	Tamkwilga	Afrormosia laxilfloria	Charbon

Sabou	Sêega	Burkea africana	Charbon très bon
Sambisgo	Sêega Tamkwilga	Burkea africana Afrormosia laxifloria	Chabon très bon Charbon
Sourgou	Cõndré Sêega Tamkwilga	Terminolia macroptera Burkea africana Afrormosia laxifloria	Charbon bois vert Charbon très bon Charbon
Tiogo	Cõndré Sêega	Terminolia macroptera Burkea africana	Charbon très bon Charbon très bon

Les forgerons ont utilisé presque les mêmes espèces végétales pour l'obtention du charbon de bois, avec quelques différences d'un village à un autre. Il y a une certaine prédominance des espèces comme le sêega et le cõndré qui donnent un charbon de très bonne qualité.

B. Le mode d'obtention du charbon de bois :

La recherche du charbon de bois se fait par groupe de forgerons. La campagne pouvait durer deux jours. Dans certains villages Sénoufo de Côte d'Ivoire, le charbon de bois était fabriqué par des gens autres que les forgerons[122].

Au Bulkiemdé, les forgerons aménageaient un trou peu profond au fond tapissé d'un peu de bois sec. Au-dessus de ce dernier est entassé le bois vert, qui donne le charbon de bois. Le feu est mis à la base. Ainsi le bois sec facilite la combustion qui durait plusieurs heures. A la fin de l'opération de combustion, le feu est éteint à l'aide de jet de sable, car pour les traditionnistes, les braises de charbons éteintes avec de l'eau conservent une mauvaise qualité[123].

Certains forgerons ne font pas de fosse, la combustion se fait sur le sol, à la fin, elle est éteinte avec de l'eau. Pour la majorité des métallurgistes qui brûlaient le bois dans des fosses, la qualité du charbon dépend de la manière dont il a été fait. Le bois vert carbonisé en fosse a beaucoup plus de « force », car le charbon se forme lentement, donne des braises dures et s'écrase moins dans le fourneau. En effet, plus certains bois sont secs, plus la combustion est vive, rapide et donne des rendements faibles, tant au niveau du pouvoir calorifique qu'au niveau de sa capacité à résister à l'écrasement, qui pourrait empêcher l'oxygénation dans les fourneaux. *« L'utilisation de bois sec ne donne pas un très*

---

[122] GARDI R. : *Artisant Africains* , cipyriht, 1970, 243p, p30
[123] NIKIEMA Kom., 22/12/1988

bon charbon à cause de sa combustion vive. Certains de nos confrères l'utilisent, mais ils ont beaucoup de problèmes à la réduction. »[124]

Le charbon de bois joue un rôle déterminant dans la réduction du minerai de fer. Lorsqu'il n'est pas de très bonne qualité, la réduction prend beaucoup plus de temps et la quantité de charbon utilisée est deux fois plus élevée que la normale. Le charbon peut aussi, d'après le même Kiendrébéogo Kudugu, entraîner une perte énorme du fer dans les déchets ou faire échouer la réduction. Cette affirmation est logique d'autant plus que la réduction se fait au contact du charbon de bois. Celui-ci doit avoir un pouvoir calorifique suffisant pour contribuer à la réduction du minerai de fer, car plus la température est élevée, plus grand sera le pouvoir réducteur du carbone. Si cette condition essentielle n'est pas remplie à cause de la mauvaise qualité du charbon, une bonne quantité du minerai reste dans les scories.

V-3. Les procédés de réduction directe du minerai de fer

La température atteinte dans le fourneau est très importante, d'autant plus que le pouvoir réducteur du carbone augmente avec elle. Mais, la nature du minerai de fer, la quantité et la qualité du monoxyde de carbone jouent un très grand rôle. Le charbon de bois utilisé dans les fourneaux dégage l'énergie thermique et le monoxyde de carbone nécessaire à la réaction de réduction. Les moyens de soufflage (soufflets) assez faibles ne permettent pas d'atteindre des températures élevées dans la réduction directe du minerai de fer. Ainsi, le fer réduit se sépare du minerai sous la forme de petits grains qui s'incrustent dans une masse spongieuse, résultat de la combinaison de la gangue et de l'oxyde de fer.

A Lieu de réduction: aspects rituels et interdits

Au Bulkiemdé, la réduction se fait dans la cellule familiale ou par groupe de forgerons. Chacun d'eux ramène sa quantité de minerai qui va être réduite à tour de rôle, juste à côté des habitations, sous un grand arbre pour se protéger du soleil. Dans les deux cas, les métallurgistes s'entraident. Ils s'installent à proximité du lieu d'extraction du minerai quand leur habitation n'est pas éloignée de la mine comme dans le village de Ralo. Dans le cas contraire, lorsque ces derniers doivent faire plusieurs kilomètres pour rechercher le minerai de fer, ils le ramènent dans leur village respectif pour pratiquer la réduction. Au Niger, où la réduction du minerai de fer se faisait par des groupes de coopération familiale, les forgerons s'installaient hors de la présence de la société en brousse dans un campement (son abord est tabou, sous peine de mort), sous la direction d'un sarkin zangotama, c'est-à-dire chef de campement du fer [125].

Des rites et interdits précèdent le début de la réduction au Bulkiemdé. A la veille de l'opération, les forgerons s'abstiennent de rapports sexuels.[126]

Avant l'étape de réduction, un sacrifice de poulet est fait aux esprits de la forge et de la terre. Quelques plumes de l'animal accompagnent le sang versé sur le fourneau. Le plus âgé des forgerons, qui se charge du rite, prononce les paroles suivantes «*Dieu, terre,*

---

[124] KIENDREBEOGO K.,28/09/1988 à Tiogo

[125] ECHARD N.: « Notes et questions sur la métallurgie Haoussa du fer (ader, koni et kurfey République du Niger) ». *C.N.R.S-R.C.P. 322 Opération métallurgie* 1980, document zéro p100.

[126] Zongo R., 29/11/89 à Ralo

prenez notre poulet et donnez le au fourneau afin que notre réduction soit bonne et que nous ayons à manger.»[127].

L'accès au fourneau n'est pas interdit aux enfants et aux femmes, sauf celles enceintes ou en menstrues, car elles peuvent faire échouer la réduction. Ils sont chargés d'amener à manger aux travailleurs. Les femmes dansent et chantent au rythme de la soufflerie pour encourager les métallurgistes. Cependant, les femmes ne doivent pas participer aux différentes tâches du fourneau, selon Nikiéma Komènèmemogo. Règma Zongo contredit ce dernier. Pour lui, les femmes et les filles participent à la soufflerie au fourneau et à la forge[128]. Elles ont dû effectivement participer uniquement au travail de la soufflerie, au niveau des fourneaux et des forges, puisque la réduction se faisait à côté des habitations. Elles n'avaient pas besoin de se déplacer. Aujourd'hui encore, les filles de forgerons travaillent à la forge ne manipulant que la soufflerie, les autres tâches comme la confection des outils et la direction des travaux leurs sont formellement interdites.

B. Le fonctionnement du fourneau à soufflet

Le fonctionnement du fourneau est un ensemble d'opérations qui renferment le mode de chargement, l'allumage, l'évacuation des scories, la récupération et le traitement de la loupe.

a. Les modes de chargement du fourneau

Pour le début du chargement, c'est encore le plus âgé du groupe de forgerons qui doit exécuter le premier geste. Il prononce des paroles incantatoires : *« Je demande à la forge, aux maisons de forge, la permission de réduire mon minerai. Et si Dieu m'enlève de l'eau, que j'aie le fer afin que les hommes aient les dabas, car si l'homme a à manger il a la paix. »*[129]. Il peut aussi choisir un membre du groupe dont il considère que la main fait réussir plus la réduction que d'autres. Il y a effectivement en pays *Moaga* des croyances qui considèrent que certaines personnes sont naturellement prédisposées au succès par l'intervention des Dieux et des esprits [130].

Deux modes de chargements sont utilisés dans le Bulkiemdé. Le chargement horizontal alternatif du minerai et du charbon, qui est le plus répandu, et le chargement vertical où le minerai se met au milieu, ensuite le charbon de chaque côté du minerai. Il est très rarement employé et cohabite avec le premier. Ce système de chargement centré nous a été signalé dans le village de Tiogo, à Sourgou et à Palogo. Il est plus utilisé dans les villages frontaliers avec Réo (province du Sangué) où est répandu ce mode de chargement[131].

Ce deuxième mode a le même principe de fonctionnement que le premier. La différence réside uniquement au niveau de la disposition du charbon et du minerai. A la base du fourneau, un creuset est aménagé pour déposer de la potasse. Elle permet à la loupe de fer de ne pas se souder au sol. Les forgerons étalent ensuite une couche de charbon, puis

---

[127] ZONGO R.:29/11/1989 à Ralo

[128] NIKIEMA Kom, 9/11/1989 à Ralo, ZONGO R.,29/11/1989 à Ralo

[129] NIKIEMA Kom à Ralo 9/11/1989. Cette parole incantatoire a fait découvrir plusieurs types de forges que nous allons aborder dans les chapitres prochains.

[130] ZONGO, R., 29/11/1989, à Ralo

[131] KIENDREBEOGO K , 28/09/1988 à Tiogo, KINDA O. et AL , 23/12/1988 à Réo (Province du Sanguié)

mettent du minerai au milieu. L'apport de charbon suivant se fait en mettant de grandes quantités de chaque côté du minerai, laissant toujours ce dernier au milieu.

Le premier mode consiste en un chargement de couches alternatives entre le minerai et le charbon. Une grande quantité de ce dernier se met à la base pour faciliter l'allumage, ensuite, on ajoute le minerai, ainsi de suite jusqu'à atteindre l'ouverture supérieure du fourneau. La dernière couche doit être le charbon pour recouvrir le minerai. Au Bulkiemdé, la quantité de minerai et de charbon utilisée diffère selon les informateurs. Konmènèmogo parle de sept paniers de minerai et sept paniers de charbon, qui sont d'abord mis dans le fourneau, après quelques instants de ventilation, ils ajoutent trois à quatre paniers de combustible en plus. Cela fait dix à onze paniers de combustible pour sept paniers de minerai. Regma Zongo parle de six paniers de minerai pour douze paniers de charbon[132]. Au Yatenga, dans les grands fourneaux où la hauteur atteint souvent 3m avec un tirage naturel d'air, le principe du chargement est aussi l'alternance du charbon et du minerai, avec souvent 60 paniers de charbon pour 50 paniers de minerai, ou 15 paniers de charbon pour 10 paniers de minerai à la fin de la réduction[133]. Les Bwaba de Sanaba font un mélange des matières premières (charbon et morceau de minerai). Pour un panier de minerai, il faut quatre à six paniers de charbon[134]. On remarque que la quantité de charbon est toujours plus élevée que celle du minerai, pour permettre à ce dernier de jouer son rôle d'agent thermique et de réducteur.

Après le chargement des matières premières, le système de soufflerie est mis en place par l'emboîtement des différents éléments avec la pâte d'argile. Les deux tuyères principales présentent des extrémités plus ou moins pointues, qui doivent être en contact avec le corps du fourneau où ont été pratiquées les ouvertures pour recevoir les quatre tuyères (ou deux) secondaire des soufflets. Les orifices sont bien murés pour ne pas gaspiller l'air soufflé, y compris l'ouverture principale. Certains forgerons utilisent un bloc de pierre pour la fermer.

b. allumage et durée de l'opération

Avant de passer à la fermeture complète de l'ouverture principale, le forgeron procède à la mise à feu de son fourneau. Cet orifice sert à la mise à feu, au contrôle de la réduction et à l'évacuation des déchets. Certains forgerons parlent d'un allumage qui se fait dans l'une des ouvertures où doivent être montées les souffleries[135]. Le premier mode d'allumage paraît plus commode et pratique sur le plan technique. Des tiges de mil servent à allumer le fourneau, très tôt à 5h du matin. Lorsque le charbon à la base prend feu, on les retire et on ferme tout, en actionnant la soufflerie qui doit être à ce moment précis, rapide et ininterrompue.

La plupart des fourneaux à tirage naturel d'air fonctionnent la nuit. Ce sont les cas des fourneaux du Yatenga et certains du Niger dont parle Nicole Echard[136]. La réduction a lieu chaque nuit entre 18 heures et 5 heures du matin. Nous savons que l'opération de

---

[132] NIKIEMA Kom et Al ,9/11/1989 à Ralo, ZONGO R. , 29/11/1989 à Ralo

[133] SAMTOUMA I : *La métallurgie ancienne du fer dans la région de Koumbri (Yatenga, Burkina faso) Mémoire de Maîtrise 1986-1987*, 119p, p109.

[134] COULIBALY E.: *La métallurgie du fer dans la région de sanaba (Province de la Kossi,Burkina faso)*, Mémoire de Maîtrise, université de Ouagadougou 1989, p126.

[135] NIKIEMA Komb, 22/12/1988 à Ralo

[136] ECHARD N. : « Notes et questions sur la métallurgie du fer (Ader, Koni, et Kurfy, République du Niger) » *CNRS-RCP opération métallurgie*, p111

réduction tient compte de l'état des vents. L'absence ou l'excès d'air peuvent nuire au fonctionnement du fourneau par étouffement ou par une très rapide combustion du charbon. Cette raison a peut-être guidé les forgerons à faire fonctionner les fourneaux à tirage naturel d'air la nuit, où l'intensité des vents est modérée, pour éviter un mauvais fonctionnement.

Le fourneau à tirage forcé d'air par les soufflets fonctionne le matin (5h du matin à 18h du soir), car les forgerons eux-mêmes ont un contrôle sur l'intensité de l'air. Ils peuvent décider d'arrêter, d'augmenter ou de ralentir l'apport de l'air selon l'état d'avancement de l'opération.

c. Evacuation des scories

Deux à trois heures après la mise à feu, les forgerons procèdent au contrôle de la réduction qui se fait de plusieurs manières[137].

A Ralo, si l'ouverture principale est bouchée par un bloc de pierre, celle-ci est de temps en temps libérée et l'on introduit une tige de bois pour voir s'il y a une réaction. Dans le cas contraire, si l'ouverture est bouchée par l'argile fraîche, lorsqu'elle devient sèche, on considère qu'il faut évacuer les scories en la débouchant. Les impuretés coulent pendant que les soufflets fonctionnent. Des forgerons du village de Tiogo se basent sur le dégagement d'une fumée provenant de la même ouverture[138]. Yaméogo Youbi, du village de Palogo, considère que le fourneau «pleure» en émettant un bruit décelable par les spécialistes. C'est à ce moment qu'ils évacuent les impuretés appelées Wên[139].

Le fourneau du Yatenga a un orifice situé à 1,5m de hauteur qui sert à la surveillance de la combustion[140]. Lorsque les forgerons du Bulkiemdé libèrent l'ouverture d'évacuation, les impuretés coulent de façon lente. L'opération terminée, il fallait attendre une semaine pour une nouvelle campagne.

d. Récupération et traitement de la loupe

Les métallurgistes arrêtent la ventilation et agrandissent l'ouverture principale afin de faciliter la sortie de la loupe appelée kiyugu. Avec une tige de bois vert, en forme de faucille à son l'extrémité, les forgerons tirent pour faire sortir la loupe encore brûlante. Elle est posée sur une roche dure, où pendant des heures, les forgerons la martèlent avec une roche tenace, qui constitue un marteau, pour éliminer les particules de charbon et de terre qui s'y sont agglutinées. Ils ramènent la loupe chez eux pour la découper à la forge lorsqu'ils en auront besoin. Dans ce cas, ils demandent encore un sisowaga (travail collectif entre forgerons) afin de découper la loupe qui doit être réchauffée pour la circonstance. Chaque loupe donne environ quarante dabas[141]. A la fin de la réduction, les forgerons crépissent l'intérieur du fourneau pour la prochaine réduction, qui commence une semaine plus tard. Dans certaines sociétés du Burkina Faso, étudiées par M. Jean-Baptiste Kiéthéga dans sa Thèse d'État, la loupe subit d'autres traitements. Dans la province du Bam, à Sandouré, les aspérités de la loupe sont cassées et mélangées au minerai pour une nouvelle réduction. Elles pouvaient être réduites en poudre puis recuites enrobées d'argile. Chez les

---

[137] ZONGO, B., 29/09/1988, à siguoguin

[138] KIENDREBEOGO, K., 23/12/1995, à Tiogo

[139] YAMEOGO Y., 22/9/94 à Palogo

[140] SAMTOUMA I: *La métallurgie ancienne du fer dans la région de koumbri (Yatenga Burkina faso)*, Mémoire de Maîtrise 1986-1987, 119p, p112

[141] NIKIEMA K. 22/12/1988 à Ralo, KIENDREBEOGO , K. et Al, Sept 1988 à Tiogo

forgerons Kassena de Léo, la loupe était découpée en morceaux qui étaient ensuite réduits en poussière, puis enfermée dans un creuset d'argile et portée au feu du foyer de la forge.

Les métallurgistes du Bulkiemdé affirment obtenir des loupes de très bonne qualité dans ces fourneaux. Pour vérifier ces affirmations, nous avons voulu étudier les loupes en métallographie. Mais malheureusement, les forgerons du Bulkiemdé n'ont pas pu nous fournir des restes de loupes. Par contre, dans le Sanguié, à Réo province voisine de celle du Bulkiemdé où les forgerons utilisent les mêmes techniques de réduction du minerai de fer, nous avons pu nous en procurer.

A Etude de deux loupes de réo (province du sanguié)

a Présentation et contexte des deux loupes

Les deux morceaux de loupes nous ont été offerts par les forgerons de Réo. En revanche, les minerais qui ont servi pour la réduction n'étaient plus en leur possession. Ces réductions du début du 20ème siècle ont été l'œuvre de forgerons plus âgés. Mais ils ont tous disparu. Les artisans actuels ont hérité des loupes. Ils savent que les minerais proviennent de la province du Sanguié où existent plusieurs sites de mine de fer, mais ignorent ceux qui ont servi aux différentes réductions. Nous avons aussi signalé dans les chapitres antérieurs que les forgerons de la province du Bulkiemdé s'approvisionnaient en minerai dans le Sanguié. D'où l'avantage de cette étude.

b Etudes métallographiques

-loupe I (fig. 5, p94)

Sur ce fragment de loupe, on a une relative compacité de l'ensemble. Il y a un certain nombre d'impuretés et d'inclusions (de deux types, des inclusions aux contours relativement déchiquetés et des inclusions à profil adouci) mais qui globalement sont dans des proportions relativement faibles.

La loupe semble être un acier faiblement carburé (variant de 0,2 à 0,5 % de carbone). Les micrographies (P1 et P2, p95) présentent des îlots d'aciers plus carburés à 0,5% de carbone avec une perlite mixte lamellaire globulaire, une structure ferritique aciculaire proche des structures de Widmanstätten correspondant peut être à des zones desurchauffes locales. Les parties aciérées semblent quand même marginales par rapport à la globalité de l'échantillon. Avec une charge de 200g, la microdureté s'élève à $\Delta_{1\ HV200} =$ 153 dans ces zones. Dans l'ensemble, la loupe semble être à dominance ferritique (P3 et P4, p95)
($\Delta_{2\ HV\ 200} = 122$).

Conclusion

On a une certaine hétérogénéité dans la composition de la loupe. Elle est caractéristique des loupes provenant des réductions directes. Les opérations de réduction faites par la technique du tirage forcé d'air par les soufflets sont relativement bien faites, car les inclusions et les impuretés sont très faibles. Il peut aussi s'agir d'une loupe déjà épurée, ce qui expliquerait la rareté des impuretés.

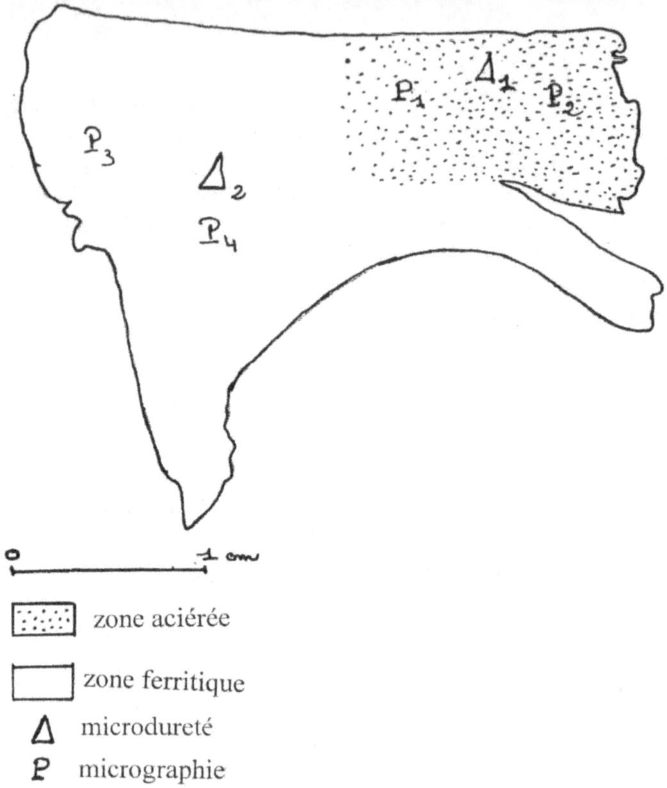

fig 5: section de la loup I

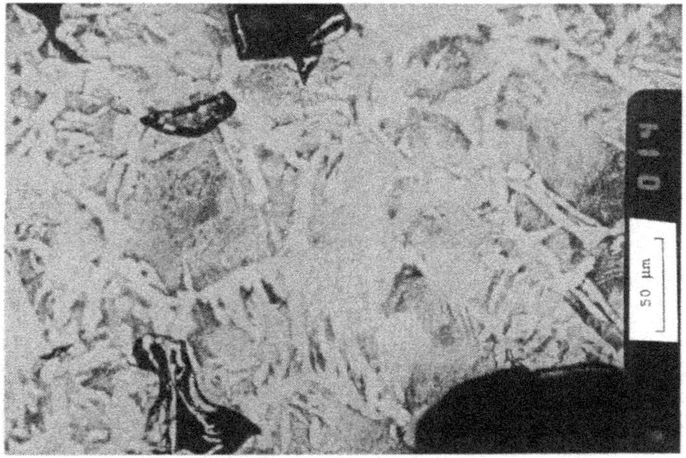

P 1 : ferrite aciculaire de la loupe I

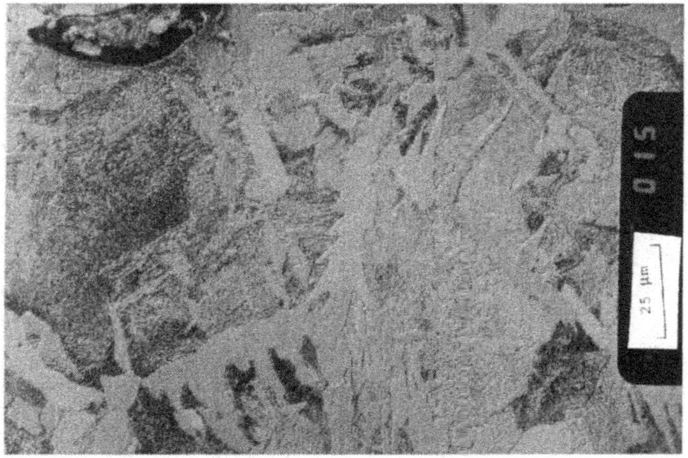

P 2 : perlite mixte lamellaire et globulaire de la loupe I

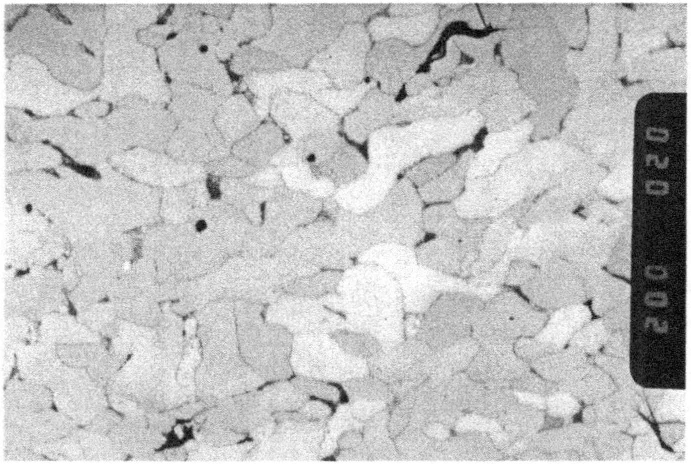

P 3 : structure ferritique à grains légèrements écrouis de la loupe I

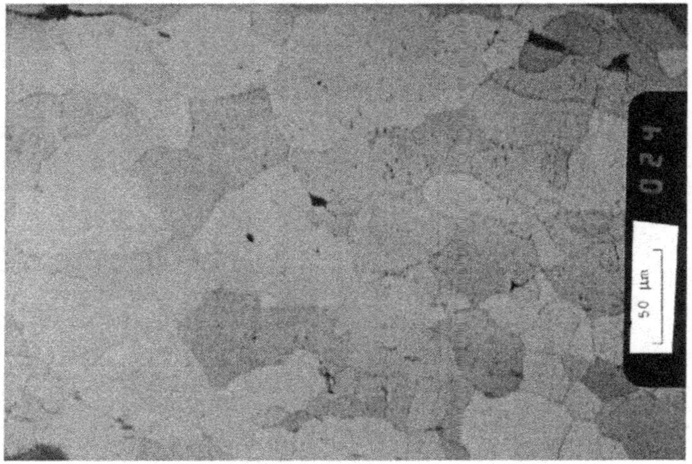

P 4 : structure ferritique à gros grains de la loupe I

-Loupe II

La loupe II est d'une très grande homogénéité. Sur toute la surface de l'échantillon, on rencontre la même structure. L'étude métallographique présente une structure de perlite lamellaire avec des îlots de ferrite en joint de grain à 0,7% de carbone (P1 et P2, p97)

Conclusion :

On pourrait croire que l'acier était directement obtenu après la réduction du minerai. Ce dernier devait être riche en manganèse pour fixer le carbone dans le fer. Une étude physico-chimique du minerai aurait apporté des détails intéressants.

CONCLUSION PARTIELLE :

La technique de tirage forcé d'air est très exigeante et demande beaucoup plus de temps et d'énergie, tant au niveau de la construction du fourneau, de la recherche du combustible que de la réduction proprement dite. Elle nécessite la mobilisation d'une force de travail permanente et dépendante. La tâche est très pénible et demande une présence des forgerons à la soufflerie, pour une quantité minime de loupe qui donne environ 40 dabas. Alors qu'au Yatenga, à quelque 200 km au nord du Bulkiemdé, les métallurgistes ont utilisé une technique moins contraignante et plus rentable. En effet, elle demande moins de main-d'œuvre, donne plus d'indépendance aux métallurgistes qui ne sont pas obligés de rester au fourneau. Ils obtiennent d'énormes quantités de loupes, leur permettant de ravitailler le grand nord et de développer un réseau de commerce du nord vers le sud, basé sur la vente d'objets en fer.

Pour quelles raisons, les métallurgistes du Bulkiemdé n'ont-ils pas adopté cette technique qu'ils connaissaient afin d'améliorer leur rendement ?

Tous les métallurgistes du Bulkiemdé sont unanimes sur la meilleure qualité du fer issu des fourneaux à tirage forcé d'air. Même ceux du Yatenga, venus s'installer à Réo dans le Sanguié au 18ème siècle à la recherche de bons minerais, ont eux aussi, à leur arrivée adopté le fourneau à tirage forcé d'air pour la bonne qualité du fer obtenu[142]. Il est probable que la technique de tirage forcé d'air par les soufflets, qui leur permet de contrôler le débit d'air accédant au fourneau, soit la raison principale de cette bonne qualité de fer de la région. Ce dernier donnait, selon eux, des outils résistants et difficilement attaqués par la rouille. Contrairement à ceux qu'ils achetaient aux forgerons du Yatenga, qui, pour eux, étaient moins résistants et très facilement atteints par la rouille.

Les métallurgistes sont du même avis quant à l'antériorité du fourneau à tirage forcé d'air sur le fourneau à tirage naturel. Ils affirment que ceux du Yatenga ont abandonné le premier parce qu'ils voulaient produire plus pour faire du profit dans leur commerce. Les forgerons du Yatenga confirment l'antériorité du fourneau à tirage forcé d'air[143]. En Côte d'Ivoire, cette antériorité est établie dans certaines communautés Sénoufo où *« la technique à soufflet avait été remplacée presque partout par des techniques à tirage naturel. »*[144].L'antériorité de l'un par rapport à l'autre dépend des régions et l'enquête reste

[142] KINDA,O., sept 1988 à Réo

[143] SAMTOUMA I : *La métallurgie ancienne du fer dans la région de Koumbri (Yatenga Burkina faso)* Mémoire de maîtrise 1986-1987, 119p, p105

[144] CELIS G. : *Les fonderies africaines. Un grand métier disparu. Museum fur volkerkunde, Frankfurt.*, p73

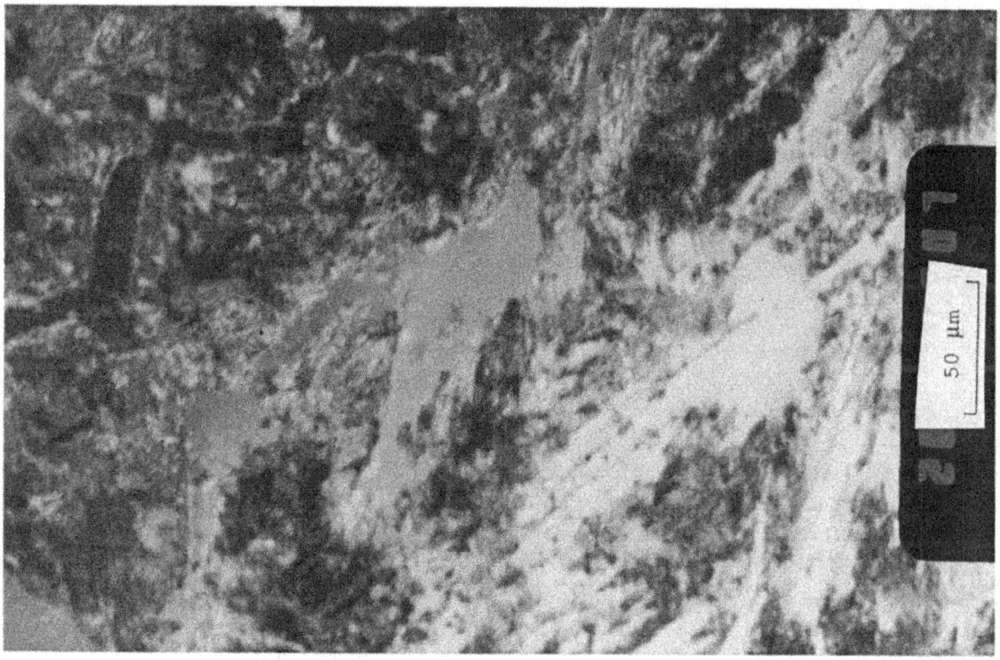

P1 : Loupe II, perlite lamellaire

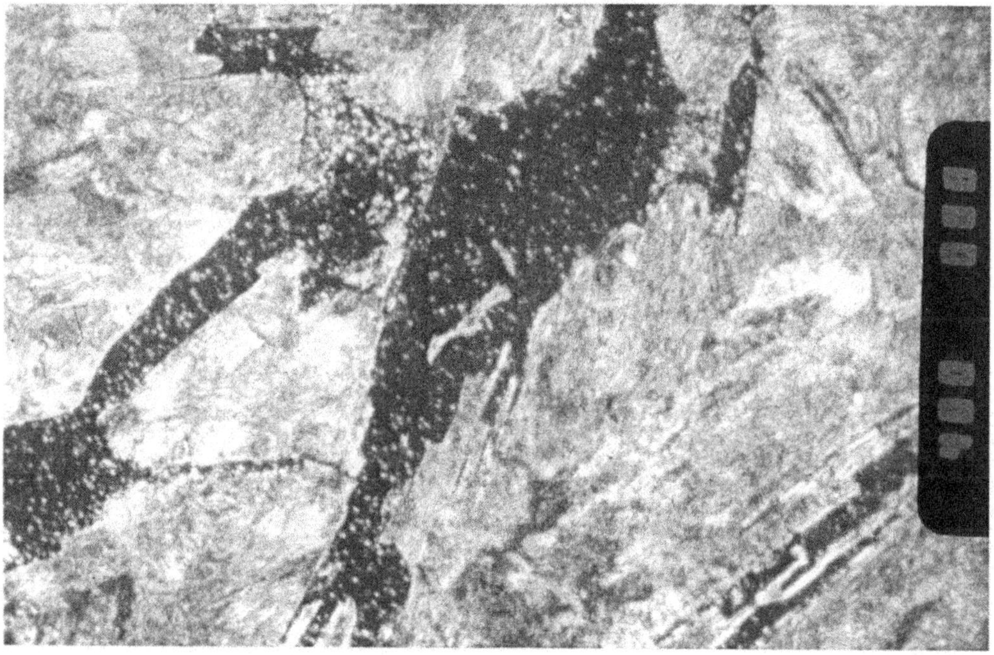

P2 : Loupe II, perlite lamellaire et ferrite aciculaire

à développer. Après la réduction du minerai de fer, les forgerons se consacrent à la transformation de la loupe en produits finis dans leur forge respective. Elle a un caractère familial, où chaque forgeron travaille avec ses enfants et son aide forgeron (apprenti), dont nous donnerons plus de détails dans le chapitre suivant.

Chapitre VI

APPROCHE TECHNIQUE ET SOCIOCULTURELLE DE LA FORGE AUX 19eme ET 20eme SIECLE, LES CHANGEMENTS DUS A LA COLONISATION ET LES ASPECTS ECONOMIQUES DE LA METALLURGIE DU FER

La définition du métier de forgeron et la présentation de son savoir-faire, son rôle cultuel et économique auprès des forgerons eux-mêmes et des autres membres de la société, sont autant d'aspects à connaître. Cette approche concerne les forgerons actuels de la province du Bulkiemdé, auprès desquels nous avons pu avoir des informations sur la destination des produits, les échanges économiques et le rôle du forgeron dans la société. Nous présentons des données de la période précoloniale, coloniale et post-coloniale et les conséquences de la colonisation sur cette industrie sidérurgique. En effet, la colonisation a été un élément important dans certains changements culturels et techniques. Ce chapitre, qui donne des informations historiques ne devait pas être inclus dans la présentation ethnologique. Mais ces données historiques ont eu une forte influence sur le forgeron et son métier, qu'une présentation ethnologique et historique nous permet d'analyser ensemble.

VI-1. Forgerons, forges et techniques de forge

A. Etre forgeron au Bulkiemdé, un métier d'ouverture

a. Les types de forgerons

Au Bulkiemdé, le terme forgeron désigne le métallurgiste et l'artisan forgeron. Il n'y a pas de division professionnelle du travail pendant la chaîne opératoire de la métallurgie directe du fer. La production du fer et sa transformation à la forge sont entre les mains d'un même groupe de forgerons. Ceux du Yatenga, du Moogo central et les Léla voisins immédiats des forgerons du Bulkiemdé, sont dans la même situation[145]. Le forgeron du Bulkiemdé est à la fois le métallurgiste, l'artisan fabricant d'objet, le fossoyeur, le puisatier et le bijoutier[146]. Il effectue toutes ces tâches parce qu'il est le seul dépositaire du matériel. En effet, cet état de fait a entraîné une certaine crainte vis-à-vis du forgeron. Il peut refuser des sépultures à ceux qui enfreignent certaines lois des forgerons. La situation est différente chez les Bwaba, où l'on rencontre une certaine hiérarchisation du métier. Les métallurgistes sont au sommet, ensuite viennent les forgerons qui dépendent des premiers. Les seconds ont la maîtrise du feu, travaillent le fer, mais ne réduisent pas le minerai[147]. Le manque de division professionnelle dans ce travail du fer peut s'expliquer par l'origine de certains forgerons du Bulkiemdé. En effet, la majorité d'entre eux est originaire des régions de Ouagadougou dans le Moogo central où, là non plus, il n'y a pas de division professionnelle dans le travail du fer. Plusieurs sont arrivés dans la province du Bulkiemdé à la suite des chefs politiques, les Nakomsé, qui s'établissaient dans ces régions dès le

---

[145] KIETHEGA J B : *La métallurgie lourde du fer au Burkina Faso*, op cité p 586

[146] KIENDREBEOGO K, sept 1988 à Tiogo, KIENDREBEOGO R, Sept 1988 à Tiogo, KIENDREBEOGO S, Sept 1988 à tiogo, ZONGO Y, Sept 1988 à Siguoguin.

[147] COULIBALY E : *La métallurgie du fer dans la région de Sanaba (Province de la Kossi, Burkina faso)*, Mémoire de Maîtrise 1989, p 171

XVIème siècle. D'autres sont des Nakomsé chassés du pouvoir politique. Ils ont été ainsi convertis au métier de la forge dans les villages d'accueil, ou ont immigré avec leur savoir-faire. C'est le cas des forgerons du quartier Gurungo de Ralo qui se disent venir de la région de Viw, localité proche de Ouagadougou fuyant la persécution exercée par leur frère, qui avait usurpé le pouvoir politique[148]. Cet état de fait a été aussi signalé dans la province du Yatenga, où, au XVè siècle, des forgerons opprimés par le Naaba Wuntanago et son fils, sont allés s'installer dans les régions du Bam (chef-lieu de province Kongoussi) et du Passoré (chef-lieu de province Yako au nord du Bulkiemdé). D'autres ont été obligés, par les Nakomsé, de s'installer dans les villages de leurs confrères[149].

b. Origine des forgerons et les modes de diffusion de leur savoir-faire

Il existe une certaine originalité dans l'organisation et le statut des forgerons au Bulkiemdé, par rapport aux métallurgistes du Yatenga, du Bwamu et de certains de l'ouest du Burkina Faso, où la spécialisation professionnelle a entraîné un monopole de l'activité métallurgique, favorisant la mise à l'écart des autres membres de la société. La conséquence de tout ceci est la création d'un système de transmission des connaissances qui sauvegarde le forgeron, son savoir-faire cultuel et technologique. Ces sociétés de forgerons se replient alors sur elles-mêmes. Les forgerons vivent ainsi dans des quartiers propres à eux.

Au Bulkiemdé, il y a des forgerons d'origine et des forgerons de conversion. Ils sont issus de groupes socioculturels différents. En effet, il existe des forgerons *Yônyôosé*, *Nakomsé* et *Sikomsé*[150].

Les forgerons du quartier Sambin du village de Tiogo, situé à 3 km au nord-ouest du chef-lieu Koudougou, à la frontière du pays *Gurunsi* et *Moaga*, sont des forgerons de naissance et pratiquent le culte des *Yônyôosé*. L'ancêtre fondateur, Pagouin tiendrébéogo, est venu de Djèla, localité située à l'est de la région de Ouagadougou. L'assassinat de la femme de son aîné, qui l'accusait du vol d'une poule, fut à l'origine de son départ de ce village. Il s'installa à Doulou, d'où à sa mort, certains de ses fils immigrèrent à Tiogo à la recherche de terres fertiles[151].

Les forgerons Zongo de Siguoguin, village situé à environ 8 Km au sud de la ville de Koudougou, affirment aussi être des forgerons de naissance. Ils sont venus de Sourougou (localité de Ouagadougou) à la recherche de minerai de fer qui était rare dans leur région. Leur ancêtre fondateur, Lalrogo Zongo, s'est installé à Siguoguin avec sept de ses jeunes frères, tous forgerons et cultivateurs[152].

Ceux de Peyir, du village de Palogo, (6 km au sud de Koudougou) qui ont quitté leur localité d'origine, Mara zone Ninga, en raison de la famine et aussi à la recherche du minerai de fer, sont également des forgerons de naissance[153].

---

[148] NIKIEMA K, déc 1988 à Ralo, NIKIEMA G, déc 1988 à Ralo, NIKIEMA A, déc 1988 à Ralo

[149] KIETHEGA J B : *La métallurgie lourde du fer au Burkina faso*,Doctorat, Université de Paris 1, 1996 p 547

[150] Les Yonyoosé sont les maîtres de la terre et sont détenteurs des autels de la divinité de la terre. Les Nakomsé quant à eux sont les détenteurs du pouvoir politique. Au Yatenga, ils dédaignent le métiers de forgeron et ne se convertissent jamais. Les Sikomsé danseurs et porteurs de masques forment une confrérie dont le siku est la base de leur croyance qui cimente et organise leur société.

[151] KIENDREBEOGO K. Tiogo déc 1988., KIENDREBEOGO S. Tiogo déc 1988, KIENDREBEOGO R. Tiogo, déc 1988.

[152] ZONGO Y. et AL, Siguoguin, sept 1988

[153] YAMEOGO Y. Peyir, sept 1988, YAMEOGO A.Peyir,déc 1990

Ces forgerons de naissance sont installés dans les quartiers dont les dénominations désignent le métier de la forge, comme *Sanyir* « la cour du forgeron », *Sambtenga* « la terre du forgeron », ou *Kudyir* « la cour de la forge ». Ils sont ouverts à toutes les communautés avec lesquelles ils cohabitent. Contrairement au Yatenga où « on ne devient pas, on tombe forgeron »[154], au Bulkiemdé « on ne tombe pas, on devient forgeron ». En effet, au Yatenga, on devient forgeron par malédiction. Lorsqu'un *tengbiiga* (gens de le terre) ou *Nakombga* (de la chefferie) est surpris à la forge manipulant des outils, il est automatiquement banni et « tombe forgeron ». Dans toute cette région, on ne devient pas forgeron, on naît forgeron.

Le métier de forgeron est d'une très grande ouverture au Bulkiemdé. Tout habitant aspirant à être forgeron peut le devenir. Une grande partie des forgerons de la province le sont après conversion. Ainsi, on assiste à des installations d'ateliers de forges dans des quartiers non forgerons. Mais, pour devenir forgeron, certaines conditions sont à remplir.

Un habitant d'un village donné, qui n'a aucun lien de sang avec un forgeron de naissance peut le devenir, mais à condition qu'il apprenne le métier sur le plan technique et cultuel. Les deux aspects sont intrinsèquement liés. En revanche, il est souhaitable que l'apprentissage commence très tôt dès l'âge de cinq ou six ans, jusqu'à l'âge adulte. Plusieurs parents confient ainsi leurs enfants aux forgerons, pour de longues années d'apprentissage. Le jeune apprenti commence aux soufflets de la forge et termine à l'âge adulte comme aide du forgeron, et peut, à ce stade, le remplacer pendant son absence [155].

A la fin de son apprentissage, il se fait confectionner son matériel et construit sa forge avec l'aide des autres forgerons du village, après avoir fait une demande au chef des forgerons. C'est une grande cérémonie cultuelle que les grands maîtres de la forge se chargent de préparer. A cette occasion, la fabrication de l'enclume est considérée primordiale et sacrée. Elle se fait le lundi, considéré comme jour faste, en plein air sur une surface délimitée par de la cendre, à l'intérieur de laquelle se trouvent tous les forgerons qui possèdent un atelier, le *kudkutgo*. Un profane qui remarque la cendre, sait qu'il ne doit pas s'y aventurer. Le foyer est constitué de trois pierres et de quatre soufflets confectionnés pour la circonstance, et d'une grosse pierre qui sert d'enclume[156]. A la fin de la confection, l'enclume est considérée sacrée à partir du moment où, le plus âgé du groupe la plonge dans de l'eau, considérée aussi comme sacrée. Celle-ci possède des vertus de soins, protège des mauvais esprits et empêche la femme mariée qui l'a bu, de ne jamais pouvoir quitter son mari, même si elle le désir.

La confection de l'enclume est suivie de la construction du hangar et des autres matériels de forge. Avant de commencer à forger, le nouveau forgeron confectionne cinq dabas et fait un sacrifice de poulet aux dieux de sa forge. La première daba revient au chef de terre, qui fait souvent des sacrifices à la terre pour le bon déroulement du travail des forgerons. La deuxième est donnée au chef de village, à qui appartient la terre sur laquelle il a implanté sa forge. La troisième est remise au chef coutumier du demandeur. Les deux dernières dabas sont remises au plus âgé et au plus démuni du village[157].

---

[154] KIETHEGA J.B.: *La métallurgie lourde du fer au Burkina faso*, Thèse de doctorat, Paris 1, 1996, P557
[155] NIKIEMA K, NIKIEMA KO, NIKIEMA G , à Ralo, nov 1989,YAMEOGO Y et AL , à Peyir, Sept 1988, ZONGO Y, à Siguoguin sept 1988, KIENDREBEOGO K, à Tiogo sept, 1988
[156] NIKIEMA , K., NIKIEMA, KO., NIKIEMA, G. ralo nov 1989
[157] ZONGO, R. et al, sept, 1988 à Ralo

Il y a aussi ceux qui demandent à devenir forgeron uniquement pour des raisons économiques. Ils achètent leur forge, considérée aussi comme sacrée, en échange d'un bœuf et deviennent forgerons. Mais, n'ont pas le droit de pratiquer les rites cultuels des forgerons, dont nous parlerons plus tard, ni d'être présents à la cérémonie de confection d'une enclume[158].

Les relations matrimoniales, qui unissent les communautés villageoises, constituent de véritables vecteurs de transmission du savoir-faire du forgeron. On peut ne pas être forgeron de naissance et bénéficier de l'héritage culturel de sa mère forgeronne. Etre un neveu (par la mère) des forgerons est un grand privilège au niveau des coutumes. Le bébé peut, dès sa naissance, à travers un devin consulté, faire savoir son désir d'être forgeron. On dit en *Mooré*, « a sigué a yes damba », c'est-à-dire « il est descendu de chez ses oncles maternels» ou « il est adopté par ses oncles ». Il apprend chez ses oncles maternels qui lui confectionnent, à la fin de son apprentissage, tout le matériel et lui construisent une forge. En retour, il donne une femme[159] à la maison de forge de ses oncles maternels[160]. C'est par ce biais que, dans le village de Ralo, plusieurs familles se sont converties au métier de forgeron. Dans les quartiers Dapoya et Gurungo qui sont des Nakomsé, il y a des forges. Les forgerons du quartier de Gooden à Ralo, des *Tengbiisi* (gens de la terre) d'origine, expliquent qu'ils se sont convertis au métier de la forge par l'intermédiaire de leur ancêtre mère, originaire du quartier Sabtenga de Poa. Les Sikomsé ont acquis leur forge auprès de ceux de Nassoulou, situé à quelques kilomètres au sud de Nandjèla[161]. Ceux du quartier Tampelgo de Nandjèla, d'origine *Nakomsé*, sont aussi convertis au métier de forgeron.

Un interdit au niveau des relations matrimoniales des forgerons en général, est le mariage d'un des leurs avec les *yarsé*, peuple commerçant, et les peulhs éleveurs. Celui qui désobéit devient lépreux[162]. Dans le Bulkiemdé, les forgerons ne respectent pas l'interdit concernant les *Yarsé*, avec lesquels ils contractent des mariages. C'est le cas des forgerons Kiendrébéogo de Tiogo et les *yarsé-Sikomsé* Kiénon du quartier Bakièla. A Péyir, les forgerons se marient aussi avec les *Yarsé-Sikomsé* Guissou du quartier Sikoamyir. Les *Yarsé* de Yankmtengyir contractent des mariages avec les forgerons du village de Ralo[163]. Cet interdit visait probablement à protéger les secrets du métier des forgerons. Les Yarsé et les Peulhs sont effectivement de grands nomades, qui pouvaient diffuser sur de grandes distances les secrets des forgerons.

Certains forgerons, parfois pour des raisons de prestige, attribuent une origine céleste à leur métier. Leurs ancêtres sont descendus du ciel avec tout le matériel de forge (enclume, marteau, tenaille...). Dieu leur montra ainsi le travail de la métallurgie avec tous les rites et interdits qui l'accompagnent[164].

---

[158] KIENDREBEOGO K et AL , juillet 1996 à Tiogo

[159] La femme peut-être la fille de son oncle paternel ou de son cousin qui n'a pas de lien de parenté avec les oncles maternels du demandeur, pouvant empêcher le mariage. Elle est promise aux oncles avant la naissance. Si elle a un lien de parenté avec les oncles du futur forgeron, ceux-ci l'acceptent mais la donnent en mariage à une autre personne.

[160] ZONGO Y, ZONGO T, à Siguoguin, Sept 1988

[161] NIKIEMA K et AL ,Ralo, à nov 1989

[162] ZONGO B , à Nandjèla, Août 1993,

[163] SAKANDE N, SAKANDE K, SAKANDE M, à Ralo, Janv 1990

[164] ZONGO B et AL, à Sanyir Nandjèla Sept 1994, KIENDREBEOGO T, KIENDREBEOGO N, KIENDREBEOGO T,à Doulou, Sept 1994, KIENDREBEOGO K, à Tiogo Nov 1994

Cette ouverture du métier de forgeron et la considération dont bénéficient les forgerons de la région, ont entraîné la naissance de plusieurs types de forges. La forge n'est pas considérée uniquement comme un atelier de transformation du produit semi-fini, elle a d'autres attributs, notamment culturels et cultuels, qui constituent le fondement même du respect du forgeron.

B. Une forge qui n'est pas seulement un atelier de transformation

La forge (kudugu), chez les habitants du Bulkiemdé, a des fonctions étendues. Elle sert non seulement à confectionner les outils nécessaires à la société, mais aussi à la protéger des esprits qui peuvent avoir un effet maléfique.

a. *Le kudkansanga*

La forge, le kudkansanga, qui signifie en *Mooré* grande forge ou forge aînée, est petite par sa dimension, mais grande par les fonctions qu'elle remplit. Détenue par le chef forgeron, elle est considérée comme la forge mère dont dépendent tous les forgerons du quartier. Cette forge sanctuaire, unique dans chaque quartier de forgerons, est la seule à autoriser l'implantation de nouvelles forges, par l'intermédiaire du chef forgeron. Celui-ci, appelé *Sanaba* est vénéré et respecté de tous. Aucun travail de transformation n'est fait sur cette forge sanctuaire, seuls les grands sacrifices rituels demandés par des devins y sont pratiqués[165].

B. Forges-sanctuaires

L'ouverture du métier de forgeron a favorisé l'existence d'autres types de forges implantées dans des familles non forgeronnes. Sur ces forges-sanctuaires, on ne pratique pas de transformation de la loupe en produits finis. Elles sont constituées uniquement d'enclumes sur lesquelles les familles peuvent quelquefois réparer des outils en fer (photo5, p104). La fonction essentielle de ces forges sanctuaires est de protéger la famille des maladies et des mauvais esprits. L'implantation de ces forges est conseillée par des devins qui indiquent le village où le chef de famille doit aller chercher sa forge, pour la protection des siens. Une seule famille peut avoir plusieurs forges protectrices d'origines diverses. Les propriétaires ne sont pas considérés comme des forgerons. A leur mort, ils bénéficient des rites funéraires liés au métier de forgeron, mais n'ont pas le droit de se présenter aux rites de fabrication d'une enclume[166].

c. *Le kudkutgu*

A côté de toutes ces forges, on a le kudkutgu (qui signifie, la forge où l'on forge). Il constitue l'atelier de transformation de la loupe en produits finis, mais remplit aussi un rôle cultuel important.

---

[165] ZONGO, B, 22/12/1988, à Siguoguin., ZONGO , R., sept 1993, à Ralo

[166] ZONGO K et AL , à Ralo Mugunsin, Sept 1993

Photo 5 : forge protectrice constituée uniquement d'enclumes

Photo 6 : forge de transformation de la loupe en produits finis

C. Le kudkutgu : atelier de transformation de la loupe en produit fini

L'atelier du forgeron dans le Bulkiemdé est une unité de travail familial. Chaque forgeron possède sa propre forge où il travaille avec ses enfants et ses apprentis. Chez les Nuna du Burkina Faso, plusieurs forgerons de différents villages partagent une seule grande forge. Cela entraîne l'établissement et le développement de rapports pacifiques entre les communautés villageoises[167].

L'atelier du forgeron du Bulkiemdé est une petite forge de dimension réduite. Elle est constituée d'un hangar en toit de chaume conique. De forme circulaire, elle mesure 3 m de diamètre et se compose des soufflets, du foyer et de l'enclume (photo 6, p104). Les soufflets, toujours au nombre de deux, sont construits de la même façon que ceux des fourneaux de réduction du minerai de fer, à la seule différence que ceux des forges sont de dimensions réduites. A ce niveau, travaille le *Zugda* (le souffleur), le nouvel apprenti ou l'aide forgeron, qui est le fils ou la fille du forgeron.

La majorité des foyers de forge du Bulkiemdé sont faits uniquement d'un trou entouré de trois pierres, où se rejoignent deux tuyères secondaires et une tuyère principale (*pêbga*). Cette dernière est le point de jonction des deux tuyères secondaires (*Zuglanwên*), aboutissant aux deux pots en argile des soufflets. C'est sur ces pierres que le sang d'animaux sacrifiés est versé. A Ralo, le foyer est construit comme un foyer amélioré dans le but de conserver la chaleur et d'économiser ainsi le charbon de bois. C'est une construction circulaire en argile, d'une hauteur d'environ 50 cm avec trois ouvertures (photo7 et 8, p 106). L'orifice du côté nord sert à introduire et sortir les objets en confection. Celle du côté sud reçoit les connecteurs des deux tuyères des soufflets. L'ouverture du sommet sert à cuire les aliments. Le *san* (ou *sangobré*), le forgeron, est le seul à y travailler. Il est le personnage principal de la forge. Par son savoir-faire, il connaît le temps de maintien au feu des éléments à confectionner. Avec son *zanbila* (le petit marteau), il indique (en martelant avec une seule main) au *Sanlwêda* (qui tient le *zanr* le grand marteau), son second à sa deuxième phase d'apprentissage, les parties à marteler. Ainsi, celui-ci apprend les éléments de base de la confection des différents objets[168].

L'enclume (*kisigré*) (fig.6, p107) constitue l'élément central de la forge étant donné son rôle technique et cultuel. C'est une masse de forme tronconique, de dimension variable, enfoncée dans un tronc de karité. Lorsque le forgeron décide d'arrêter son métier, elle reste le seul élément de la forge implanté pour servir à des cérémonies rituelles. L'outillage du forgeron, que nous avons observé dans les différentes forges du Bulkiemdé, est varié. Mis à part l'enclume et les marteaux dont nous avons parlé plus haut, il existe d'autres types d'outils ayant chacun une fonction précise. Le *yiwgo* (tenaille) (fig7, p108) est le plus utilisé

parmi ces outils secondaires. Il sert à introduire, à retirer l'objet chauffé du foyer et à tremper le fer dans l'eau. Le *kitga* (le burin) (fig7., p108), de deux dimensions différentes (un plus petit pour découper les petits morceaux de fer, et le plus grand pour sectionner les plus gros blocs) sert, à l'aide de la tenaille et du marteau, à couper les supports des objets à confectionner.

---

[167] BAYILI E: *Les populations Nord-Nuna (Haute Volta) des origines à 1920*. Thèse de 3ème cycle, 1983,. Paris I Sorbonne

[168] KIENDREBEOGO R. et KIENDREBEOGO K., à Tiogo, 20 sept 1988, NIKIEMA G., et Al, Août 1990 à ralo

Photo 7 : foyer de forge de Ralo

Photo 8 : soufflets et foyer d'une forge du Bulkiemdé

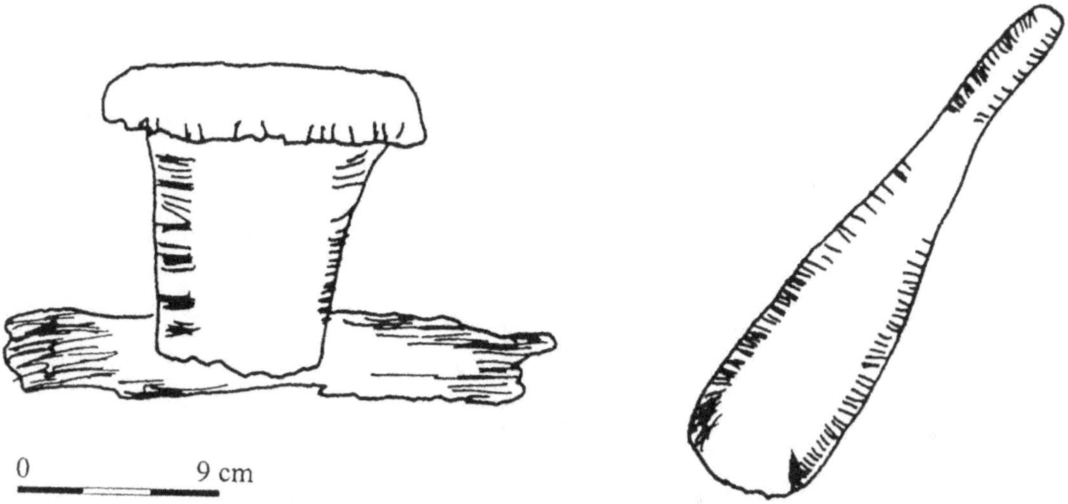

Fig. 6 : enclume et marteau de la forge

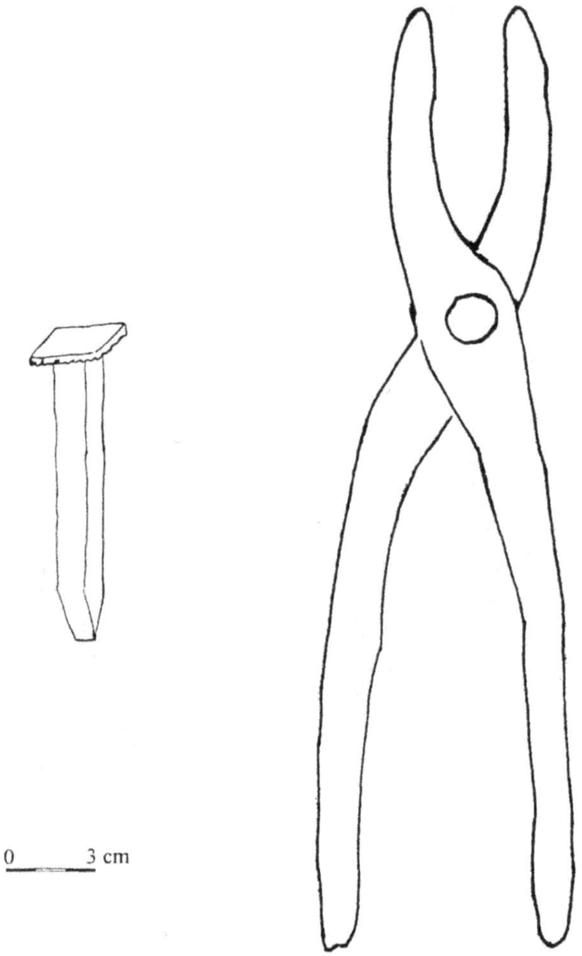

Fig. 7 : tenaille et burin

Le *mowêndg* (pointeau) (fig8, p110) est utilisé pour percer des trous dans les outils qui en nécessitent. Pour polir les parties tranchantes des couteaux, lames et lances, le forgeron se sert du *konré,* sorte de racloir (fig 8, p110). Avec ce matériel de forge, le forgeron confectionne des outils dont la majorité sont des instruments à usage domestique. L'outillage des travaux champêtres comme le *laré* (hache), le *sutoaga* (herminette), le *wanka* (daba), est le plus sollicité (fig9, p111). La demande s'accroît surtout pendant les saisons des pluies. Les forgerons, à cette période, peuvent connaître une rupture de stock de loupe à cause de la forte demande. Dans ce cas, ils utilisent les objets anciens, comme les dabas usées qu'ils avaient soudées pour garder en réserve, afin de confectionner des objets neufs. Mais, tous les outils ne se soudent pas ensemble. Il y a une certaine compatibilité que le forgeron décèle par le son lorsqu'il frappe les objets l'un contre l'autre[169]. Mis à part ces objets indispensables pour les agriculteurs, l'artisan forgeron confectionne aussi de petits matériels domestiques, utilisés en majorité par les femmes. Le *guidga* (fig10, p112) est une sorte d'instrument utilisé pour confectionner des trous sur les parties endommagées des calebasses en bois, afin de les réparer. Le *pongo* désigne deux instruments différents. Le premier est utilisé en cuisine pour retirer les galettes de la marmite (fig10,p112). Il est long d'environ 24 cm et s'élargit à sa partie inférieure en forme de spatule. Le deuxième sert dans la cordonnerie à couper le cuir. Le *tigsigué,* sorte de petit instrument plat, est l'objet indispensable à la décoration du cuir. Le *guruskandé* (fig11, p113) est utilisé pour filer le coton. Le *Songvug,* (fig11, p113) instrument plat de 0,5 cm de largeur et de 21 cm de longueur, est l'instrument pour la confection des nattes. D'autres objets comme les bagues, amulettes et bracelets (fig 12, p114) qui servent à se protéger des maladies et des mauvais esprits, sont aussi l'œuvre des forgerons. Les artisans forgerons utilisent des techniques de confection des objets qui dénotent un savoir-faire. Chaque objet a sa propre technique d'approche qui fait ressortir une subtilité certaine. Nous essayons, à travers l'étude métallographique, de présenter les techniques de fabrication de certains objets actuels.

D. Présentation du savoir-faire du forgeron à travers l'étude métallographique d'objets en fer : une vraie subtilité technique

Les objets étudiés proviennent de la province du Bulkiemdé. Nous avons eu beaucoup de difficultés à les réunir. Les forgerons ne sont pas souvent prêts à céder leurs objets anciens auxquels ils ont un attachement sentimental ou cultuel. Cependant, une lance à douille de la province du Sanguié (chef-lieu Réo) a été étudiée. Au Bulkiemdé, nous n'avons pas pu avoir de lance pour une comparaison éventuelle avec celle issue des fouilles. Ayant fait des enquêtes orales chez certains forgerons de Réo, la province du Sanguié est la plus proche de celle du Bulkiemdé sur le plan des techniques métallurgiques. De plus, les Léla[170] sont souvent assimilés aux Nînsi que les traditions orales considèrent comme les auteurs des sites anciens. Toutes ces raisons nous ont conduite à nous tourner vers le Sanguié pour combler certains vides de l'étude métallographique du Bulkiemdé.

---

[169] ZONGO B et AL, Nandjèla à Sanyir, Sept 1994.

[170] Le Léla est la langue parlée par la population du Sangué. Les Lélas font partie des populations que certains peuples et auteurs désignent sous le terme « Gurunsi ».

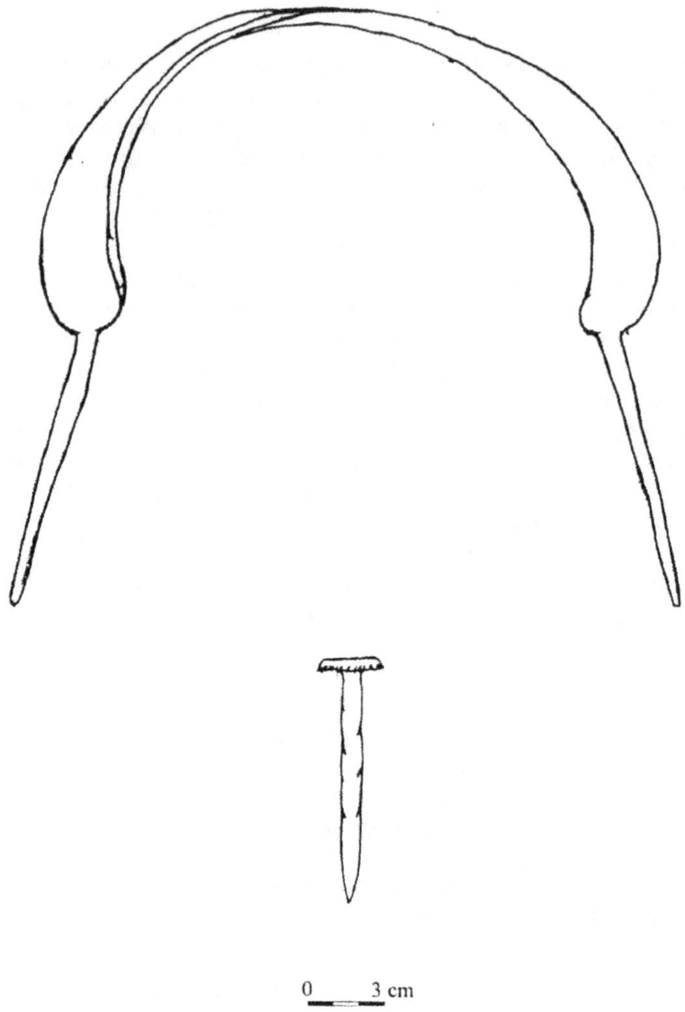

Fig. 8 : racloir et pointeau

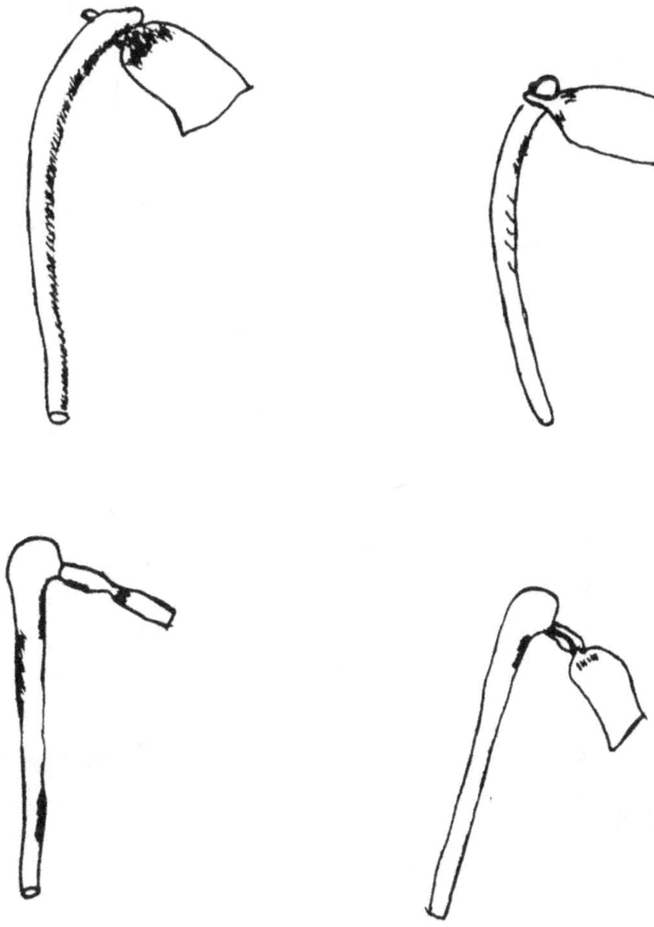

Fig. 9 : les outils aratoires

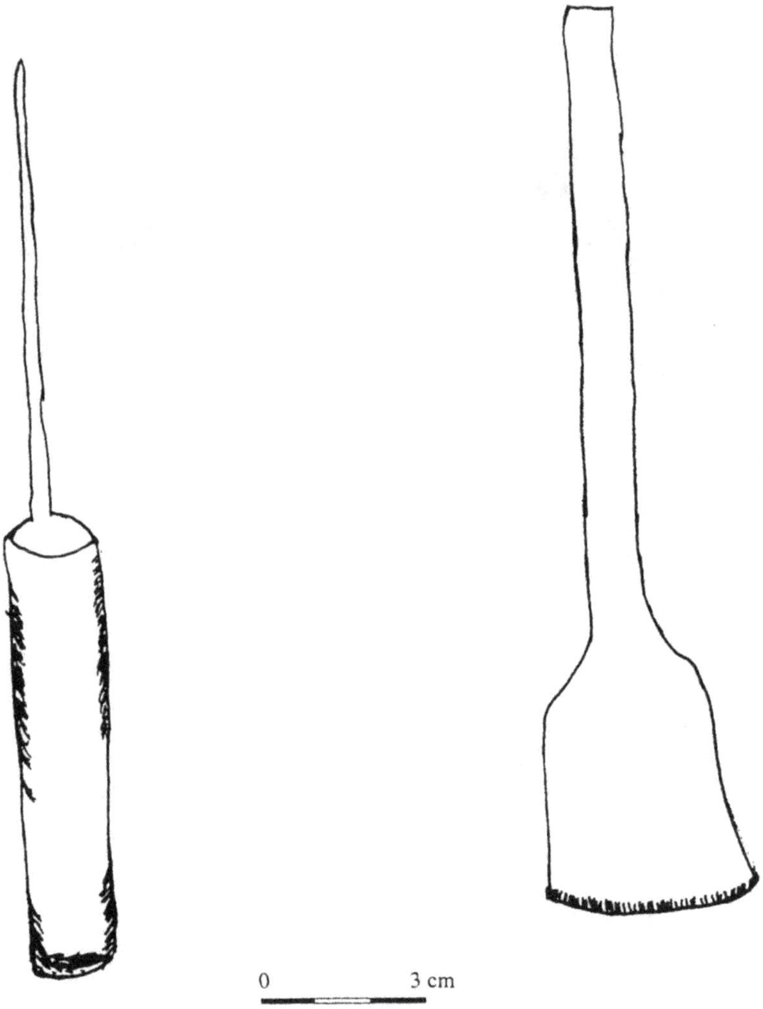

Fig. 10 : Guidga et Pongo

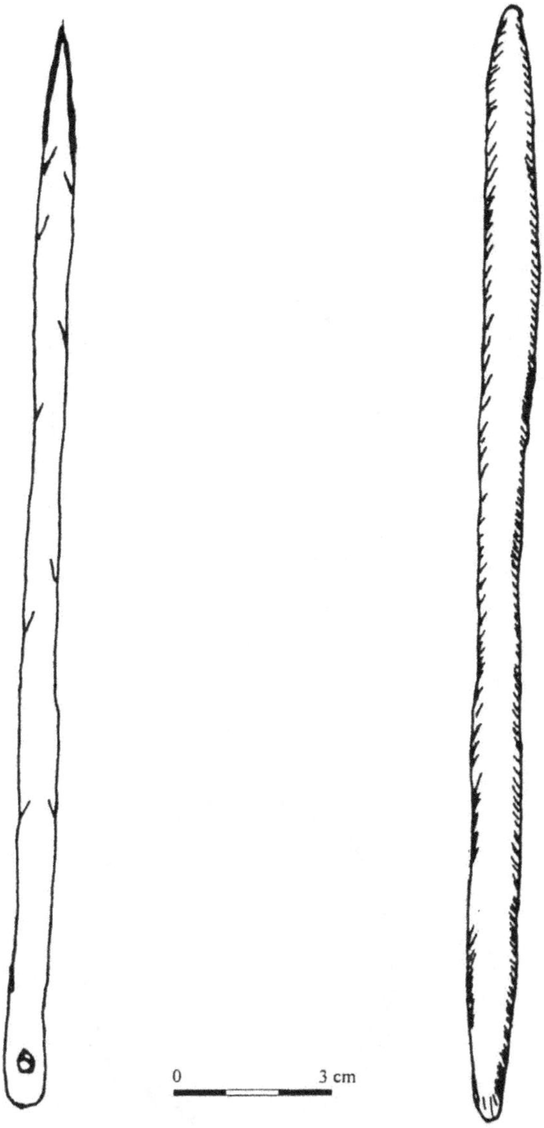

Fig. 11 : songvug et guruskandé

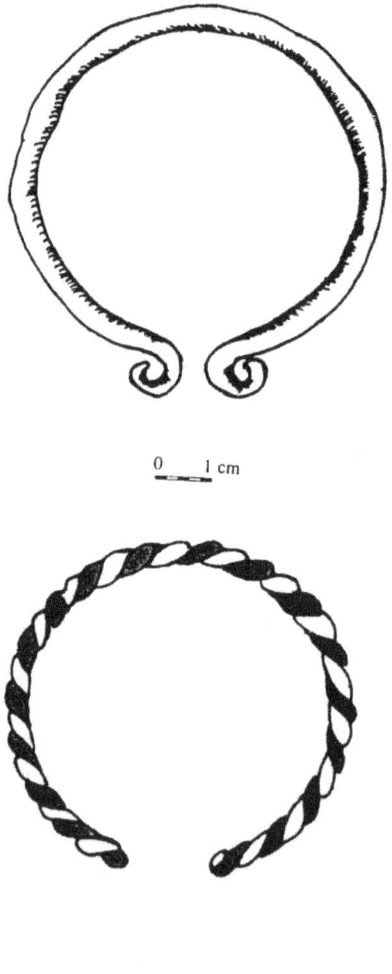

Fig. 12 : bracelets

a. Etude d'une lance à douille de réo (province du sanguié)

-Présentation et contexte de l'objet

La lance à douille de Réo a une longueur totale de 30cm. La flamme mesure 18 cm et la douille 12 cm. Morphologiquement, elle est faite d'une seule plaque et ne comporte aucune hétérogénéité. Sur la face intérieure de la flamme, on a un décor en frise (fig 13, p116) mais elle ne présente pas de nervure centrale comme la lance à soie issue des fouilles archéologiques.

La lance a été confectionnée après le milieu du 20è siècle avec du métal ancien pour des cérémonies de parade que les habitants organisaient[171]. N'étant pas destinée à la guerre ou à la chasse, cela pourrait avoir une conséquence sur les techniques de fabrication.

Deux sections sont faites sur la lance dans le sens de la verticale ; une au milieu de la flamme et la seconde à la pointe. Une charge de 500g a été utilisée pour la microdureté.

-Examen macrographique

L'examen macrographique révèle une relative homogénéité. Seules quelques fines porosités sont perceptibles au centre de la coupe du milieu de la flamme (fig 14, p117).

-Examen micrographique

a) section transversale du milieu de la flamme

Il s'agit d'un acier hypoeutectoïde à 0,5% de carbone. Si on examine la micrographie de l'ensemble de la coupe, en partant de l'extrémité de part et d'autre de la flamme, on voit nettement un écrouissage particulièrement important sur les bords de la lame (P1, p118) avec comme microdureté Δ_1 $_{HV500=}$ 238 et Δ_2 $_{HV500=}$ 252. L'écrouissage persiste pour disparaître au centre de la coupe (P2, p118), où l'on perçoit de la ferrite aciculaire et des îlots de perlites lamellaires relativement fines (Δ_3 $_{HV500}$=197).

b) Section de la partie distale[172]

Sur cette partie distale, on remarque la persistance d'un écrouissage avec des tailles de grains très fines ($\Delta_4$et$_5$ $_{HV500}$=208). La structure présente de la ferrite aciculaire avec des îlots de perlite lamellaire. L'écrouissage et la finesse des grains s'expliquent par le fait que la partie distale est la plus fine. La micrographie (P3, p118) prise à l'extrême bord de la lame montre un écrouissage assez prononcé. La fissure intermédiaire, dans l'axe transversal de la lance, est inhérente au phénomène d'élaboration du lingot par épuration successive et repli des feuilles de métal sur elles-mêmes. La micrographie (P4, p118) du centre de la section a une structure de grain moins écrouie (Δ_6 $_{HV500=}$180).

---

[171] KINDA, O., KINDA, A., sept 1994 à Réo

[172] La partie distale désigne l'extrémité inférieure de la pointe.

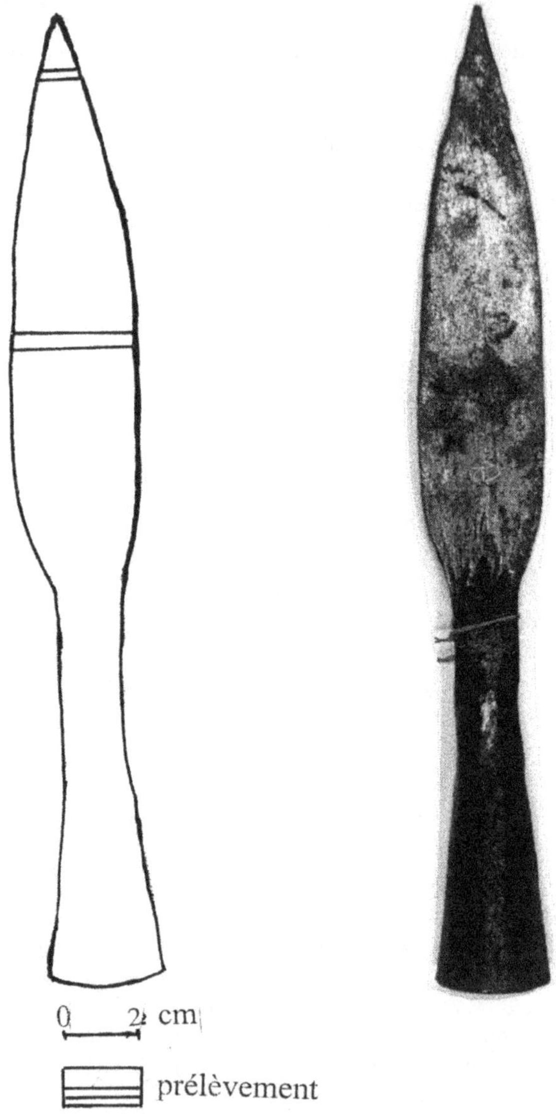

Fig. 13 : lance à douille de Réo

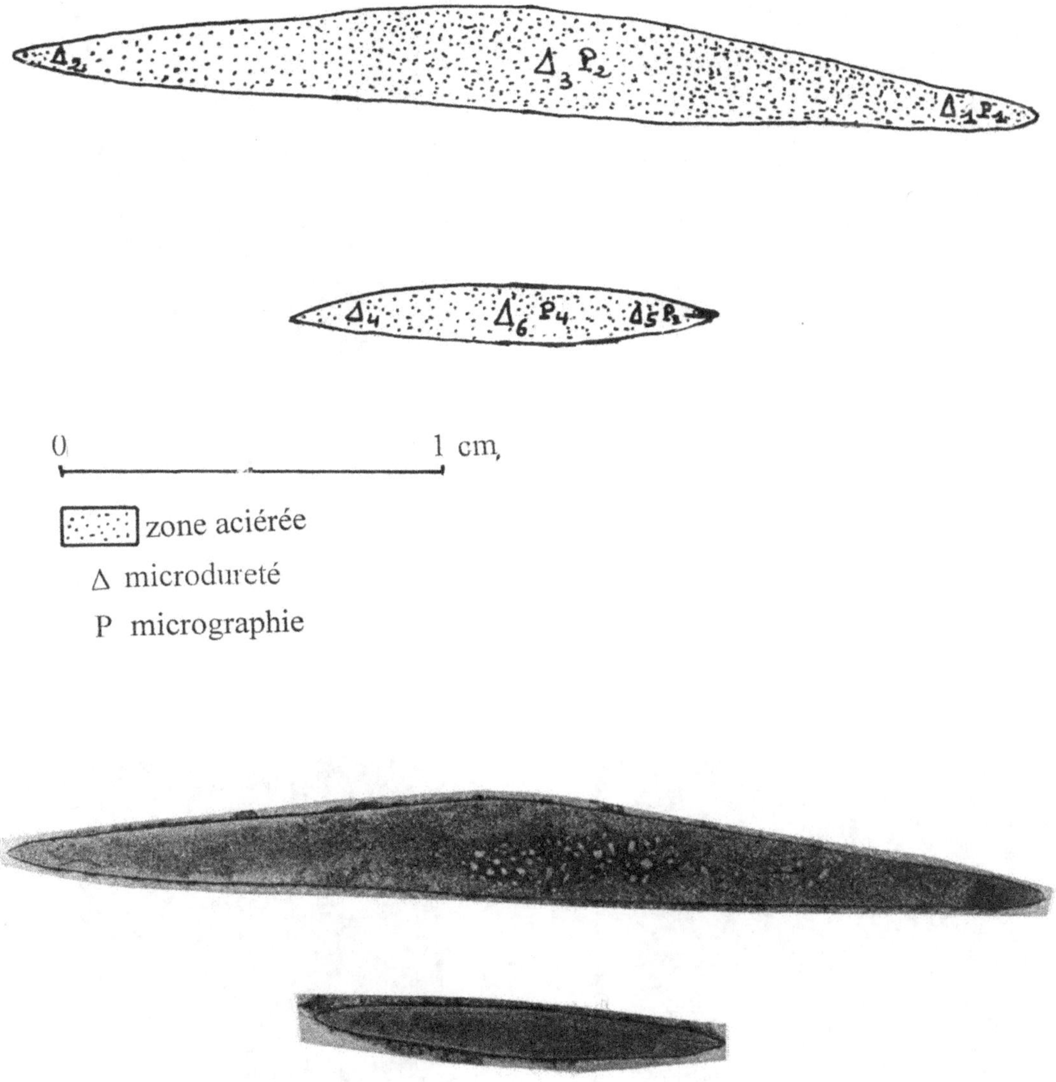

Fig. 14 : sections de la lance à douille de Réo

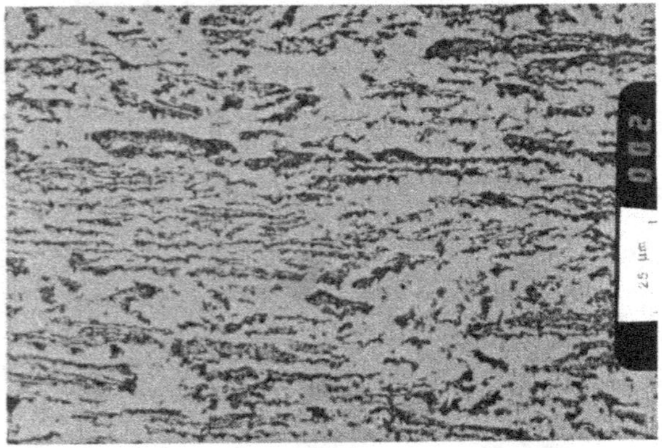

P 1 :écrouissage des grains au bord de la flamme de la coupe transversale

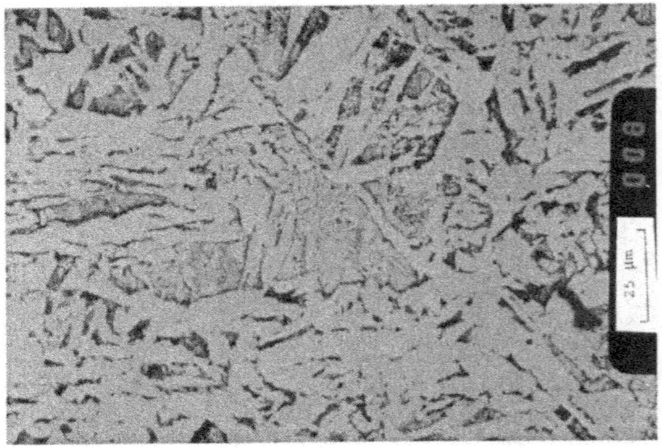

P 2 : ferrite aciculaire et îlots de perlite lamellaire au centre de la coupe transversale

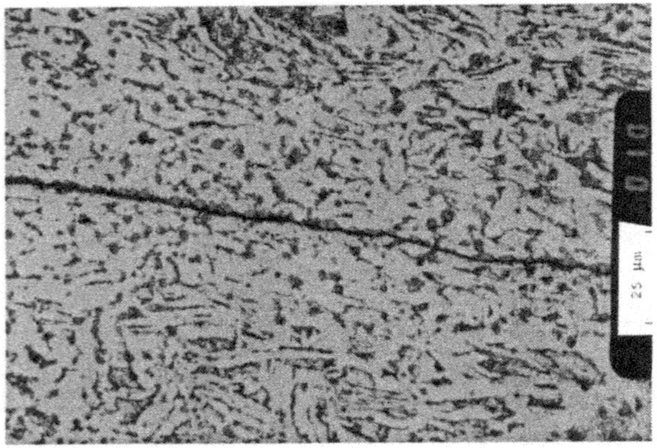

P 3 : écrouissage des grains au niveau de la partie distale ; présence d'une fissure intermédiaire

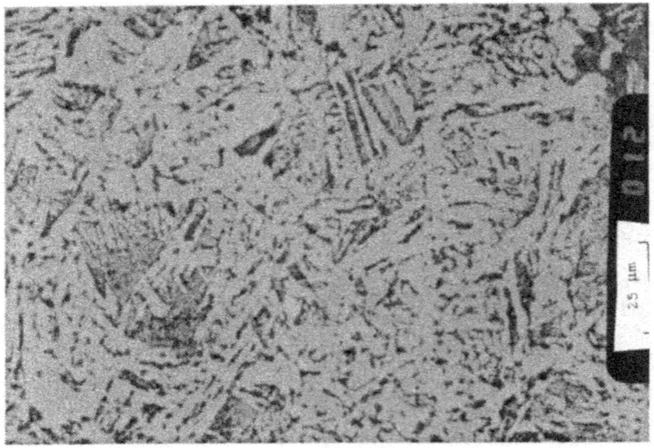

P 4 : ferrite aciculaire et perlite lamellaire au niveau de la partie distale

-Interprétation et hypothèse de mise en forme

L'écrouissage persistant est le résultat du fort martelage. Les bords de la flamme sont fortement écrouis parce que ce sont les parties les plus fines de la lance. Dans la mesure où l'écrouissage a subsisté après la mise en forme, cela veut dire qu'il n'y a pas eu de traitement thermique de recristallisation, qui n'a pas lieu d'être sur ce type d'objet. Pour réaliser cette lance, le forgeron a suivi deux phases.

La première phase a consisté à obtenir la pièce support. Compte tenu de l'homogénéité de sa structure, le forgeron a d'abord formé le corps en corroyant le métal. La pièce a ensuite été martelée jusqu'à l'obtention d'une forme plate allongée, plus ou moins rectangulaire.

A la deuxième phase, le forgeron passe à la mise en forme de la flamme et de la douille. La flamme est le résultat d'un fort martelage à chaud. Pour la douille, la partie a été suffisamment aplatie par martelage puis enroulée selon la dimension voulue.

Conclusion

La réalisation de cette lance est relativement simple par rapport à la lance à soie. Celle-ci est peut-être liée à la fonction qui lui était dévolue. Les deux lances diffèrent sur les plans morphologiques et des structures micrographiques. Mais les grandes lignes de confection restent les mêmes (corroyage, finesse des pointes, structure relativement homogène). Cependant, la lance de Réo présente à peu près les mêmes caractéristiques physiques et micrographiques (structure de ferrite et de perlite lamellaire) que la lance à douille de Joron-Bumak du Sénégal datée entre le VIIIème et le XIVème siècle de notre ère[173]. C'est aussi une lance rituelle avec de médiocres qualités mécaniques.

b. Etude d'un briquet à base de fer ancien

-Présentation et contexte de l'objet

Le briquet (*gyébre)* a une forme ovale et est composé de deux parties essentielles. Une partie de préhension permet à l'utilisateur de tenir l'objet pour l'opération d'allumage et une partie de frottement (1 cm d'épaisseur) qui sert, au contact avec le silex, à produire des étincelles (fig15, p120). Ses dimensions sont de 8 cm dans le sens de la longueur et 3 cm en largeur. L'objet, daté du début du 20ème siècle, nous a été offert par les forgerons du village
de Nandjèla, situé à environ 30 km au nord-est du chef-lieu de la province, Koudougou. Une section faite au niveau de la partie de frottement a permis d'étudier les traitements. Avec une charge de 500g, nous avons pu prendre des mesures de dureté de la surface de frottement au coeur de l'objet.

---

[173] BOCOUM H. *La métallurgie du fer au Sénégal. Approche archéologique, ethnologique et historique*. Thèse de doctorat 3ème cycle Paris I Panthéon Sorbonne.
L'étude a été publiée par BOCOUM, H.GUILLOT I, et FLUZIN, P. « Apport de la métallographie structurale à l'interprétation fonctionnelle de trois objets en fer du Sénégal. » *Revue d'archéométrie* N° 12, p 57-70.

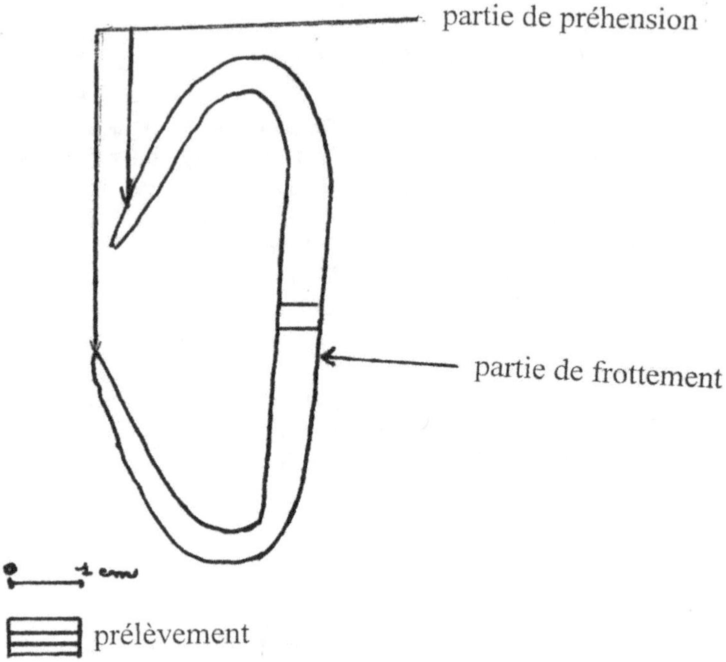

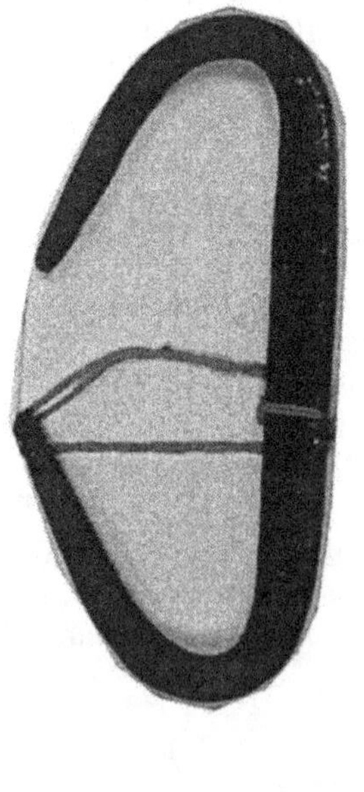

Fig. 15 : briquet à base de fer ancien

-Examen macrographique

L'examen macrographique est très simple à décrire. Le briquet, poli dans le sens du frottement, présente une structure homogène (fig 16, p122)

-Examen micrographique

L'examen micrographique montre une structure martensite de trempe généralisée sans manifestation de traitement thermique de revenu apparent. On observe une évolution croissante de la taille des aiguilles de cémentite de la surface de frottement vers le coeur de l'objet avec des microduretés de valeurs décroissantes $\Delta_{1\ HV500}$= 693, $\Delta_{2\ HV500}$= 672, $\Delta_{3\ HV500}$= 622, $\Delta_{4\ HV500}$=595 (P1 et P2, p123). Cette évolution répond à la cinétique de refroidissement qui est plus importante lorsque l'on va de la surface au coeur de l'objet. Le refroidissement étant plus rapide en surface, cela a eu pour conséquence de diminuer la taille des aiguilles de martensite à ce niveau. Ce qui correspond par ailleurs à une augmentation conjuguée de la dureté comme le montrent les microduretés.

L'intérêt de cette grande dureté sur ce type d'objet est probablement de favoriser la production d'étincelles. Pour cela, il est indispensable d'avoir un acier riche en carbone, au minimum eutectoïde. Le fait de le tremper le rend fragile et ainsi par friction favorise la production d'étincelles. Cela est d'autant plus nécessaire dans la mesure où l'on utilise le silex pour frotter. On doit améliorer la résistance à l'usure en ayant une dureté voisine de celle du silex.[174]

c. Etude d'un briquet à base de fer de récupération

-Présentation et contexte de l'objet

Ce briquet a les mêmes aspects morphologiques que le briquet à base de fer ancien. Cependant, il est légèrement plus grand en longueur (9 cm) et en largeur. (4cm) (fig17, p124).C'est à notre demande que les forgerons se sont réunis à Nandjèla pour confectionner ce briquet le 25 mai 1993. Les descriptions qu'ils avaient données oralement sur le mode de fabrication avaient éveillé notre curiosité. Ayant suivi l'opération de très près, nous avons pu observer des gestes et faits, à première vue anodins mais qui dans le fond sont des gestes techniques très importants.

-Mise en forme du brique

Les éléments qui entrent en compte dans la confection sont: du charbon de bois, une lime moderne à aiguiser les lames d'outils tranchants, des excréments de margouillat et du sel de cuisine. Les excréments de margouillat sont des concrétions de couleur blanche et noire. Le forgeron trie les concrétions de couleur blanche utilisées dans le traitement de la

[174] Nous n'avons pas abordé l'hypothèse de mise en forme qui est étudiée au niveau du deuxième briquet dont nous avons suivi de près la confection. La différence entre les deux est que le premier briquet utilise un morceau de loupe comme support, alors que le second est confectionné à base d'une lime moderne.

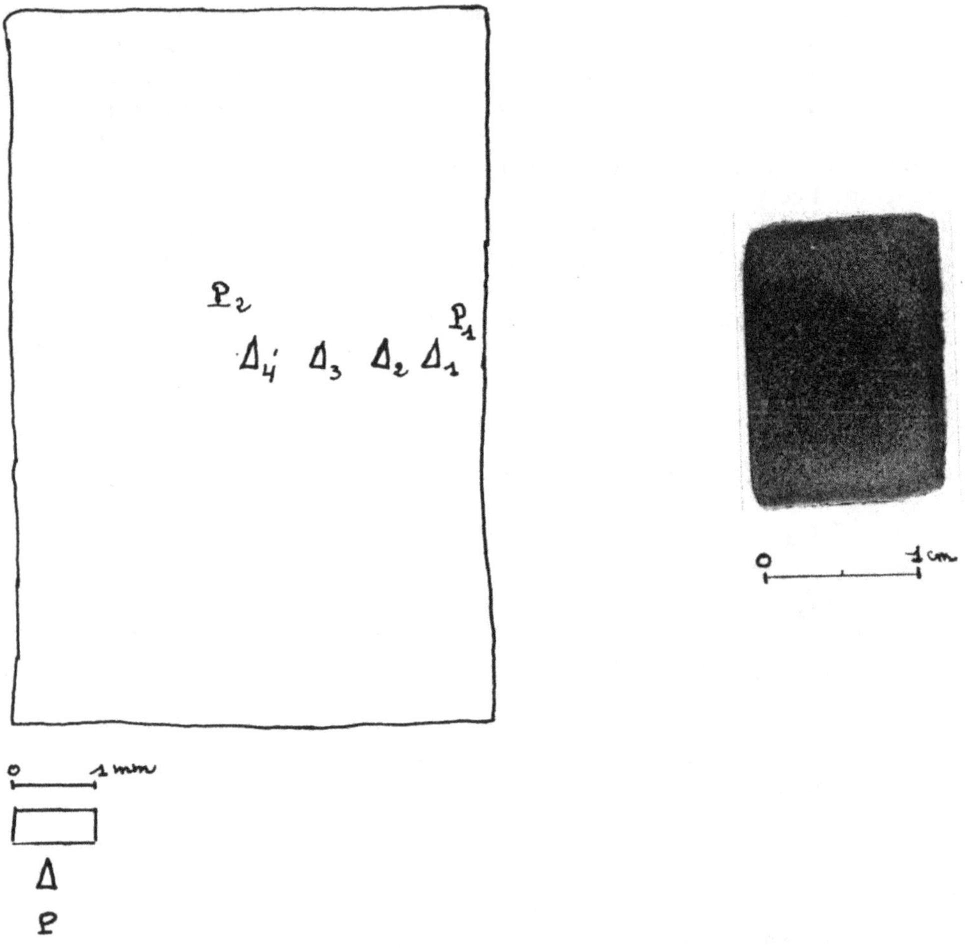

Fig. 16 : section du briquet à base de fer ancien

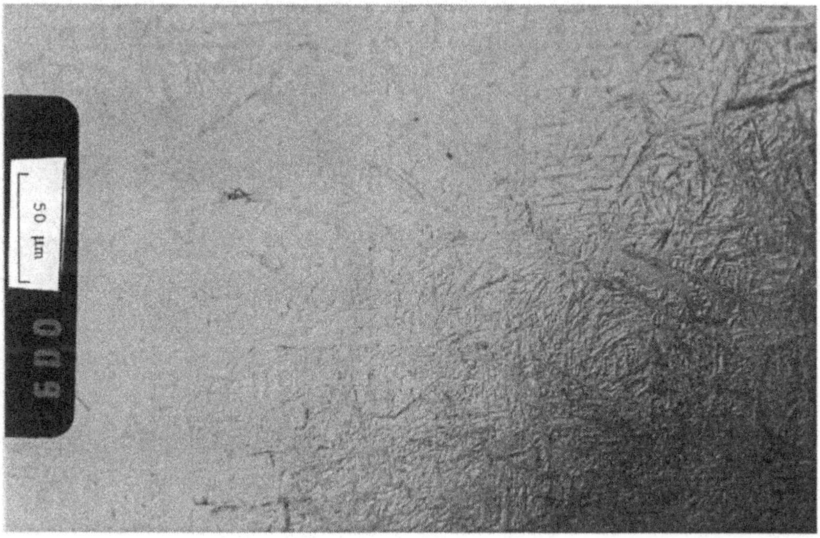

P1 : martensite fine de la partie nitrocarburée

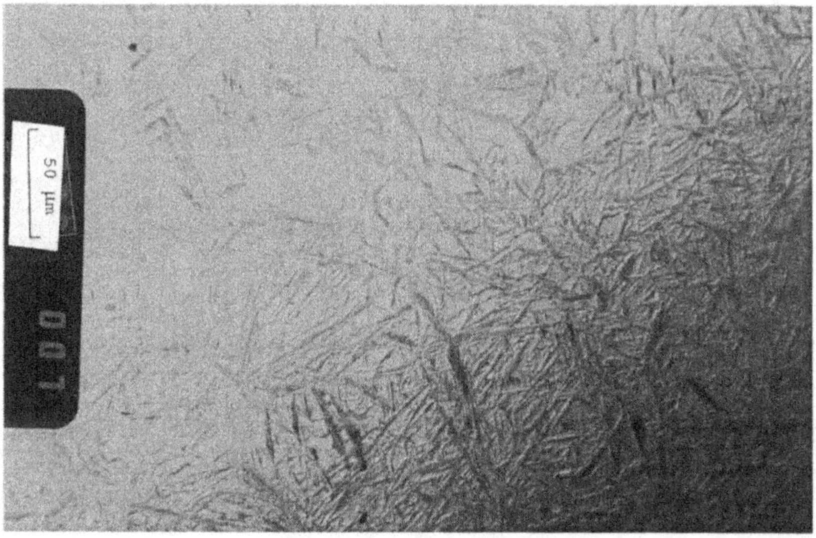

P2 : martensite de la partie non traitée , au niveau de la zone de préhension du briquet.

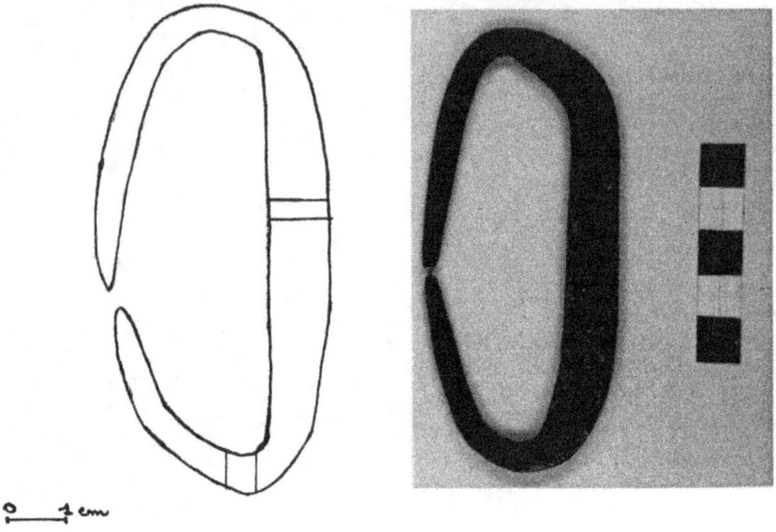

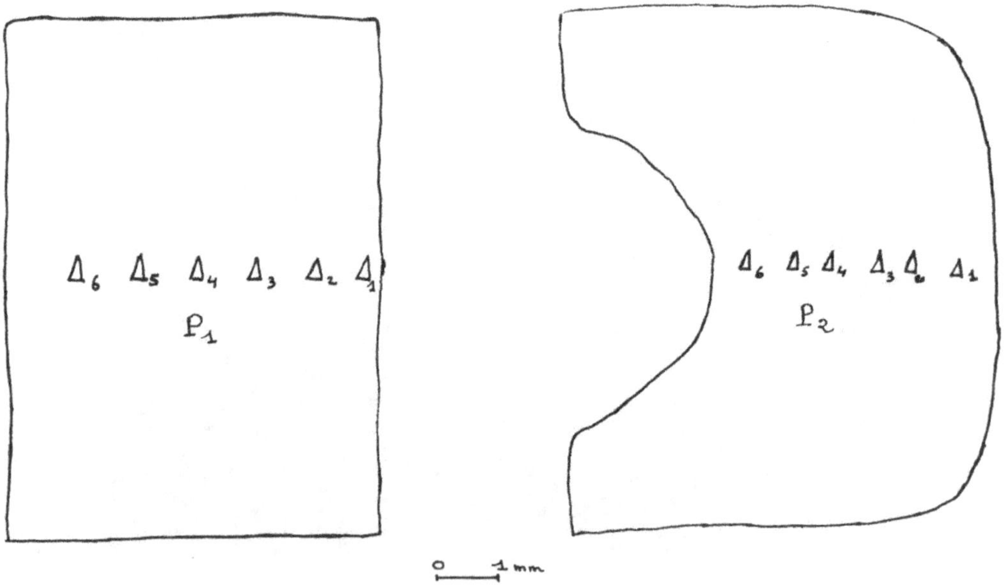

Fig. 17 : briquet à base de fer de récupération

surface de frottement briquet. Les analyses faites par M. Alain Person, du Laboratoire de Géologie des Bassins Sédimentaires de Paris VI Jussieu, en utilisant la méthode de diffraction des rayons X sur les petites concrétions blanches, ont montré qu'il s'agit d'un produit organique cristallisé l'uricite (C4(NH) ZOZC(NH)ZO). L'halite (Nacl) mis en évidence doit être le sel que nous avons transporté dans la même boîte pour analyse. Il y a un choix à faire pour le charbon de bois. Le forgeron n'utilise que le mélange de charbon de bois du *Terminola macroptera* (condré) et du *Kaya senegalensi* (kuka). Pour eux, ces deux espèces donnent un charbon de bois très dense et facilitent le travail à la forge.

La lime à base d'acier moderne, constitue la pièce maîtresse du briquet. Le forgeron l'a choisie pour sa forme allongée qui s'adapte facilement à la morphologie du briquet ancien. Elle est chauffée à blanc, puis coupée aux extrémités afin de ne pas avoir un briquet très grand. Elle subit un deuxième chauffage à blanc et est trempée de manière brutale dans l'eau froide. Le temps de maintien est au maximum de deux minutes. Retirée de l'eau, la lime est encore chauffée plusieurs fois à blanc et martelée pour lui donner la forme recherchée.

Passé cette étape, l'artisan forgeron écrase, ensemble sur une pierre granitique, les concrétions blanches des déchets de margouillat et le sel de cuisine. Il mouille l'ensemble avec un peu d'eau. Ensuite, il frotte (la partie du briquet qui va servir de point de contact avec le silex pour produire les étincelles) le briquet contre la pierre granitique pour abraser la partie rugueuse de la lime, jusqu'à obtenir une surface brillante. Le mélange d'excréments et de sel mouillé est ensuite étalé sur toute la surface polie. Le briquet remis au feu, chauffé à blanc, retiré du feu, reçoit encore à sa surface polie, le mélange mouillé de sel et d'excrément. Il émet un bruit, comme un sifflement et à ce moment on le trempe quelques secondes dans l'eau. Il subit donc une deuxième trempe, après un traitement de surface, qui est une carbonitruration. C'est un traitement thermochimique qui consiste en un durcissement superficiel de l'acier. Il y'a à la fois un enrichissement en azote et en carbone, à la périphérie des pièces traitées, sous l'effet de la température. A l'examen micrographique d'un acier carbonitruré, on voit deux couches de compositions différentes. Une première couche superficielle enrichie en azote et carbone. Et une deuxième couche sous-jacente enrichie uniquement en carbone[175]. L'introduction d'azote dans le réseau du fer permet d'obtenir une dureté superficielle suffisante par formation de carbonitrure. Ceux-ci ayant un excellent coefficient de frottement, la résistance à l'usure est améliorée. Ils permettent au briquet de résister à l'usure d'usage et de conserver une ténacité. Ce traitement de la surface de frottement s'explique d'autant plus que c'est la partie utile du briquet.

Pour l'étude métallographique nous avons fait deux sections. Une section au niveau de la partie traitée en contact avec le silex et la seconde dans la partie recourbée du briquet qui n'a pas subi de traitement de surface afin de saisir les différences. La microdureté est mesurée sous une charge de 500g.

-Examen macrographique

Sur les deux échantillons une structure homogène se présente, du même aspect que l'objet précédent.

---

[175] HILLY, G., CHAUSSIN, C. : *Cours de métallurgie*. DUNOP, paris, 1967, p 282

-Examen micrographique

L'examen micrographique de deux sections montre une structure martensite très prononcée (0,8% de carbone), ce qui confère une très grande dureté à l'objet. Elle présente de grosses aiguilles très homogènes (P1 et P2, p127). Le briquet est trempé intégralement sans traitement de revenu. Nous avons pratiqué des mesures de microdureté sur les deux sections allant de la surface au coeur de l'objet (fig18, p128). Les résultats montrent bien que le traitement de surface a eu un impact important sur les duretés. La section qui a subi le traitement de surface sur environ 3 mm, a une dureté en surface plus élevée ($\Delta_{1\ HV500}$=860, $\Delta_{2\ HV500}$=706 , $\Delta_{3\ HV500}$=662, $\Delta_{4\ HV500}$=565, $\Delta_{5\ HV500}$=534, $\Delta_{6\ HV500}$=523) que la section de la partie de préhension, qui n'a subi aucun traitement de surface ($\Delta_{1\ HV500}$=548, $\Delta_{2\ HV500}$=547, $\Delta_{3\ HV500}$=535, $\Delta_{4\ HV500}$=500,$\Delta_{5\ HV500}$=456, $\Delta_{6\ HV500}$=430).

Conclusion : Synthèse sur l'étude des deux briquets

Les deux briquets se caractérisent par l'homogénéité de leur structure. On voit avec le briquet à base de fer de récupération que sa fabrication permet au forgeron de gagner du temps, à partir du moment où il utilise un acier qui facilite la mise en forme du briquet. En plus de cela, il est plus dur que le briquet à fer ancien donc plus apte à fournir des étincelles par friction.

d. Etude d'une lame du village de Nandjèla

-Présentation et contexte de l'objet

La lame *(barga)* a une longueur de 12 cm et 2 mm d'épaisseur. Elle est composée de deux parties essentielles: la partie de préhension (4 cm de long) et la lame.(8cm de long). L'extrémité de la lame est plus ou moins arrondi.

Elle a été acquise par don auprès des forgerons de Nandjèla et daterait du début du 20 ème siècle[176].

Pour une approche métallographique, un prélèvement dans le sens de l'horizontal, partant du dos de la lame à la partie tranchante, a été fait dans la partie médiane (fig19, p130 et fig20, p131); permettant ainsi d'étudier l'évolution structurale. La microdureté est mesurée sous une charge de 500g.

-Examen macrographique

Mis à part la première zone de légère corrosion en surface, la macrographie présente une structure homogène de couleur gris-clair.

[176] Les forgerons situent sa confection au moment des résistances contre l'administration coloniale dans la région au début du 20ème siècle.

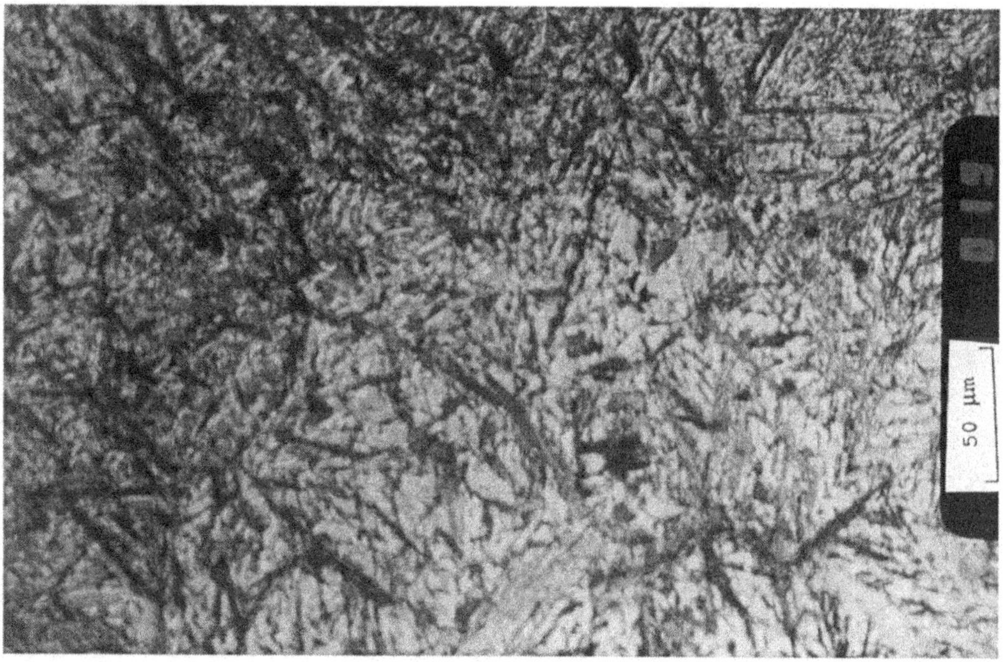

P1 : aiguille de martensite de la partie de frottement nitrocarburée

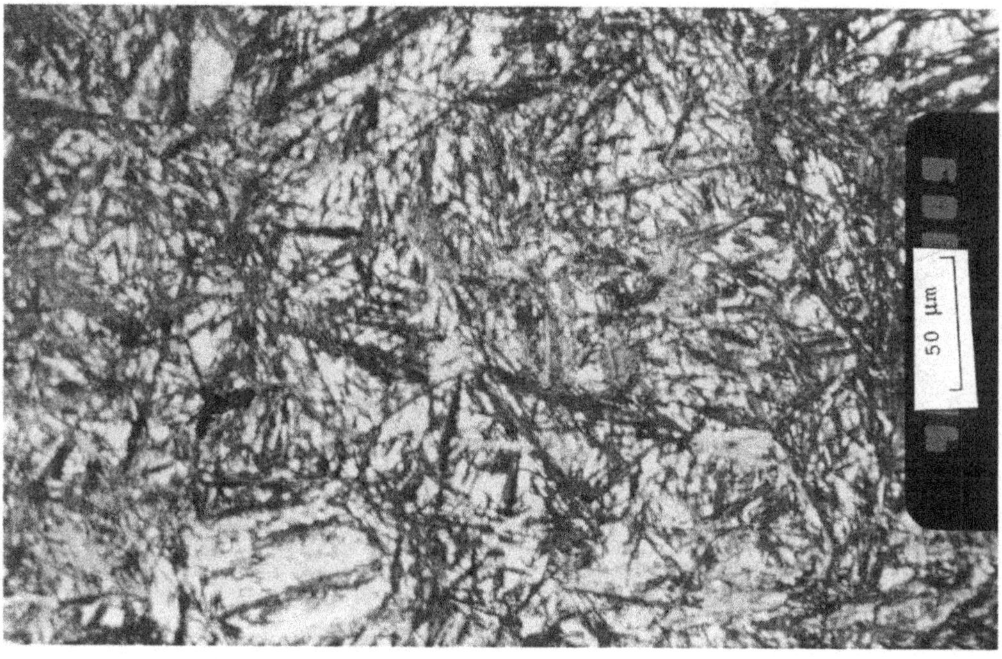

P2 : grosse aiguille de la partie de préhension

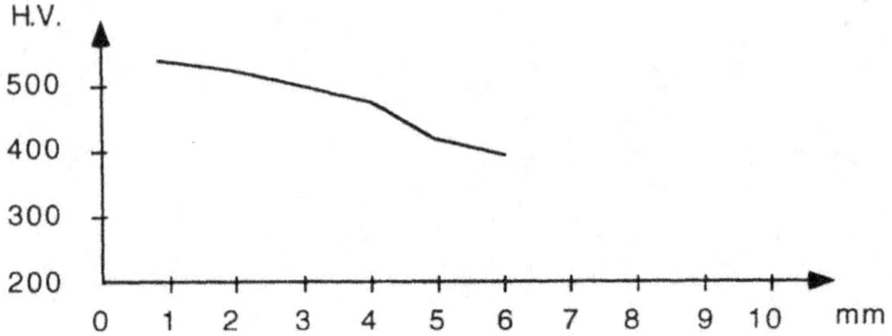

A / partie de préhension non traitée

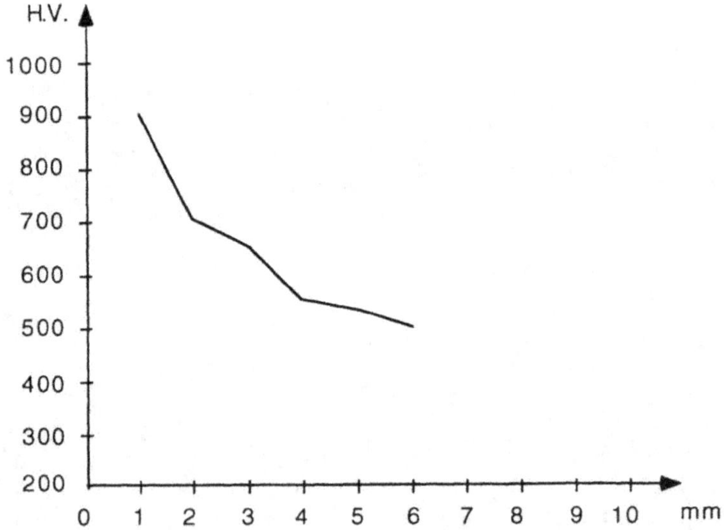

B / partie de frottement traitée

Fig 18 : représentation graphique des mesures de microduretés du briquet à base de fer récupération.

-Examen micrographique

L'étude micrographique a décelé trois zones, qui s'échelonnent du dos de la lame à la partie tranchante. (fig20, p131).

La première zone de ferrite équiaxe (P1, p132) est la structure dorsale de la lame (Δ_1 $_{HV500}$= 209). La deuxième zone de ferrite moyennement écrouie (P2, 132) est la structure du milieu de la section (Δ_2 $_{HV500}$= 224).

La troisième zone de ferrite très écrouie (P3, p133), constitue la structure de la partie tranchante de la lame (Δ_3 $_{HV500}$= 239).

La structure est essentiellement ferritique, homogène, et très fine. Elle présente un fibrage important et de très faibles inclusions, preuve que le lingot de fer a été très bien épuré avant la mise en forme. La dureté de la lame évolue de façon croissante, lorsque l'on va du dos à la partie tranchante de la lame. Ce qui est normal, à partir du moment où le dos de la lame est moins écroui que la partie tranchante. La dureté croît avec l'importance de l'écrouissage.

-Interprétation et hypothèse de mise en forme

La mise en forme de cette lame est relativement simple. Le forgeron a utilisé un morceau de loupe bien épuré qu'il a martelé pour avoir la forme plate. Après cela, il a aménagé la partie de préhension avant d'affiner la partie tranchante. Elle a été confectionnée sans traitement thermique de recuit, d'où le maintien de l'écrouissage des grains de ferrite surtout au niveau de la partie tranchante.

Conclusion

C'est probablement une lame ordinaire utilisée sur des objets qui nécessitent d'être profondément entaillés. D'où la relative dureté de la lame et la simplicité de sa mise en forme.

e. Etude d'une lame du village de Doulougou (ou Roulougou)

-Présentation et contexte de l'objet

La lame mesure 13 cm de long et 2 mm d'épaisseur. Elle est constituée de la partie de préhension (4 cm) et de la lame (9 cm). L'extrémité de la lame est beaucoup plus pointue que celle de la précédente (fig21, p135). Doulou est un village situé à environ 15 km au nord-est du chef lieu de la province, Koudougou. La lame daterait du milieu du 20ème siècle. Deux prélèvements sont faits sur cette lame : le premier dans la partie médiane et le deuxième à l'extrémité de la lame, sur lesquels nous avons utilisé une charge de 200g pour la mesure des microduretés. (fig22, p136).

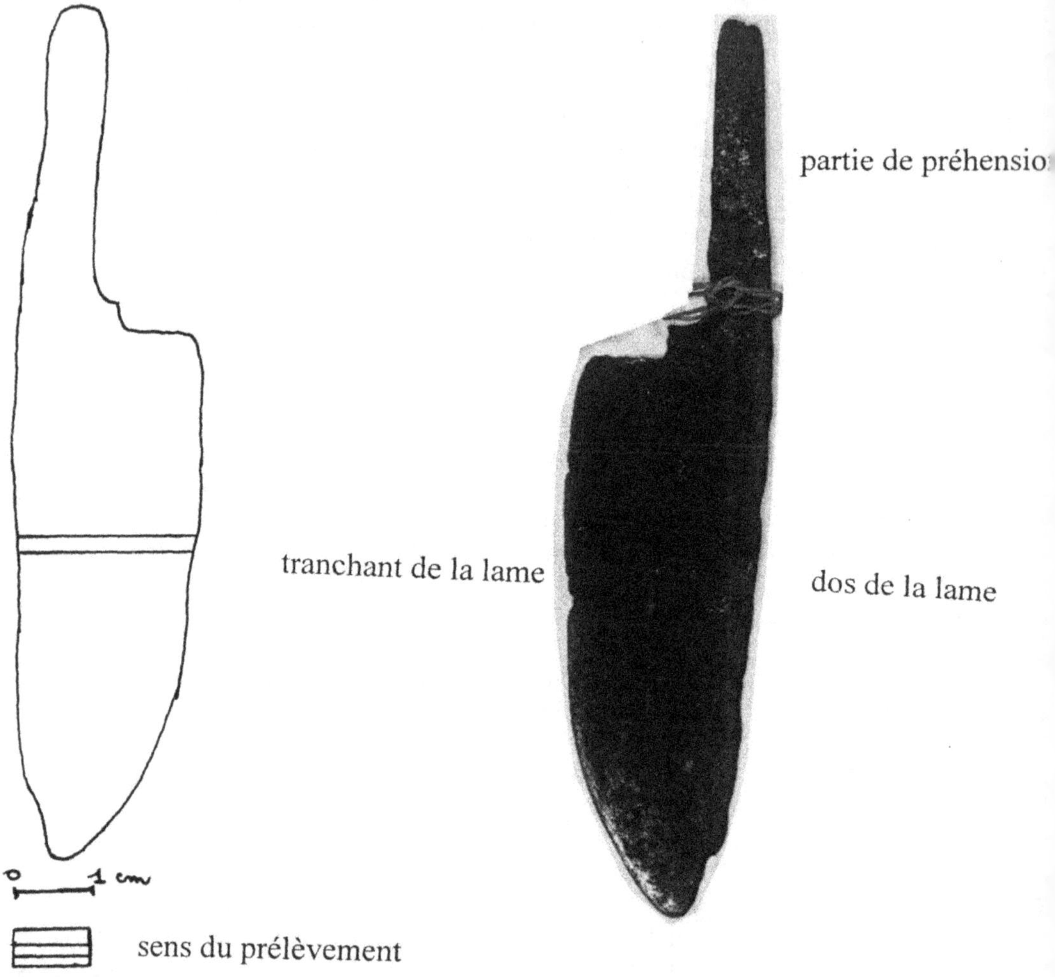

Fig. 19 : lame ancienne de Nandjéla

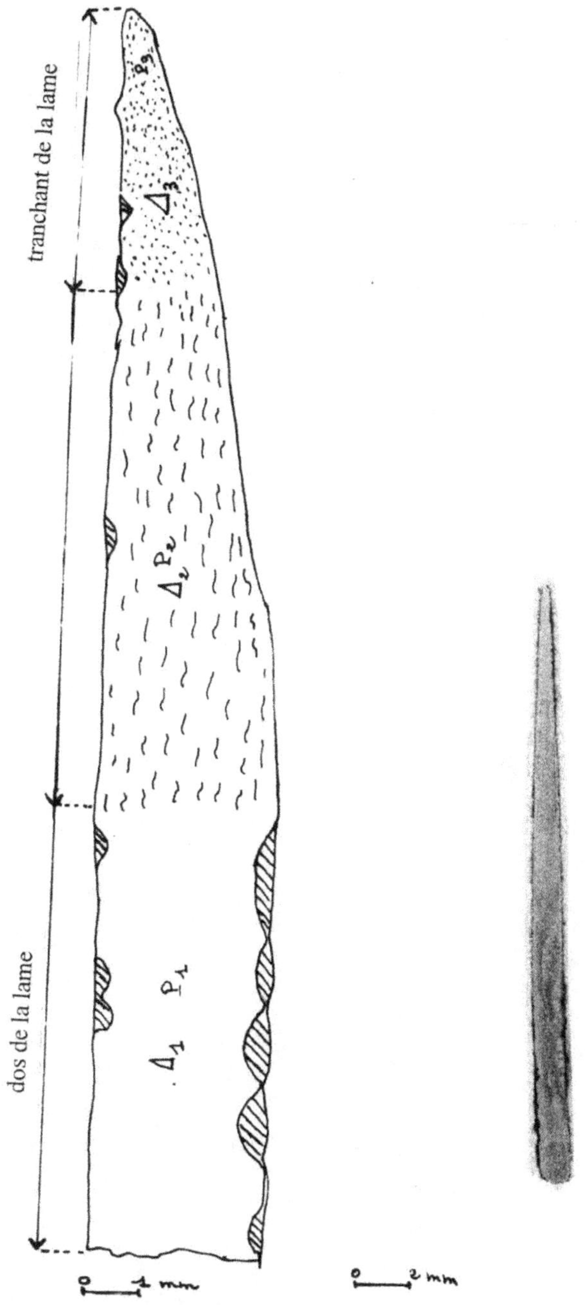

zone ferritique très écrouie

zone ferritique non écrouie

zone ferritique moyennement écrouie

oxydation superficielle

Δ microdureté

P micrographie

Fig. 20 : section horizontale de la partie médiane

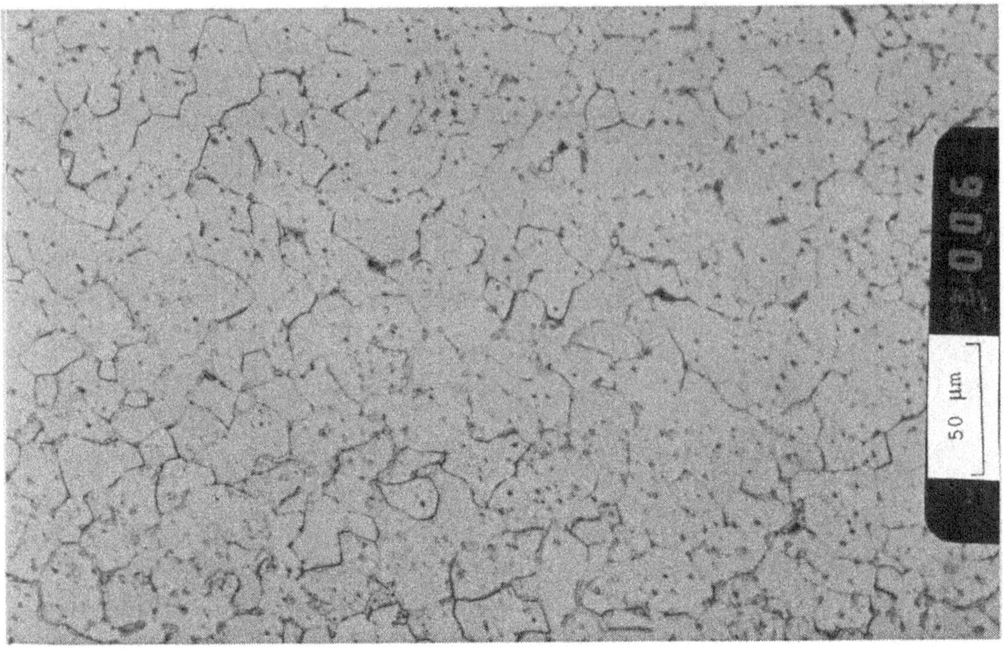

P 1 : structure ferrritique equiaxe

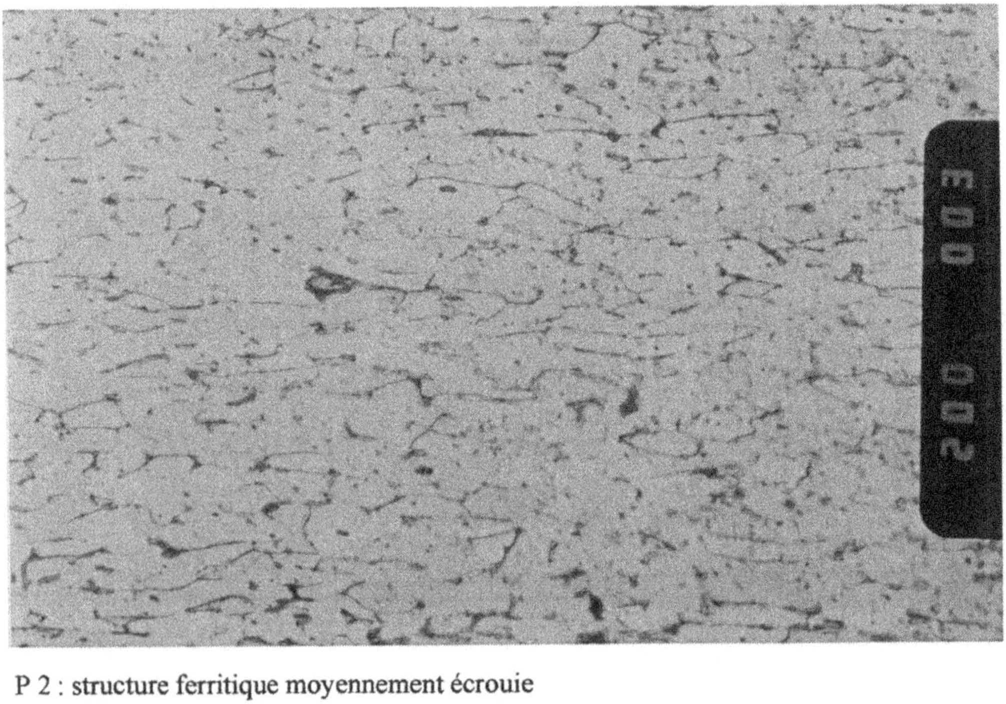

P 2 : structure ferritique moyennement écrouie

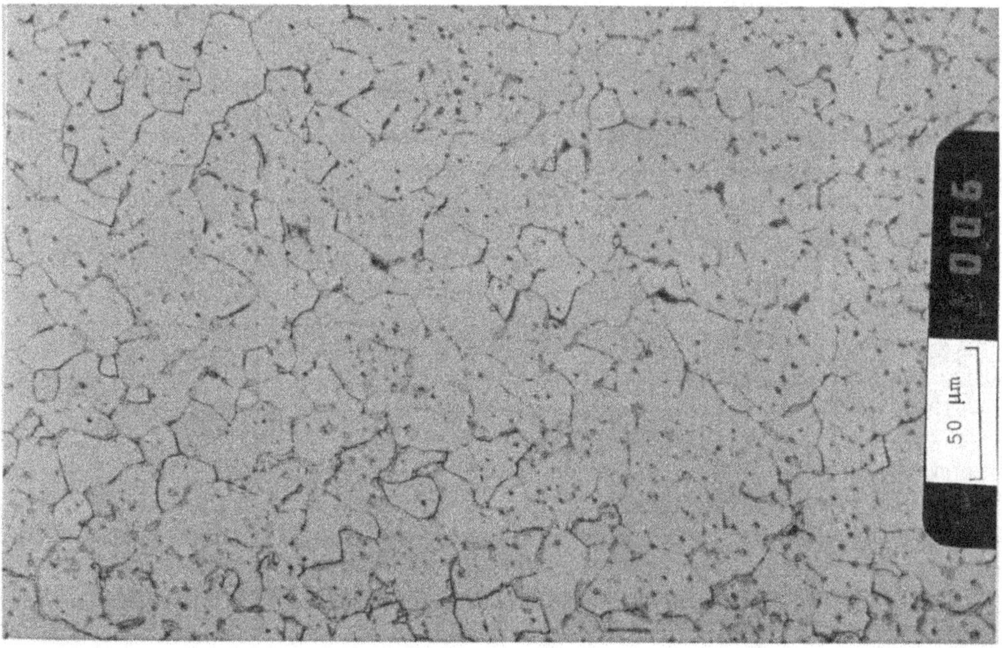

P 3 : structure ferritique très écrouie

-Examen macrographique

La macrographie de la partie médiane et de l'extrémité de la lame met en évidence une seule zone à plage claire. Elle présente une structure homogène sur toutes les deux parties prélevées.

-Examen micrographique

La micrographie des deux sections révèle une seule structure essentiellement ferritique à 0,02% de carbone, avec des grains de ferrite très homogènes relativement réguliers. La structure dénote d'un travail d'épuration particulièrement bien fait (P1 et P2, p137).

-Interprétation et hypothèse de mise en forme

Compte tenu de l'épaisseur de la lame (2 mm), nous nous attendions à voir une structure écrouie très importante comme la précédente. Cette absence de déformation des grains suppose qu'après une première mise en forme, la lame a été soumise à un traitement de recuit qui a entraîné une recristallisation des grains.

La lame a subi au départ un martelage qui a occasionné un écrouissage des grains. Ainsi, sa structure a été altérée, ses propriétés physiques et mécaniques ont été modifiées. Le métal n'est plus à son état initial avant l'écrouissage, c'est à dire dans un état d'équilibre. A ce stade, il y a une augmentation du taux de défauts qui durcit le métal. Pour restaurer les propriétés et la structure initiale, le forgeron a dû réchauffer la lame pour favoriser un retour à l'état stable, par le biais de la recristallisation. Au niveau de cette lame précisément, vu l'homogénéité des grains de ferrite, on peut supposer qu'elle a subi une véritable transformation par recristallisation primaire[177].

On est en présence d'une réorganisation complète du métal. Les atomes se sont réorganisés en d'autres cristaux avec des orientations différentes des cristaux écrouis du départ. En effet, la recristallisation fait disparaître complètement les effets de l'écrouissage, les propriétés de chaque grain redeviennent comme celui d'un métal initial. Pour arriver à cette structure de recristallisation, le forgeron a pris en compte plusieurs éléments. La vitesse de recristallisation dépend de nombreux facteurs. Elle est d'autant plus grande quand la température, la déformation initiale et la pureté du métal sont plus importantes. On comprend alors pourquoi le forgeron a fait une bonne épuration du support avant la mise en forme. Les impuretés diminuent la vitesse de croissance, d'autant plus qu'elles se rassemblent aux joints de grains fins et gênent leur déplacement.

Entre les joints de grains fins on voit apparaître des taches noires (P2) ceci s'expliquerait peut-être par la polygonation qui précède toujours la recristallisation et

[177] Il faut différencier la recristallisation primaire de la recristallisation secondaire et tertiaire. Au niveau de la recristallisation primaire, de nouveaux grains se forment par germination et croissance aux dépens du métal écroui. La recristallisation secondaire est une croissance exagérée d'un petit nombre de grains qui croissent aux dépens de ceux déjà recristallisés. Quant à la recristallisation tertiaire, elle se caractérise par le développement d'une autre texture par la croissance de certains grains à partir de recristallisation secondaire.

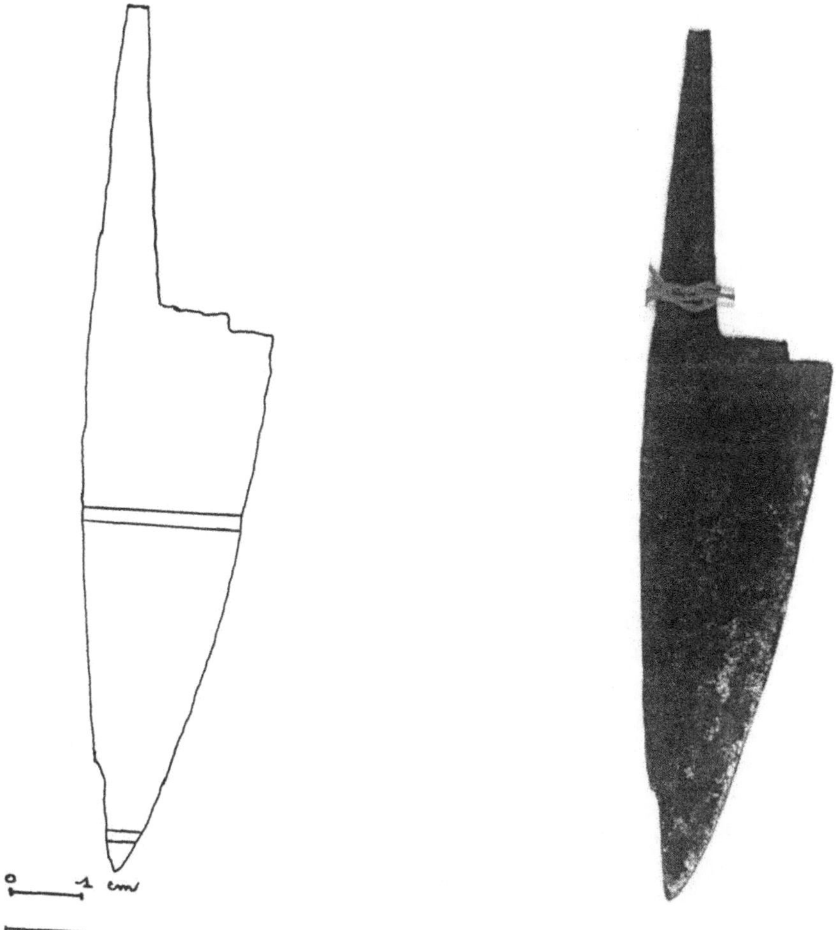

Fig. 21 : lame ancienne de Doulou

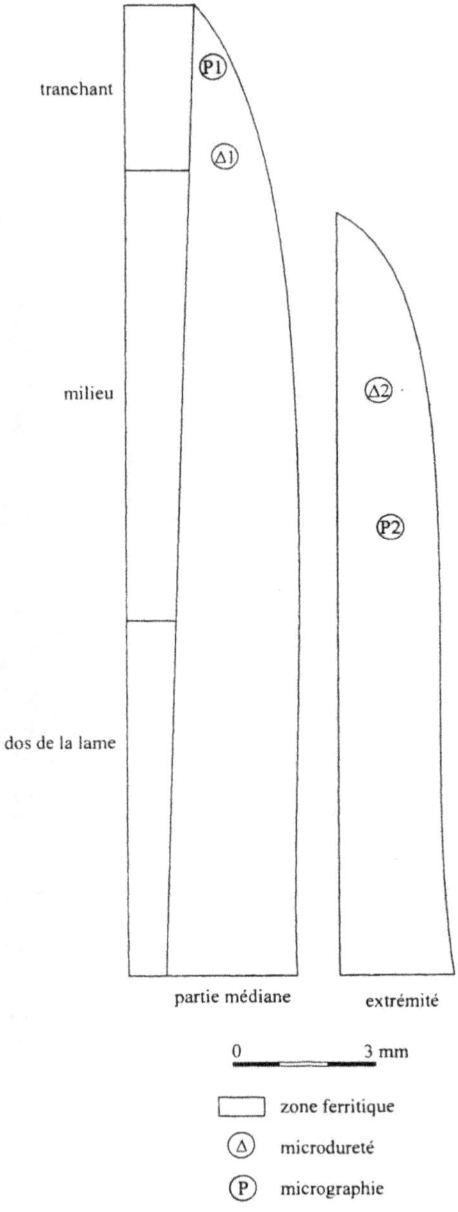

Fig. 22 : sections de la lame de Doulou

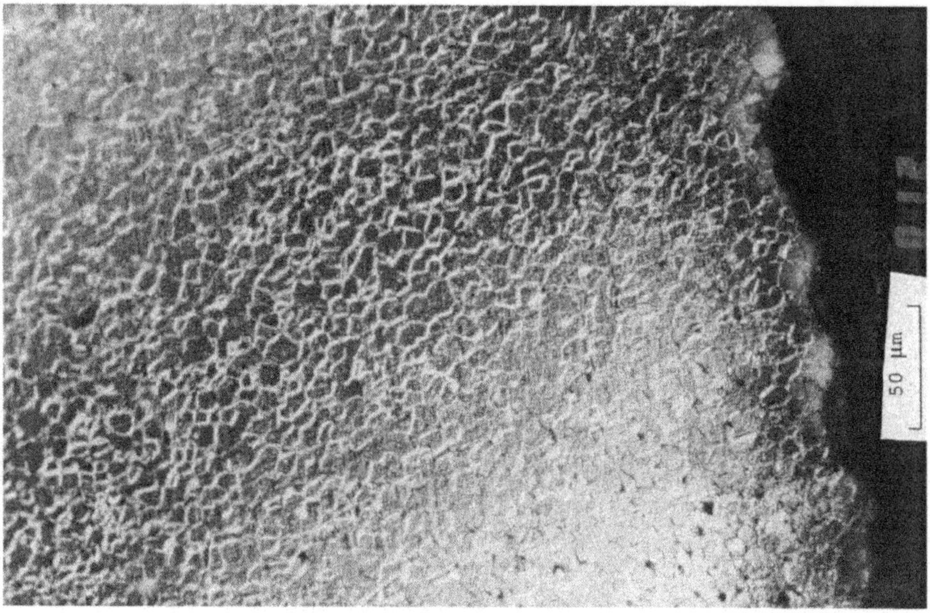

P1 : structure ferritique homogène très fine

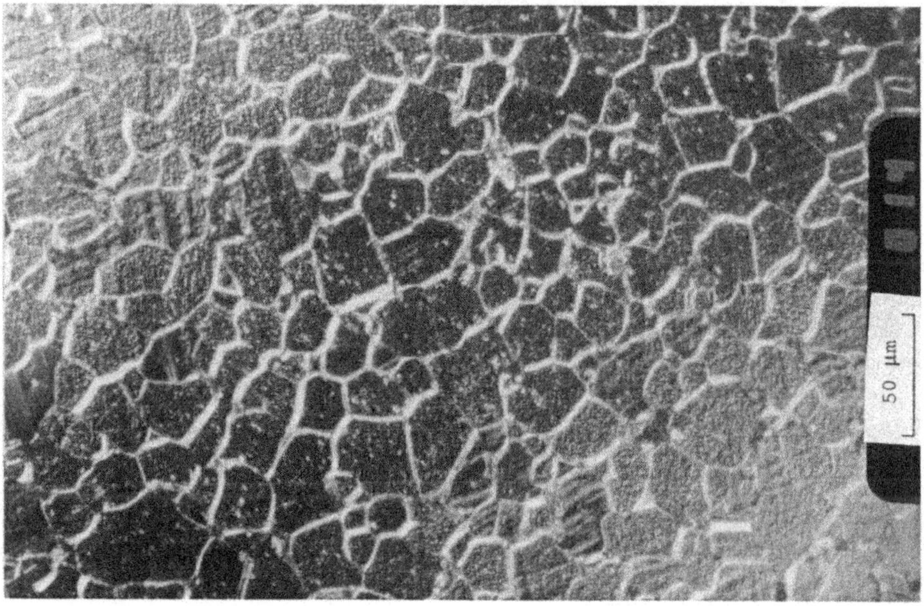

P2 : structure ferritique homogène

qu'on peut observer par la métallographie, grâce aux piqûres de corrosion produites par certains réactifs à l'emplacement des sous-joints de polygonation.

Pour les forgerons de Doulou, la lame est utilisée pour pratiquer les scarifications, la circoncision et l'excision[178]. Ce qui nécessite d'utiliser une lame qui attaque légèrement la peau sans l'entailler très profondément. D'où l'utilité de diminuer sa dureté afin de l'affûter le plus possible. On voit bien que les mesures de dureté répondent à cette nécessité. La section du milieu donne une moyenne, $\Delta_{1\ HV500}$=121 et l'extrémité qui sert à entailler la peau est beaucoup moins dure, $\Delta_{2\ HV500}$=98. En outre, compte tenu de sa relative pureté, elle s'oxyde très peu, est donc «biocompatible» et limite ainsi le risque de transmission du tétanos.

Conclusion : synthèse sur l'étude des deux lames

L'étude métallographique des deux lames a révélé des techniques de mise en forme différentes, selon la fonction de chacune d'elles. Ce sont des objets très fins qui nécessitent un travail minutieux au niveau de l'épuration du lingot et de la mise en forme.

La lame de Doulou a pour fonction de pratiquer des opérations délicates sur la peau. Par conséquent, elle doit être très fine et garder une certaine flexibilité, d'où la pratique de la recristallisation. La lame de Nandjèla est ordinaire. Elle est utilisée pour les opérations simples sans importance, surtout celles qui n'ont aucun rapport avec la peau. Le très grand écrouissage de la partie tranchante est expressément fait pour permettre d'entailler profondément les objets résistants.

f. Etude d'une enclume de Nandjèla

L'enclume est l'élément indispensable de la forge pour confectionner les objets, réaliser des assemblages et pratiquer certains rites essentiels chez les forgerons[179]. A notre connaissance, aucune enclume n'a encore été trouvée en fouille. Il faut reconnaître que celle-ci est très rare et précieuse, compte tenu du poids de métal qu'elle nécessite pour sa confection, de sa difficulté de mise en forme et aussi des coutumes des forgerons, qui n'abandonnent jamais une enclume, pièce maîtresse sur le plan technique et cultuel. L'enclume est confectionnée hors de la forge, martelée sur une pierre de granite[180]. Les questions auxquelles nous voulons répondre sont : comment arrivaient-ils à confectionner la masse de métal ? Quels sont les matériaux utilisés ? Quelles sont les contraintes physiques que subit l'enclume au cours du temps d'autant plus qu'elle se transmet de génération en génération ?

-Présentation et contexte de l'objet

L'enclume provient du village de Nandjèla, situé au nord-est du chef-lieu de la province du Bulkiemdé. Le forgeron qui nous l'a offerte, a demandé à ce que nous ne signalons pas son nom, par peur de représailles de la part de ses confrères. Il l'a acquise par

---

[178] Kiendrébéogo N. sept 1994 à Doulou, Kiendrébéogo. Sept 1994 à Doulou, Kiendrébéogo K. Sept 1994 à Doulou

[179] NIKIEMA, K., et NIKIEMA G, déc 1988

[180] Nikiema k, à Ralo, dec 1988, Nikiema N, à Poa, Nov 1996 Kiendrébéogo N, à Doulou, sept 1994 Kiendrébéogo R, à Tiogo aout, 1994

héritage après la mort de son père, qui la détenait de son grand-père. L'enclume daterait du début du 19ème siècle, peu avant l'arrivée des envahisseurs Zaberma (entre 1858-1860), venus du Niger actuel.

Elle se présente sous forme d'une masse tronconique à base ronde et se compose de quatre parties essentielles : le pied, le corps, la tête et la table légèrement convexe. Sa longueur totale est de 145 mm. La largeur au niveau de la table fait 69 mm, à la tête 60 mm, au corps 40 mm et au pied 30 mm. Son poids est de 1,582 kg Les enclumes du Bulkiemdé et du Sanguié sont du même type, à quelques légères différences au niveau des dimensions (fig23, p140).

Pour l'approche métallographique, l'enclume a été coupée et polie dans le sens longitudinal, en prenant en compte toute sa longueur. Des mesures de dureté n'ont pas pu être faites à cause d'une panne sur le microduromètre au moment de l'étude en laboratoire.

-Examen macrographique

L'examen macrographique présente deux zones. La plus importante qui occupe la majorité du corps de l'enclume est de couleur gris-clair. La seconde, de couleur sombre, se localise au pied et à une des extrémités de la table, à l'endroit où se situe un couronnement important. Peut-être s'agit-il du côté où le forgeron travaille le plus. A 10 mm de la table, dans cette dernière zone, se localise une grosse fissure sinueuse, dans le sens longitudinal de l'enclume, de 52 mm de long et 3 mm de large, avec de petites fissures annexes (fig24, p141).

-Examen micrographique

L'examen micrographique met en évidence trois zones inégalement réparties (fig25, p143).

La zone I présente une structure à grains ferritiques très fins (P1, p144). Elle est représentée au pied de l'enclume et pourrait être la structure de départ que le forgeron a laissé exprès afin que l'enclume puisse encaisser par la base, les chocs sans se déformer. La finesse des grains rend cette zone dure. Le petit écrouissage à ce niveau est le résultat des chocs encaissés au cours des temps (P2, 144).

La zone II, constituant la majorité du corps de l'enclume, est constituée d'une structure ferritique à gros grains, avec de rares impuretés (P3, p144). Elle se localise au corps de l'enclume et à une moitié gauche de la tête. Les grains sont énormes et s'accroissent encore plus au niveau de la table de l'enclume. La tête de l'enclume présente une forte hétérogénéité de tailles de grains, due probablement à la chaleur des objets confectionnés sur la table (P4, p144et P5, p145). L'existence de macles d'origine mécanique, d'une à deux directions, est le résultat des chocs violents du marteau sur la surface de frappe et aussi à l'intensité d'usage. L'écrouissage des grains au niveau de la tête, limité en surface de la table, est encore dû à la violence des coups (P6, p145 et P7, p145). L'écrouissage se manifeste par un étirement des cristaux de ferrite. Aussi, plus le

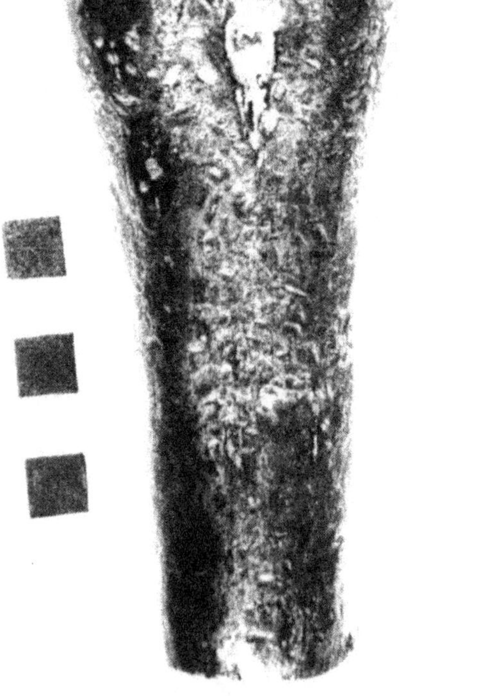

Fig. 23 : vue d'ensemble de l'enclume de Nandjèla

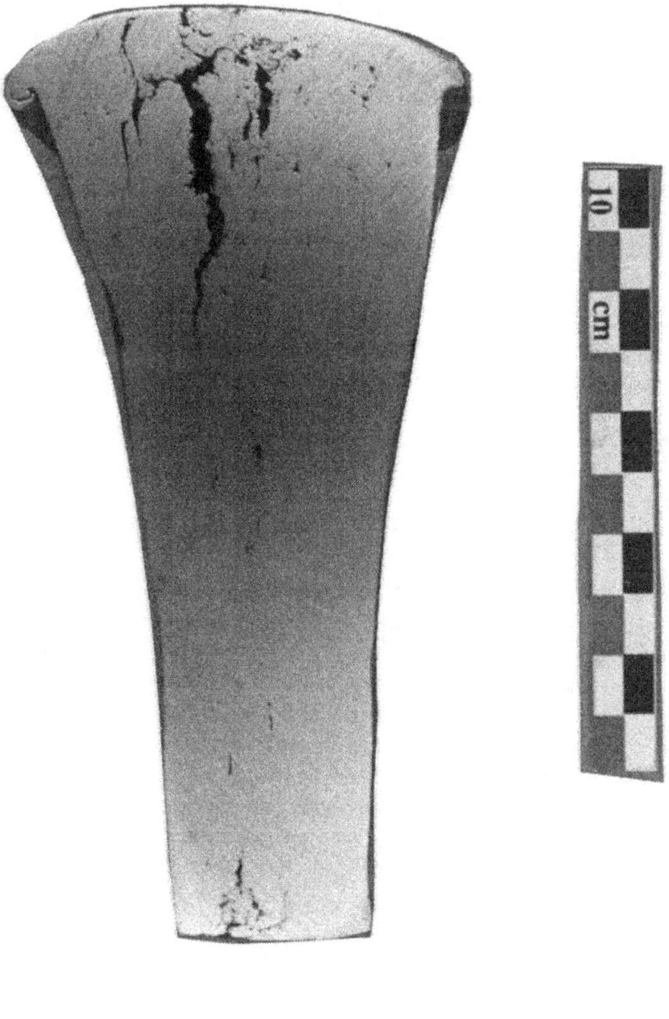

Fig. 24 : coupe longitudinale de l'enclume de Nandjèla

taux d'écrouissage est important et plus on a une perturbation de la structure, les joints de grains disparaissent de manière progressive.

La zone III est très aciérée (0,7% de carbone) et occupe la moitié droite de la tête de l'enclume, en se prolongeant vers le corps. C'est dans cette zone que se situe la grosse fissure et les fissures annexes, dont nous avons parlé plus haut (P10 et P11, p146). Cette partie a été beaucoup plus utilisée par le forgeron, entraînant un couronnement. Certains artisans affirment aménager au niveau de la tête de l'enclume un côté très résistant pour la confection des objets nécessitant une très grande dureté[181].

Au niveau structural, se présente de la perlite lamellaire, avec la présence aléatoire de ferrite aciculaire à proximité de la zone aciérée. Il faut noter que celle-ci se situe le plus souvent à proximité des zones de soudure et est caractéristique des zones de surchauffe. Les micrographies (P8, p145 et P9, p146) montrent une zone décarburée apparaissant sous forme de soudure intermédiaire. Toutes ces caractéristiques confirment l'hypothèse selon laquelle la zone III est un îlot d'acier qui a été rapporté et inséré par soudure.

-Interprétation et hypothèse de mise en forme

La réalisation de l'enclume a nécessité de la part des forgerons la formation d'un corps ferritique corroyé, provenant de loupes de réduction directe. L'opération s'est déroulée hors de la forge, probablement sur de grosses pierres granitiques comme l'ont signalé certains forgerons. La mise en oeuvre à été très bien faite, en témoignent le manque de cavité à coeur de l'enclume et la très rare présence d'impuretés

Ce manque de cavité à cœur de l'enclume de Nandjèla, par rapport à celle de Jouars Ponchartrain qui en a une, est peut-être dû à la différence de masse. L'enclume de Jouars-Ponchartrain est beaucoup plus volumineuse[182].

Les forgerons après la mise en forme du corps de l'enclume, sachant que celle-ci est en majorité composée de ferrite, dont la dureté n'est pas assez élevée pour encaisser très longtemps les coups du marteau, décident d'ajouter un insert en acier par soudure à la tête (fig26A, p147). L'existence de la fissure dans cet îlot très aciéré (0,7% c) s'explique par le taux élevé de carbone. La partie devient très dure et donc très fragile. Par ailleurs, il existe des fissures de fatigues parallèles au plan de frappe.

Il peut aussi s'agir d'un insert pratiqué après usage de l'enclume. C'est-à-dire qu'après les utilisations multiples de l'enclume, dont le corps est essentiellement fait de ferrite, elle s'est abîmée au niveau de la surface de frappe. Les forgerons réparent alors l'enclume, en soudant au corps ferritique, un acier dur (fig26B, p147).

Des deux hypothèses, la première est la plus plausible. Le forgeron à chercher à combler le manque de dureté de son enclume au niveau de la table, en y faisant tout simplement un insert.

Conclusion : L'étude métallographique et structurale de l'enclume renseigne sur la maîtrise de certaines techniques de mise en forme. L'élaboration de cet outil est très complexe.

---

[181] Zongo y., Zongo K. , Sept 1996 à Nandjèla

[182] REBIERE, J, REMY, P., GUILLOT, I., BENOIT, P. : « Les enclumes tas Gallo-Romaines Le cas de Jouars-ponchartrain » *Paléométallurgi et culture,* Institut polytechnique de Sévenans, Vulcain, 1995.

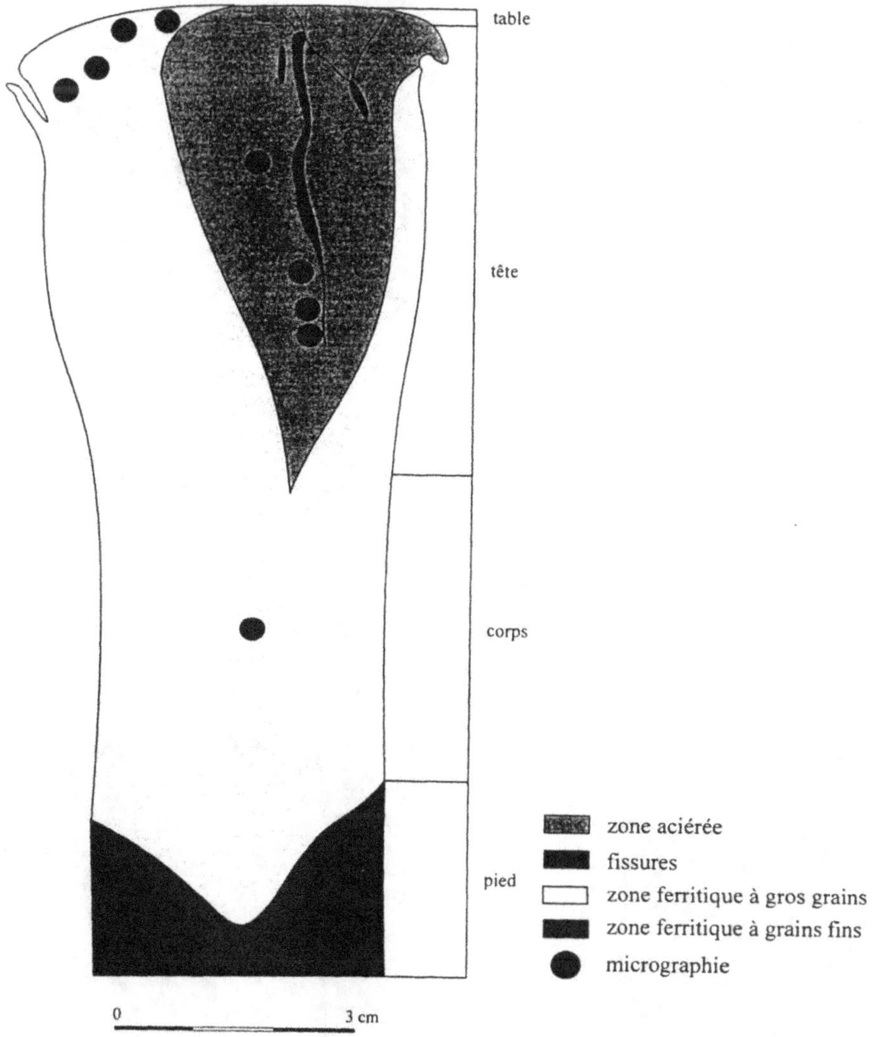

Fig. 25 : coupe schématique longitudinale de l'enclume

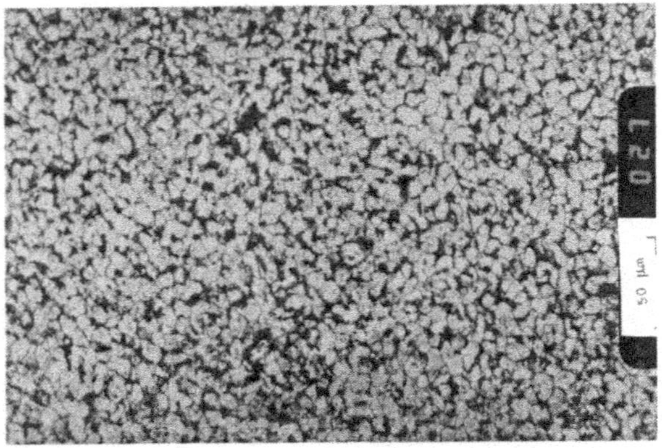

P 1 : structure ferritique très fine au pied de l'enclume

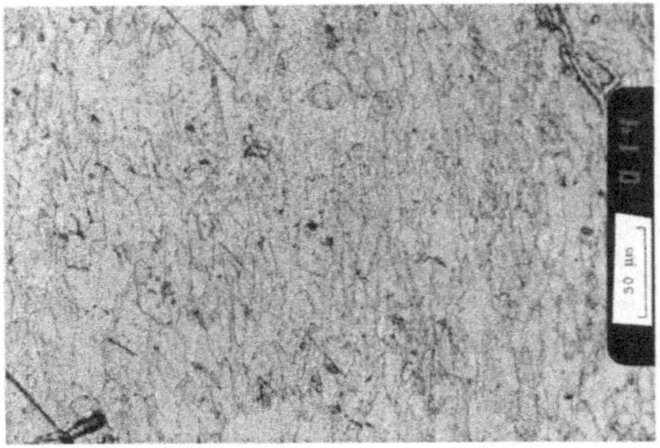

P 2 : zone écrouie au pied de l'enclume

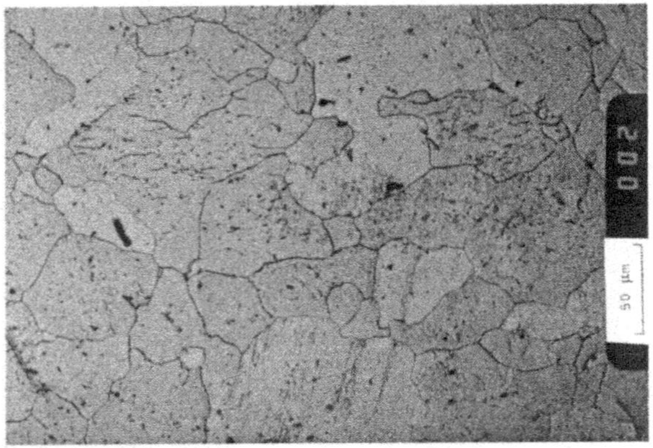

P 3 : structure ferritique à gros grains constituant la majorité du corps de l'enclume

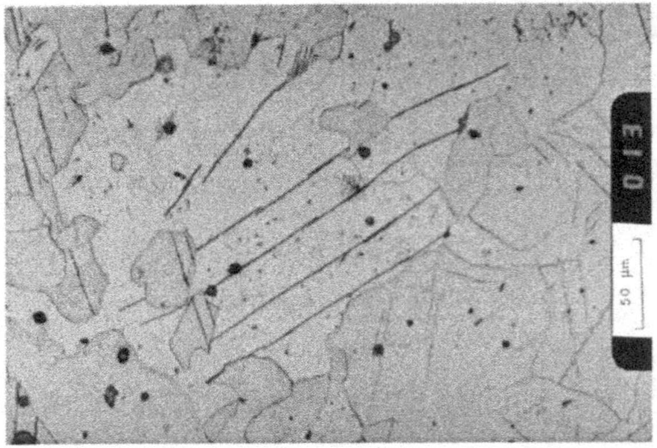

P 4 : hétérogénéité des grains de ferrite et macles à la tête de l'enclume

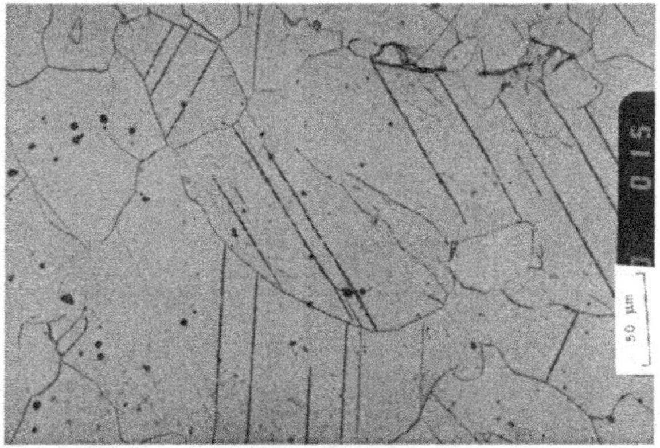

P 5 : gros grains de ferrite et macles à la tête de l'enclume

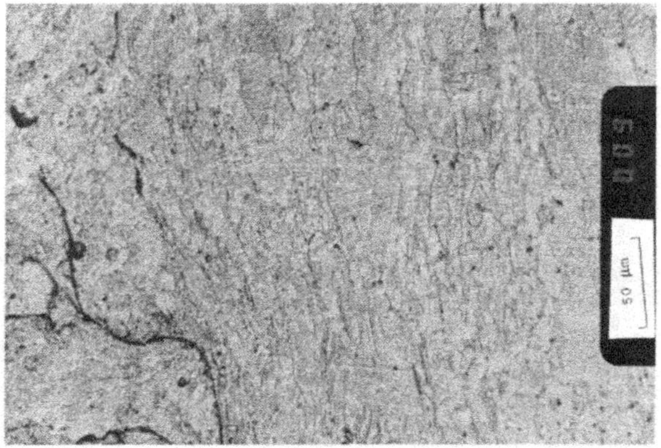

P 6 : écrouissage des grains à la tête de l'enclume

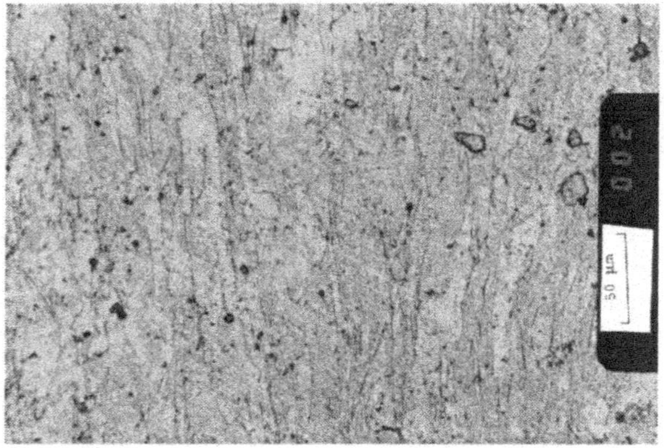

P 7 : écrouissage des grains au niveau de la table de l'enclume

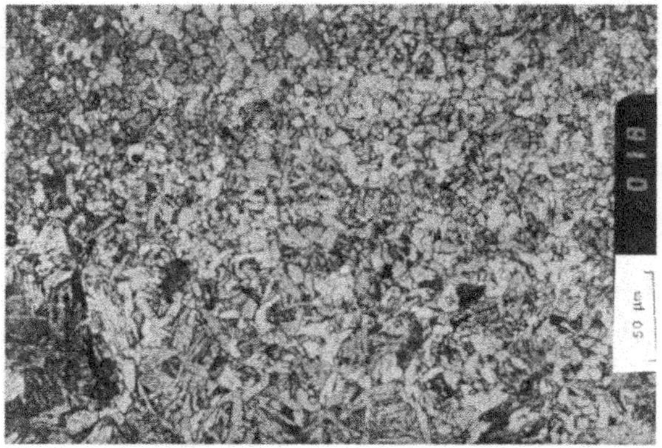

P 8 : perlite lamellaire avec la présence aléatoire des ferrites aciculaires dans la zone aciérée

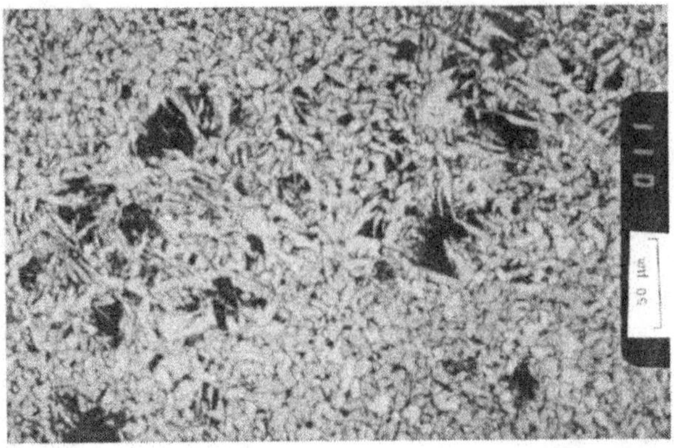

P 9 : zone décarburée apparaissant sous forme de soudure intermédiaire

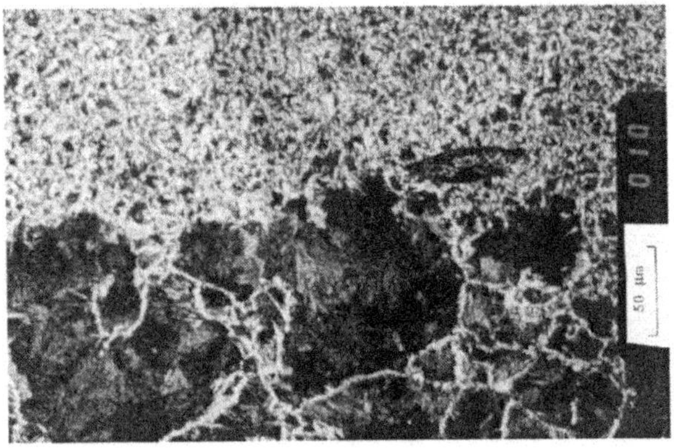

P 10 : zone aciérée au niveau de la fissure

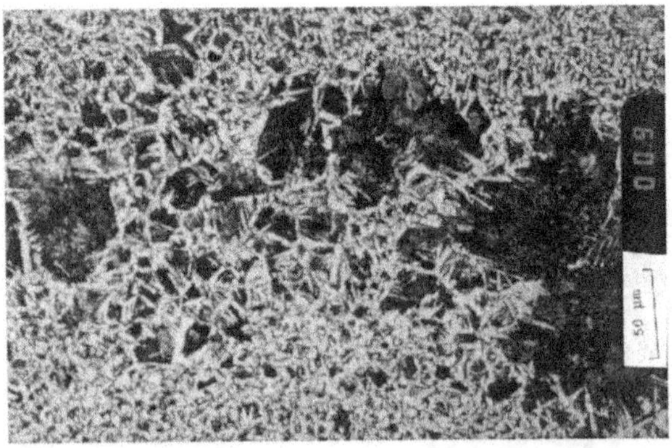

P 11 : zone aciérée à 0,7% de carbonne

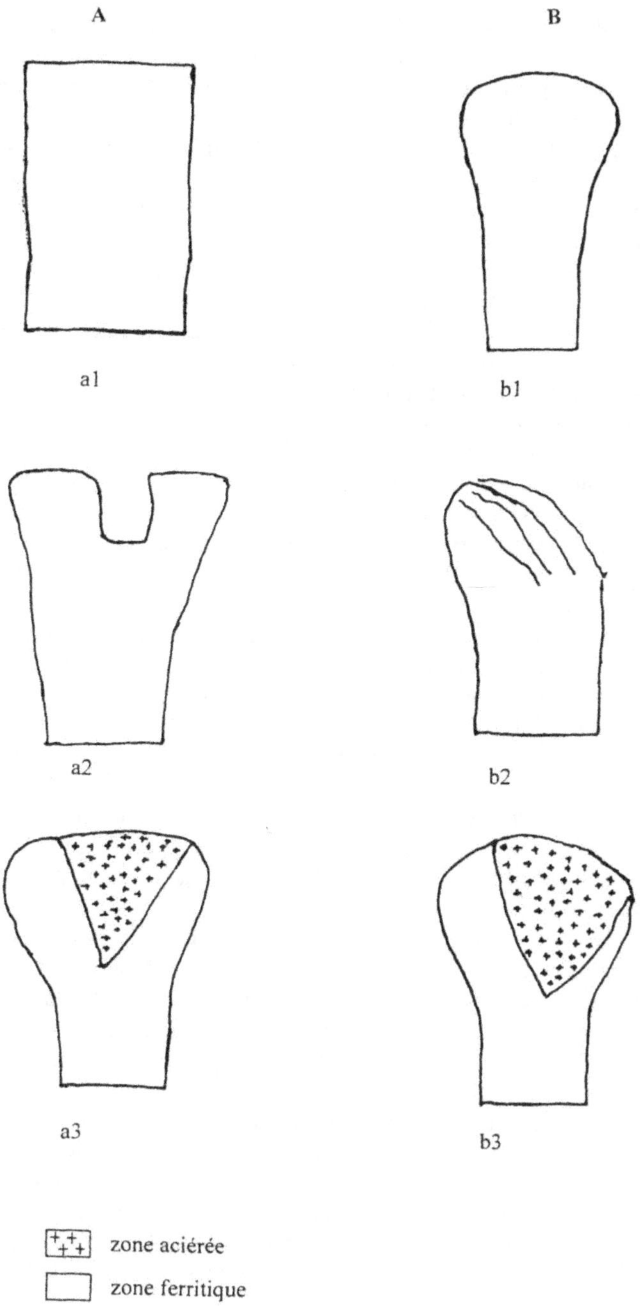

Fig. 26 : hypothèses de mise en forme

L'enclume de Nandjèla peut être comparée à celle de Jouars-Ponchartrain[183]. La morphologie de la première est différente de la seconde qui a la forme d'une pyramide tronquée. Mais les deux présentent à peu près les mêmes structures macrographiques et micrographiques. Celle de Jouars-Ponchartrain est faite aussi d'un corps essentiellement ferritique, avec une soudure d'acier au centre de la table et des fissures résultant d'une mauvaise agglomération.

L'étude métallographique des objets montre l'importance de cette approche pour la métallurgie. Elle fournit des indices quant à l'interprétation des fonctions auxquelles sont destinés les objets, et permet aussi d'apprécier les résultats technologiques obtenus par le forgeron. L'interprétation métallographique paraît être le moyen le plus adéquat pour une approche technologique d'objets dont nous n'avons aucune indication écrite. Par cette étude, nous avons pu comprendre que la réalisation de chaque objet et le mode de mise en forme sont intrinsèquement liés à la fonction de l'objet. L'étude des objets des habitants actuels corrobore le fait qu'il existe une relation entre la destination de l'objet, le choix du métal et la technique de mise en forme.

La lance à douille est d'une réalisation assez simple par rapport à la lance à soie du site de Taagoogo. Ceci est lié à la fonction de parade qu'elle devait remplir.

Les deux briquets d'une structure homogène de martensite ont été trempés et traités en surface de façon à avoir une très grande dureté, pour produire des étincelles au contact brutal avec le silex. L'étude des deux lames est l'exemple même de la corrélation qui existe entre la fonction de l'objet et le choix du mode de confection. L'une, utilisée pour les opérations simples, est réalisée de façon à pouvoir entailler le plus profondément, la lame de Doulou, dont l'utilisation nécessite une certaine délicatesse, a subi un traitement thermique dans le but de l'affûter le plus possible. La confection de l'enclume répond aussi à cette nécessité, d'où l'insert au niveau de la tête, pour encaisser les coups du marteau sans abîmer la table.

A partir de ces études de cas, il est évident que la capacité des forgerons à anticiper sur les caractéristiques des objets à confectionner, prouve une très grande connaissance de ceux-ci des structures métalliques. Ils appréhendent avec aisance les conséquences des traitements thermomécaniques et chimiques sur les structures des objets en fer. Les choix des matériaux et des gestes opératoires ne sont pas du tout des faits du hasard. Les techniques métallurgiques étudiées font des forgerons d'excellents métallurgistes.

Le métallurgiste ne se contente pas uniquement de confectionner des objets, il joue un rôle de premier plan qui lui confère l'image d'une personne qui n'est pas ordinaire, inspirant le respect et la crainte. Il conseille, consulte, soigne et devient le confident

E. Le forgeron, un agent de cohésion dans la société du Bulkiemdé

Avant l'introduction de la médecine moderne, le forgeron constituait un thérapeute, sollicité à tout moment pour les soins des adultes et des enfants. La forge constitue son lieu de soin. Il garde ses potions et médicaments au niveau du toit de son hangar. Selon une vision de la société moaga, certains médicaments ne doivent pas pénétrer dans la cour d'habitation, lieu de rencontre de plusieurs esprits maléfiques, qui peuvent

---

[183] REBIERE J., REMY P, GUILLOT I., BENOIT P.: " Les enclumes tas Gallo-Romaines. Le cas de Jouars-Ponchartrain" *Paléométallurgie et culture,* Institut Polytechnique de Sévenans, Vulcain, 1995

neutraliser leurs effets[184]. Le forgeron soigne les hémorroïdes *(Sabtologo)* (photo 9, p.150). En contre partie, il est demandé au malade d'apporter du mil, du petit mil et aussi un poulet pour le sacrifice à la forge, qu'il consomme sur place. Les femmes dystociques sont transportées à la forge, où la majorité accouche effectivement après les soins. Il est surtout reconnu pour sa réussite dans les soins des enfants et des femmes stériles. La demande est faite à la forge par le mari et la femme stérile, qui apportent à cet effet un poulet pour le sacrifice à la forge. La réussite de l'opération dépend de la fidélité de l'épouse à son mari, après le rite à la forge. A l'accouchement d'un enfant, le couple revient remercier la forge. Et si dans leur progéniture il y a une fille, elle est destinée à la forge. Le forgeron lui trouve alors un mari conformément aux coutumes[185].

Le forgeron est aussi reconnu pour son rôle de médiateur dans les conflits. Son intervention, volontaire ou à la demande des habitants des villages concernés en cas de guerre ou de querelles graves de familles, est considérée comme sacrée et en ce sens ne doit pas être refusée. Le non-respect peut entraîner des punitions divines (de la part des Dieux de la forge) et humaines. En effet, tous les forgerons, par solidarité, refusent de donner ou de vendre un objet venant de la forge à tout contrevenant à cette loi. Il est aussi chargé d'annoncer les décès dans les familles. Par son intervention, les personnes concernées ne peuvent plus enfreindre les lois, dans le cas d'un suicide, elles ne bénéficient pas des rites purificatoires du forgeron, ni des instruments de fer nécessaires pour creuser leur tombe[186]. Le forgeron intervient aussi lorsqu'une personne ou un animal est abattu par la foudre, en purifiant leur corps. Il est considéré comme le médiateur privilégié entre les choses de la terre, les êtres vivants et la foudre, d'autant plus qu'il est le maître du feu sur terre.[187]

Il est aussi le seul à pouvoir confectionner les objets de culte en fer des autres membres de la société. Les *Yônyôosé,* dont l'instrument de culte est la hache sacrée, la commandent tout spécialement chez le forgeron. Les *Sikomsé*, porteurs de masques, ont besoin des instruments en fer du forgeron pour confectionner le masque dans le bois. Ils affirment eux-mêmes, que sans le forgeron il n'y a pas de masque[188].

Ce rôle capital que le forgeron joue dans la société a entraîné une certaine crainte et un profond respect à son égard. Mais, la colonisation et les nouveaux rapports de force qu'elle introduit dans les sociétés, vont jouer sur les différents aspects de la métallurgie du fer.

VI-2. la fin d'une industrie sidérurgique ancienne

La colonisation a été la cause première des multiples changements opérés au sein de la sidérurgie directe du fer au début de ce siècle. Elle a contribué, par l'apport du fer de récupération et des multiples répressions, à ralentir, en premier lieu, la production du fer ancien et plus tard, à l'arrêt complet de la réduction du minerai de fer.

---

[184] ZONGO T, à Nandjèla sept 1994

[185] NIKIEMA K et al : Ralo, sept 1988

[186] YAMEOGO Y, Palogo, sept 1988

[187] Un être vivant abattu par la foudre est considéré comme impur. Seuls les rites purificatoires du forgeron peuvent donner droit à l'enterrement.

[188] ZONGO K et al, 3 Janv 1990 à Ralo, KIENON Y, Janv 1993 à Tiogo

Photo 9 : potions pour les soins au niveau du toit de la forge

A. Les raisons de l'abandon de la sidérurgie directe du fer

a. La pénétration progressive du fer de récupération

Le fer de récupération, issu du matériel introduit par les colons, a été le véritable élément moteur dans l'arrêt de la production du fer ancien. Si la présence du fer de récupération a marqué un frein à l'avancée technique des sociétés concernées, il n'en demeure pas moins qu'il a allégé les difficultés de production du fer des métallurgistes.

En revanche, le manque de connaissance du forgeron sur ce fer, très nouveau par rapport au fer ancien qu'il manipulait depuis très longtemps, rendait un peu difficile sa transformation à la forge. Ce qui explique, en partie, la résistance sporadique de certains foyers anciens de réduction du fer après l'indépendance en 1960, à Tiogo, Nandjèla et à Ralo. Selon Bangba Zongo, le fer de récupération était très difficile à traiter pour certaines opérations comme le soudage. Des forgerons n'arrivaient plus à respecter le temps techniquement nécessaire à la confection des objets[189].

Malgré ces désagréments techniques, le fer de récupération a pris peu à peu la place du fer ancien, réduisant ainsi le travail du forgeron uniquement à celui de la forge. Il était plus facile pour eux de récupérer les vieux objets laissés par l'économie coloniale, que de réduire le minerai de fer. Mais il faut noter que cet abandon a été en partie favorisé par les répressions coloniales envers les populations et certains forgerons en particulier. La conséquence a été le déplacement des forgerons du Bulkiemdé jusqu'à Boualga au Ghana actuel à pied, ou à dos d'ânes, à la recherche du fer de récupération pour combler le manque de fer ancien[190]. Dès les 16ème et 17ème siècles, des objets en fer européens ont pénétré en masse les côtes africaines[191]. Cela a entraîné un abandon précoce de la réduction du minerai de fer à ces endroits et la venue des forgerons de l'intérieur à la recherche de ces objets précieux.

b. Les répressions de l'administration coloniale

La province du Bulkiemdé a connu des troubles qui ont joué un rôle important sur la production du fer ancien. Ces perturbations ont beaucoup affecté l'ouest de la province, qui fait frontière avec les régions « Gurunsi » en résistance armée avec l'administration coloniale. En effet, dès le début du 20ème siècle, les régions Bwaba, Dagara, Marka se révoltent contre le colonisateur. Aux environs de 1912, les révoltes gagnent les pays « Gurunsi » et s'étendent progressivement dans tous les villages situés à l'ouest de la ligne Koudougou, Sourgou, Sabou et Thiou[192]. Les Gurunsi à l'ouest du Bulkiemdé se révoltent, non seulement contre le colonisateur, mais aussi contre les chefs politiques Nakomsé, soumis et imposés par l'administration coloniale. Face à cette situation, la réaction des forgerons du Bulkiemdé a été de deux ordres. Ceux qui étaient sous l'autorité de chefs politiques Nakomsé vaincus et soumis participaient aux travaux de confection de certaines pistes et routes. Ils forgeaient des outils pour ces travaux. Des forges ont été déménagées pour être installées près de ces voies de communication en vue de faciliter les réparations d'outils. C'est le cas des forgerons de Péyir, de Wologteng-Gooden pour le tracé de la route Koudougou-Yako et de Ralo pour la voie Koudougou-Ouagadougou. Les forgerons qui

---

[189] ZONGO B, à Nandjèla, Sept 1994

[190] ZONGO B, à Nandjèla Sept 1994, ZOUNDI T, à Wologteng-Gooden, Nov 1994

[191] CELIS, G ; *Les fonderies Africaines du fer. Un grand métier disparu*.Frankfur, p12, 1991

[192] BAYILI E : *Les populations Nord Nuna (Haute Volta). Des origines à 1920.* Thèse de troisième cycle, 1983, Paris I, p 395

refusent la domination coloniale sont traqués. Il leur était interdit d'extraire le minerai de fer, de peur qu'ils ne confectionnent des armes de guerre, des flèches par exemple.

L'exploitation des mines de fer de Réo, point de ravitaillement de toute la province, est interdite aux forgerons par les colonisateurs, qui, donnent comme raison, la nécessité d'assurer la sécurité intérieure des cercles. La production des flèches est aussi interdite. Les contrevenants sont mis en prison ou payent une amende de 5000 cauris[193]. Les forgerons sont obligés d'extraire le minerai et de le travailler dans la clandestinité. Ils sont souvent interpellés. Les mêmes décrets ont été appliqués dans toutes les zones de résistance. C'est ainsi qu'en pays Dagara près de 172000 flèches ont été détruites entre le 23 juin 1919 et le 30 juin 1919, pour être transformées en clous par les forgerons soumis[194].

La situation d'insécurité contribua à faire chuter la production du fer ancien, par l'abandon de la réduction même du minerai de fer. Les forgerons du Bulkiemdé qui n'ont pas encore assez de fer de récupération sur leurs territoires, s'organisaient alors pour de longs voyages vers le Ghana actuel, à la recherche du fer de récupération, qui peut être travaillé discrètement à la forge. Outre les répressions de l'administration coloniale, auxquelles devaient faire face les forgerons, ceux convertis à l'Islam et au Christianisme refusaient les pratiques cultuelles de la forge.

c. Le rôle des religions révélées

Pour les forgerons convertis aux religions révélées, les pratiques cultuelles sont contraires à leur dogme musulman ou chrétien, car relevant de cultes démoniaques pour eux. Ils s'opposent aux pratiques cultuelles qui précèdent souvent les différentes étapes de la production du fer, de l'extraction du minerai à la transformation de la loupe en produit fini. Cette crise est d'autant plus grave, qu'elle perdure encore de nos jours dans certaines familles de forgerons. Plusieurs sont morts sans pour autant former des successeurs au sein de leur lignée, parce que la majorité de leurs enfants se sont convertis à l'une de ces religions. Kiendrébéogo Kudu, qui s'indigne de cette situation, affirme qu' *« on ne peut pas être forgeron tout en ignorant les pratiques cultuelles, et plusieurs des nôtres ont par leur comportement aidé le Blanc à tuer notre métier »*[195].

d. Les nouvelles données économiques

On assiste à un phénomène de disparition du métier de forgeron, dû au désintéressement des jeunes envers cette technique, qui ne constitue plus une source de revenu intéressante pour eux. Le fer de récupération, les répressions coloniales et les religions révélées ne sont que des causes superficielles de l'arrêt de cette sidérurgie. La raison profonde réside dans le mouvement général de commerce, engendré par les changements du début du siècle, dus à la colonisation. Le métier de forgeron ne nourrit plus son homme. L'équilibre socio-économique n'est plus le même. Les populations ont d'autres besoins et s'orientent vers les nouveaux pôles économiques. Le forgeron ne constitue plus l'homme incontournable sur le plan économique, mais il garde son importance cultuelle.

L'introduction du fer de récupération a, par ailleurs, amené le forgeron à s'adapter à cette nouvelle situation, tant au niveau technique qu'au niveau de la structure de l'atelier de forge.

---

193 KIENDREBEOGO K et Al àTiogo Sept 1988, KINDA O et AL Déc à Réo 1988

194 METUOLE-SUMDA N: *La pénétration coloniale en pays Dagara, 1896-1933*. Doctorat de troisième cycle, 1984, Paris VII, p 234

195 KIENDREBEOGO K ,à Tiogo, Sept, 1988

B. Les conséquences de l'utilisation du fer de récupération au niveau de la forge

S'adapter au fer de récupération a été la première tâche des forgerons. Comme nous l'avons précédemment dit, la méconnaissance technique de ce fer a demandé un long temps d'apprentissage aux forgerons. Zongo Bangba affirme qu'il leur a fallu du temps pour savoir que des objets récupérés dans les épaves de voiture ou n'importe quelle ferraille étaient adaptés à la confection par exemple de la lame ancienne, du briquet, de la daba etc...[196]. Cela a été, à la longue, très profitable pour eux sur le plan technique. Ils gagnent plus de temps dans la confection des objets, leur tâche est allégée. La confection du briquet ancien, à base de fer de récupération, en est un exemple concret.

Au cours des années 1950, le fer de récupération tend à pénétrer plus facilement les colonies de l'intérieur. La demande des populations en matière de matériel en fer s'accroît. Un nouveau type de forge s'installe parallèlement à l'atelier de forge ancien. Tout le matériel est constitué d'éléments en fer de récupération. A la place de l'enclume et des marteaux anciens, des pièces de moteur de voiture sont utilisées. La roue de bicyclette installée avec une poulie sert de soufflerie (fig27, p154). Il s'agit d'un système de soufflerie à turbine. Le foyer est toujours constitué d'un trou simple, avec quelquefois une superstructure circulaire de 30 cm de hauteur environ. L'avantage de celle-ci réside dans la facilité de manipulation pour la production d'air pulsé. Ces ateliers sont le plus souvent installés dans les marchés locaux et les grandes villes comme à Koudougou, où nous avons observé plusieurs d'entre elles. L'installation dans les marchés et grandes villes de cette nouvelle forme de forge s'explique par sa fonction purement économique. Elles servent uniquement à la confection des objets. Aucun sacrifice rituel n'est fait à ce niveau. Ce qui explique la résistance des forges anciennes, qui perdurent jusqu'à nos jours. Pour les forgerons, les pratiques cultuelles liées au métier de forgeron sont la base même de cette fonction. Changer la structure de la forge ancienne, reviendrait à enfreindre les lois divines. Ces mentalités de respect des coutumes, « le rogomiki », qui veut dire littéralement « naître et trouver à sa place » et la peur du changement expliquent en partie, la persistance de la forme ancienne malgré l'existence de la nouvelle forme. L'avantage de celle-ci réside dans la facilité de manipulation pour la production d'air, par son système de poulie, qui permet ainsi d'améliorer le rendement à la forge. Parallèlement au métier qu'il assume, le forgeron entretient avec les populations proches, des relations commerciales très diverses et accentuées sur l'écoulement des produits finis.

VI-3 Métallurgie du fer et commerce

Les activités commerciales liées à la métallurgie du fer dans la province du Bulkiemdé n'étaient pas très développées. Elles dépendaient des périodes et de la production des forgerons. Avant la colonisation, le manque d'autorité forte au 19ème siècle, les guerres entre factions rivales pour le pouvoir politique, les marchands d'esclaves qui se ravitaillaient par des razzias dans cette zone, étaient un problème pour le développement d'un commerce prospère.

---

[196] ZONGO B, à Nandjèla, Sept 1994

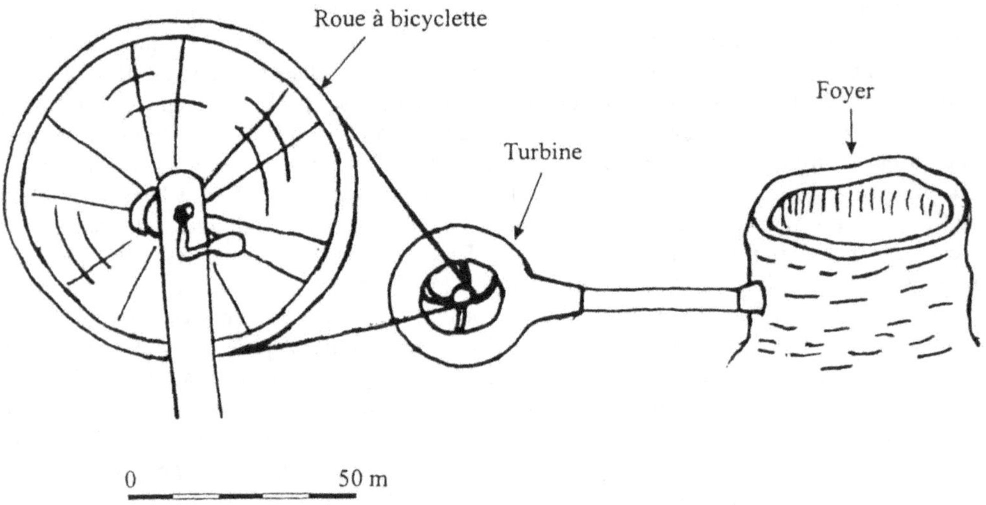

Fig. 27 : nouvelle forme de forge

Cette situation d'insécurité n'a effectivement pas favorisé un commerce florissant dans cette zone qualifiée pourtant de région productrice de fer de qualité.

A. Métallurgie du fer, seule activité du forgeron?

Au Bulkiemdé, les activités du forgeron étaient réparties tout au long de l'année selon les saisons. Pendant la saison sèche, il recherchait son minerai, le réduisait pour avoir une bonne réserve de loupes. A la saison des pluies, période pendant laquelle la demande des produits finis s'accroît, il se consacre aux travaux de la forge, à l'agriculture, à l'élevage et au commerce. En effet, la métallurgie du fer était une activité permanente mais pas unique, car elle ne permettait pas à elle seule de couvrir les besoins du forgeron. Les métallurgistes du Yatenga, de la région de Ouagadougou et les Léla du Sanguié pratiquaient aussi cette parité agriculture et métallurgie. Chez les Bwaba, où il existait une différence entre métallurgistes et forgerons, les deux groupes ne participaient pas aux travaux agricoles. Ils se procuraient des produits agricoles par les échanges commerciaux et les prélèvements chez les agriculteurs[197].

B. Echanges locaux

Les échanges locaux se font dans le village du forgeron, où son atelier constitue le lieu de transaction. Il se déplace aussi dans les marchés de villages voisins pour la vente de plusieurs produits finis. La production locale de loupe suffisait uniquement pour la confection des outils. Le métal brut n'était pas vendu. Ils étaient eux-mêmes obligés de se ravitailler en fer brut dans les provinces voisines, chez les Léla de Réo et les Bwaba, qui produisaient plus de métal brut. Avant la colonisation, la loupe pouvait coûter plus de 1000 cauris dans ces deux régions[198]. D'autres affirment que le prix de la loupe dépend de son poids et varie entre 500 et 1000 cauris[199].

Le forgeron utilise plusieurs modes d'échange, dont les prestations de service, le troc et les cauris. Mais avant de commencer toute transaction, il faisait des cadeaux de dabas au chef de village, au chef de terre et aux personnes nécessiteuses, comme les handicapés et les personnes âgées.

Avant la période coloniale, les objets en fer étaient très rares et des familles entières se déplaçaient pour travailler, en saison pluvieuse, dans les champs des forgerons. En échange, chaque famille recevait une seule daba. Ces travaux pouvaient perdurer deux à trois jours. Un membre de la famille du forgeron se chargeait de la surveillance des travaux. Le troc, par contre, se faisait avec les animaux domestiques comme le poulet (pour une daba) ou la chèvre (pour trois dabas)[200].

Lorsque le forgeron se déplace dans les marchés locaux ou éloignés, à pied, à dos d'âne ou avec des esclaves porteurs, les cauris étaient les plus utilisés comme monnaie d'échange. Les marchés de Ramongo, Poa, Tiogo, Wologteng-Gooden (dans le Bulkiemdé) et de Réo (dans le Sanguié) étaient les plus réputés pour le commerce d'objets en fer. Les clients étaient nombreux et divers. On avait, des femmes, des hommes jeunes et des personnes âgées. Les marchés de Tiogo (à l'ouest de la province du Bulkiemdé) et de Réo,

[197] KIETHEGA J.B., *La métallurgie lourde du fer au Burkina faso, thèse de doctorat* Paris 1, 1996, p 584
[198] NIKIEMA K et aL, à Poa, oct 1996
[199] KIENDREBEOGO K et al, à Tiogo, juillet 1996
[200] NIKIEMA G et AL, à Ralo, 1990, NIKIEMA A., à Poa 1996

distants l'un de l'autre d'environ 7 km, étaient les lieux d'échanges privilégiés avec les métallurgistes du Yatenga, en partance pour le sud dans le cadre de leur commerce. Une daba des forgerons du Bulkiemdé coûtait 700 à 1500 cauris dans les périodes de crise. Alors que, les forgerons du Yatenga la vendaient de 250 à 500 cauris[201]. Certains forgerons se ravitaillaient et les revendaient dans d'autres marchés du Bulkiemdé. Les habitants des villages préféraient les produits du Bulkiemdé, qui pouvaient durer plusieurs années[202]. Selon les mêmes forgerons, les agriculteurs devaient changer chaque année leur daba acheté auprès des forgerons du Yatenga, à cause de la mauvaise qualité du fer. Ce qui n'était pas rentable pour eux[203]. Néanmoins, les enclumes qu'ils troquaient contre des bœufs étaient de bonne qualité. Une enclume se changeait contre 1 à 2 bœufs[204]. Ce commerce du fer, bien qu'il ne soit pas très développé, a contribué à donner une certaine autonomie et une puissance financière aux forgerons de la région. Plusieurs d'entre eux sont parvenus à se constituer un cheptel et à acheter plusieurs esclaves, signe de bien être à cette époque[205].

CONCLUSION PARTIELLE

La forge est l'élément de base qui unit les métallurgistes sur le plan spirituel et cultuel. Elle constitue, pour eux, le fondement du métier de forgeron et de ce fait, elle joue un rôle essentiel au sein des différents villages. L'ouverture du métier de forgeron et son engagement cultuel a contribué à lui donner une place importante dans le milieu traditionnel. Il devient l'artisan incontournable, le plus proche des Dieux de la forge, qui soigne, apaise les querelles et confectionne, par son savoir-faire immense, les matériels nécessaires à la survie de la communauté. La colonisation, avec sa nouvelle donne économique et sociale, contribua à affaiblir la place économique du forgeron. Mais il faut noter que le forgeron avait au fil du temps acquis une certaine force sociale et culturelle qui contribua à ne pas changer cette considération sur le plan social. Le forgeron est resté l'élément central de la société. C'est à dire l'interlocuteur privilégié entre la société non forgeronne profane et les dieux de la forge. Ces derniers sont les ciments de la vie traditionnelle. Ils soignent, protègent, assurent les sépultures et sont garants de la paix sociale. En effet comme précédemment dis, la forge n'est pas uniquement un atelier de transformation de la loupe en produits finis, comme son propriétaire qui n'est pas simplement un artisan forgeron. Son double rôle technique et cultuel entraîna la naissance de plusieurs types de forges sanctuaires.

L'étude métallographique des objets historiques des populations actuelles montre une très grande richesse technologique. Cette performance sur le plan technique se traduit par une bonne épuration du métal de base. La matière première contient moins d'impuretés facilitant ainsi la mise en forme des produits finis à la forge. Il faut signaler qu'atteindre une telle pureté dans le cadre d'épuration de fer issu de la réduction directe du minerai de fer est un grand exploit pour les moyens utilisés à l'époque. L'étude de la lame de doulou et

---

201 ZONGO B et Zongo K, à Nandjèla, nov 1994
202 ZONGO R., à Ralo, sept1988, YAMEOGO Y, à Palogo, nov 1994
203 NIKIEMA G et NIKIEMA K, à Ralo 1990
204 ZONGO B, à Nandjèla, Nov 1994
205 KIENDREBEOGO K, à Tiogo, Juill 1996

du briquet de Nandjèla est un exemple concret de cette bonne maîtrise des techniques de fabrication du fer en produits finis. S'agit -il d'une évolution dans le temps ? Les études métallographiques des objets trouvés pendant les fouilles archéologiques montrent une certaine évolution technique dans le temps dont nous parlerons dans les prochains chapitres.

Chapitre VII

LES RECHERCHES ARCHEOLOGIQUES ET LEURS RAPPORTS AVEC LES DONNEES DES TRADITIONS ORALES

Les fouilles archéologiques que nous avons menés dépendent des résultats de prospection d'une part, et des moyens logistiques et financiers dont nous disposions d'autre part. Eu égard au nombre limité de sites archéologiques de la métallurgie du fer associés aux sites d'habitat, nous avons choisi le village de Wologteng-Gooden, où sont représentés des sites de la métallurgie ancienne du fer et des sites d'habitat, que les traditions orales associent aux mêmes auteurs.

Notre objectif dans cette approche, est de faire une étude qui prenne en compte non seulement les techniques métallurgiques anciennes, mais aussi les auteurs de la sidérurgie ancienne, leur mode de vie, les objets confectionnés et leur technique de fabrication, que nous ne pouvons étudier qu'à travers les sites d'habitat anciens. Les résultats obtenus sont comparés aux données des traditions orales.

VII-1Prospection, localisation et identification des sites.

A. Prospection et choix des sites à fouiller

Nos premiers travaux de prospection ont débuté en 1989 lors de la préparation du mémoire de maîtrise. Mais avant, nous avons bénéficié des données de prospection menées par le laboratoire d'archéologie de l'université de Ouagadougou, sous la direction de M.. Jean-Baptiste Kiéthega, en 1983. Ces travaux nous ont été d'un grand apport. Ils nous ont guidée dans la découverte de nouveaux sites et la prise en compte des zones non encore couvertes. Mis à part la région de Kokologo, que nous n'avons pas pu prospecter pour des raisons financières, les autres départements ont été couverts, mais de façon extensive (carte, p160). Les moyens utilisés (circulation à mobylette) ne permettaient pas une prospection intensive dans toutes les régions, comme nous l'avons fait à Ralo, à Wologteng-Gooden, à Sabou, à Imasgo et à Kindi. Partout où nous sommes passée, nous avons remarqué la présence de restes de scories isolés dans les champs et aux alentours des habitations, sans aucune concentration particulière. Certains sites étaient connus par les habitants du voisinage, qui nous y conduisaient. Nous prospections nous-mêmes aux alentours des sites qui nous avaient été présentés par les traditions orales. C'est ainsi que nous avons découvert des restes de scories dissimulés dans des buissons. La majorité des vestiges de réduction était des sites constitués de scories et de tuyères éparpillées un peu partout dans les champs et aux alentours des concessions. Nous n'avons pas découvert de sites majeurs (en volume) de réduction du fer, mis à part ceux de Wologteng-Gooden (ou Gooden) .

Les sites d'habitat sont situés à Pella, Kindi, Ralo et Wologteng-Gooden. Tout au début, nous avons voulu fouiller tous les sites qui se présentaient à nous, même s'ils n'étaient pas associés à des sites de la métallurgie du fer. Mais étant donné que notre sujet porte sur la production du fer ancien, nous avons privilégié les sites de réduction du fer

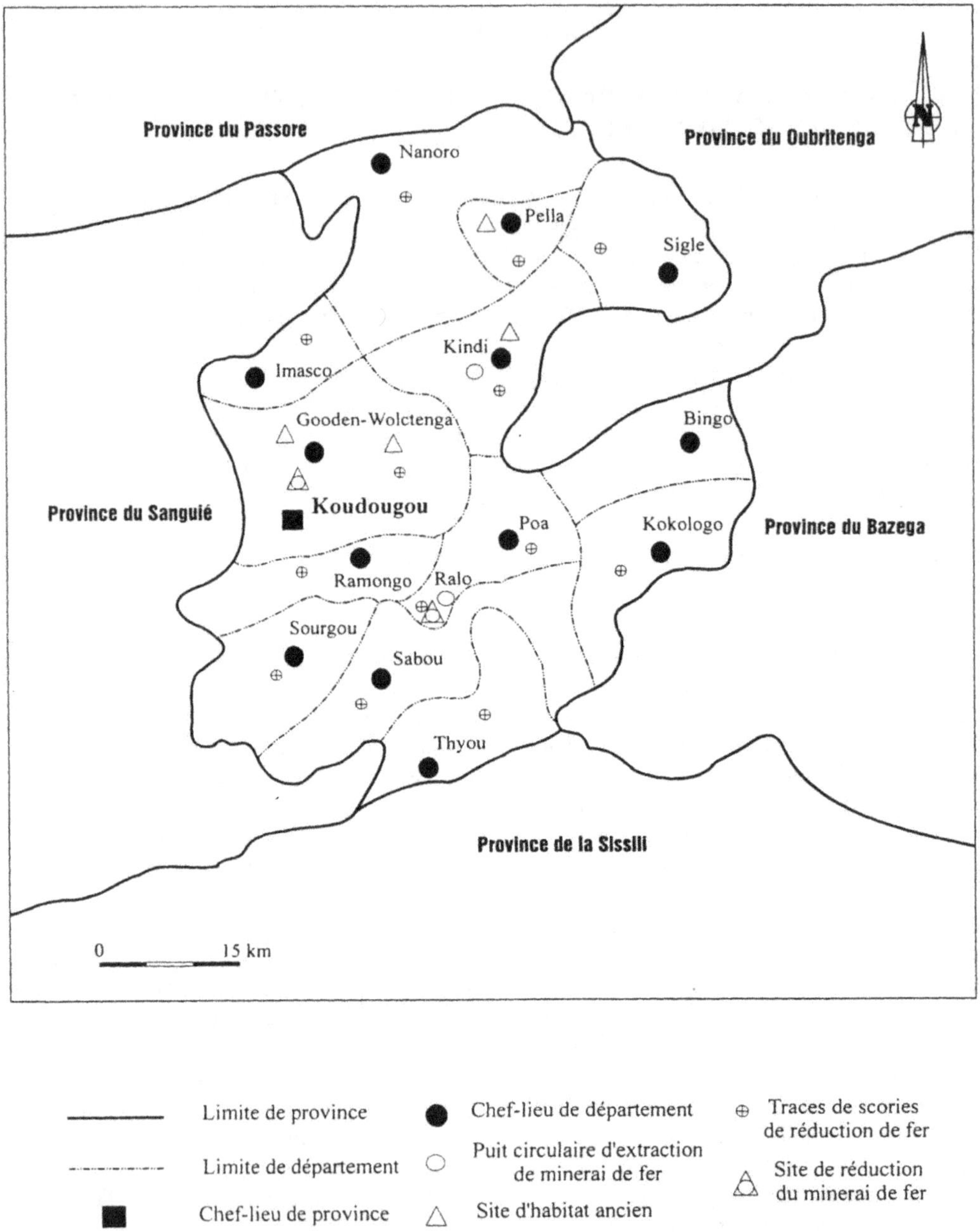

Carte de prospection de la province du Bulkiemdé

cohabitant avec les vestiges d'habitat anciens. Cela nous a permis de faire une étude archéologique, allant de l'extraction du minerai de fer à la confection des objets finis, dont nous allons connaître les techniques de fabrication par l'approche métallographique de certains objets issus des fouilles de sites d'habitat.

B. Localisation et identification des sites

Les fouilles ont été faites dans le village de Wologteng-Gooden (appelé aussi Gooden ou Gooden-wologtenga), au niveau des quartiers Lilbouré, Sondomtengyir et Taagoogo (carte14, p162). Le village de Gooden est situé à 15 km environ au nord du chef-lieu de province, Koudougou. La grande voie non bitumée Koudougou-Yako traverse et divise le village en deux. Ce dernier est arrosé par la rivière M'bigsi, qui s'écoule d'ouest en est. Elle semble avoir été le pôle d'attraction des anciens et nouveaux habitants. En effet, l'ensemble des sites anciens est situé le long de cette dernière, ou juste à côté des bras de rivière.

Chaque site fouillé comporte une identification précise pour la commodité de l'étude. Nous avons procédé à trois campagnes de fouille. Ainsi pour la dénomination, les trois premières lettres du toponyme du village sont accompagnées des deux premières lettres de notre nom de famille, suivi du numéro de levée, de campagne et de l'année en abrégé. Par exemple on a, GOD-Ki-1-I-94 (Gooden, première levée de la première campagne en 1994), GOD-Ki-3-II-94 (Gooden, troisième levée de la deuxième campagne en 1994), GOD-Ki-8-III-94 (Gooden, huitième levée de la troisième campagne en 1994).

VII-2 : Site de réduction du quartier Lilbouré :

A. Description générale du site.

Le site de réduction du quartier Lilbouré (encore appelé Bisguin) se situe à l'ouest de la route Koudougou-Yako, tout juste à quelques mètres de certaines concessions. Un bras de la rivière, M'bigsi, longe la partie nord-est du site, à 10 m environ de ce dernier. Les métallurgistes se sont installés à cet endroit vraisemblablement à cause du besoin en eau pour la construction des fourneaux et autres tâches. Le site s'oriente d'est en ouest et est entièrement entouré de champs de mil. Il s'étend sur une superficie de 2.500 m², qui s'inscrit dans un carré de 50/50 m, avec une butte d'une hauteur de 50 cm environ. La campagne s'étant faite en saison pluvieuse, le site était couvert en partie par d'abondantes herbes et quelques arbustes, dont le neems et *l'Acacia aegyptiaca*. La surface est couverte de grosses scories coulées, avec une concentration au centre du site. Plusieurs bases de fourneau apparaissent. Celles situées au centre du site ont encore des superstructures hautes d'environ 15 cm (photo10, p 163). Les diamètres extérieurs des bases varient entre 1 m et 1,20 m.

En observant les côtés cassés des superstructures, par comptage des parties vitrifiées, on déduit que les fourneaux ont été utilisés deux à trois fois. Les tuyères sur le site sont robustes, de forme cylindrique, certaines mesurent 40 cm de long, avec pour diamètre extérieur 20 à 25 cm.

Une piste traverse la partie ouest du site, du nord-ouest vers le sud-est. Celle-ci a eu un impact important sur les vestiges, d'autant plus que sa configuration à cet endroit diffère de celle des autres parties. La surface y est dénudée, laissant apparaître les extrémités des tuyères disposées en cercle, sans superstructures apparentes (fig28, p164).

Carte de situation

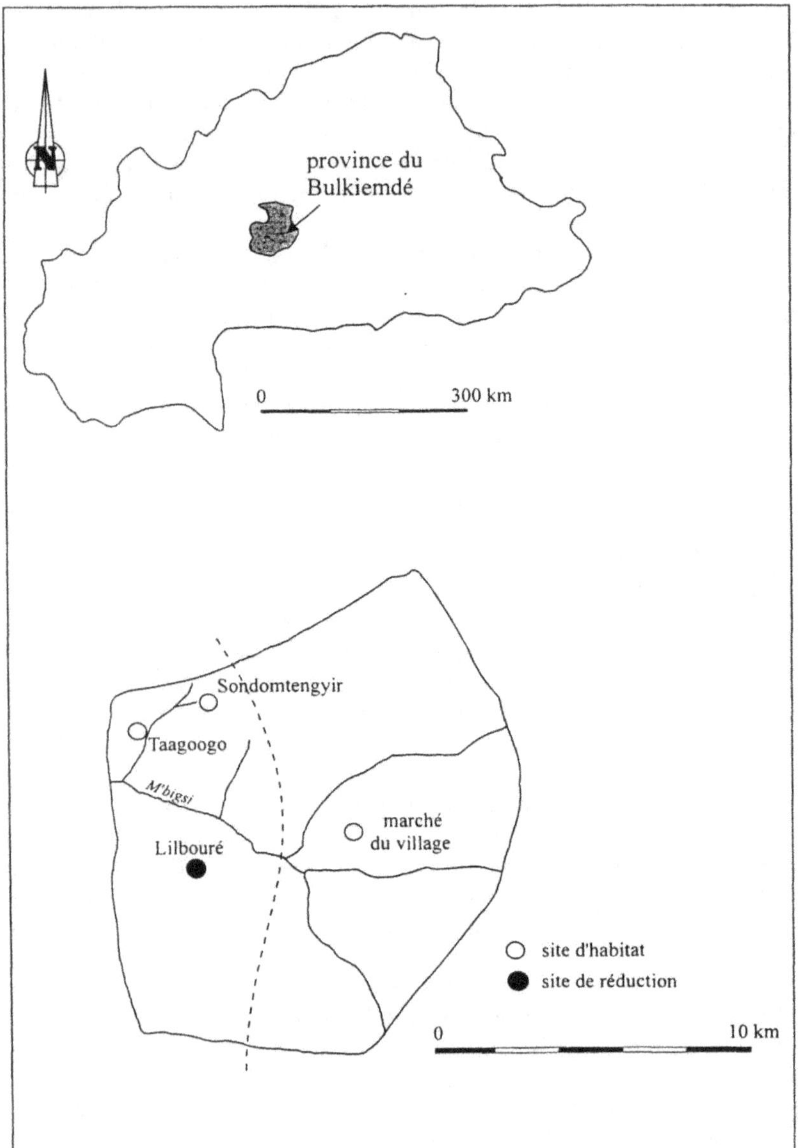

Village de Wologten-Gooden

Photo 10 : base d'un grand bas-fourneau avec une superstructure

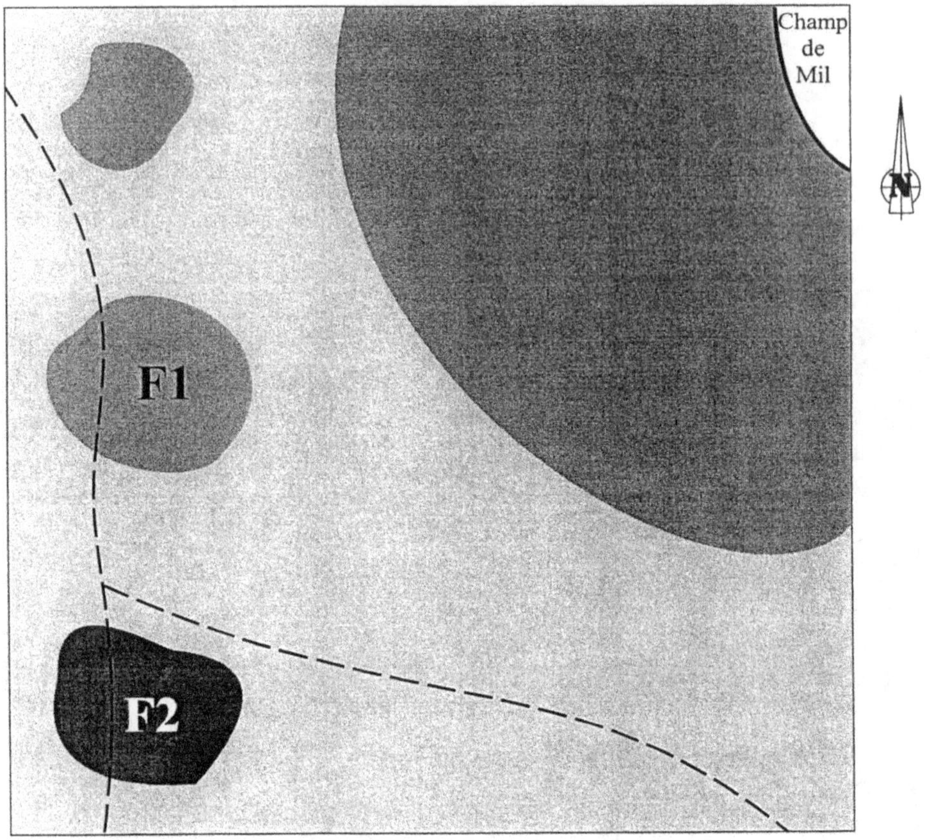

0 10 m

rivière

piste

zone des petits bas-fourneaux

petits morceaux de scorie

base des grands bas-fourneaux et présence de grosses scories

F1 F2 fouille 1 et fouille 2

Fig. 28 : vue d'ensemble du site de réduction

Sur ce site de réduction deux fouilles ont été réalisées. Mais, avant, nous avons installé un carroyage à grande maille de 10/10 m sur toute la surface du site, ce qui donne dans l'ensemble 25 carrés de 10/10 m Chaque carré est relevé sur un papier millimétré, dessiné, décrit, puis photographié permettant ainsi de réaliser un plan de détail de chaque carré. Les fouilles I et II ont été respectivement menées sur les carrés XVI et XXI, au sud-ouest du site (fig29, p166).

B. Fouille des carrés XVI et XXI

Etant donnée la topographie de la partie à fouiller qui se présente en une surface plane, laissant déjà voir les éléments archéologiques du vestige, nous avons tenu à faire un décapage en tenant compte des structures archéologiques, tout en suivant l'unité stratigraphique, dont le contexte est la couche bien individualisée par la couleur, la texture et la dureté.

a. Carré XVI

La fouille I concerne le carré XVI du plan d'ensemble, subdivisé en 100 carreaux de $1m^2$. Ainsi, à partir des tuyères disposées en forme de cercle assez visible en surface, nous avons délimité une surface de 4x2 m^2 soit 8 m^2 qui englobe les carrés N° 67, 68, 69, 70, 77,78, 79, 80, dans le nouveau carroyage, propre au carré XVI. Trois tuyères situées au sud du nouveau carroyage, faisant partie du cercle, ont été laissées comme témoins, hors de la surface de fouille. Sur les 8 m^2, un nouveau carroyage à petites mailles de 50x50 cm est implanté (Photo11 et 12, p167).

-Description de surface de l'ensemble du carré XVI

De petits fragments de scories sont visibles sur toute l'étendue du carré, avec des concentrations différentes d'un endroit à l'autre. L'ensemble de la surface, allant des carrés A1 à A4 et de A à D (fig30, p168) se caractérise par une concentration de petits morceaux de scories, de fragments de tuyères et de parois de fourneaux. De E1 à E4 et de E à H, on a un éclaircissement de la surface, dû à l'impact de la piste, au ruissellement des eaux de pluie et au ramassage des scories de surface par les habitants du village, pour damer l'intérieur des concessions, des cours et certaines voies publiques.

A B1 apparaît une paroi de fourneau en argile. Dans les carrés B2 et B3, on a deux tuyères plantées verticalement dans le sol. Elles sont très robustes avec un diamètre extérieur de 25 cm environ. Dans chacune de leur cavité, est introduite une petite tuyère de diamètre extérieur égal à 13 cm. Certaines des petites tuyères internes ont leurs parois extérieures vitrifiées, la preuve qu'elles ont déjà été utilisées.

-Résultats des fouilles

Le décapage de surface laisse apparaître une couche d'humus de 10 cm d'épaisseur. Elle est constituée d'un sol argilo-sableux de couleur noirâtre, due probablement à l'apport de brûlis successifs des herbes des cultures, drainé par le ruissellement des eaux de pluie. Les petits morceaux de scories de la surface, ramassés avant le décapage, ont disparu, sauf dans les carrés A1 à A4 et de B1 à B4 où il y'a encore une concentration de petits fragments.

Une unité stratigraphique, composée d'un sol argileux compact, se dévoile à une profondeur de 10 cm. Dans ce deuxième niveau, apparaissent aux carrés A1 à A4 et B1 à B4, des fragments de tuyère et de scorie. La couleur de l'argile devient jaune ocre. Dans le carré A3, une tuyère enfouie verticalement dans le sol, ainsi qu'une pierre granitique de forme rectangulaire (300 cm2 environ) et de pendage est-ouest, apparaissent. La pierre a été

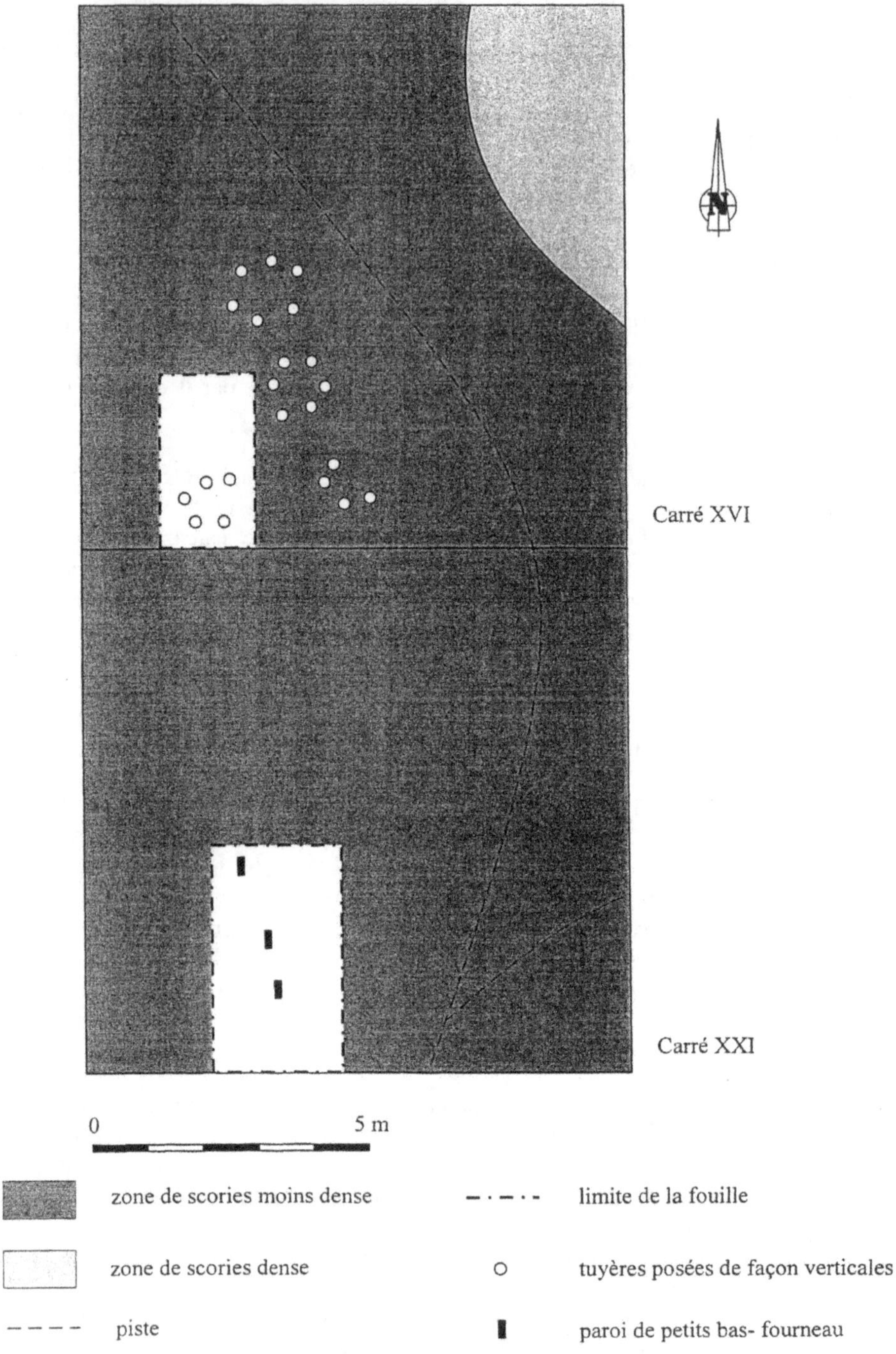

Fig. 29 : plan d'ensemble des carrés XVI et XXI avant les fouilles

Photo 11 : surface du carré XVI

Photo 12 : vue de détail du carré XVI

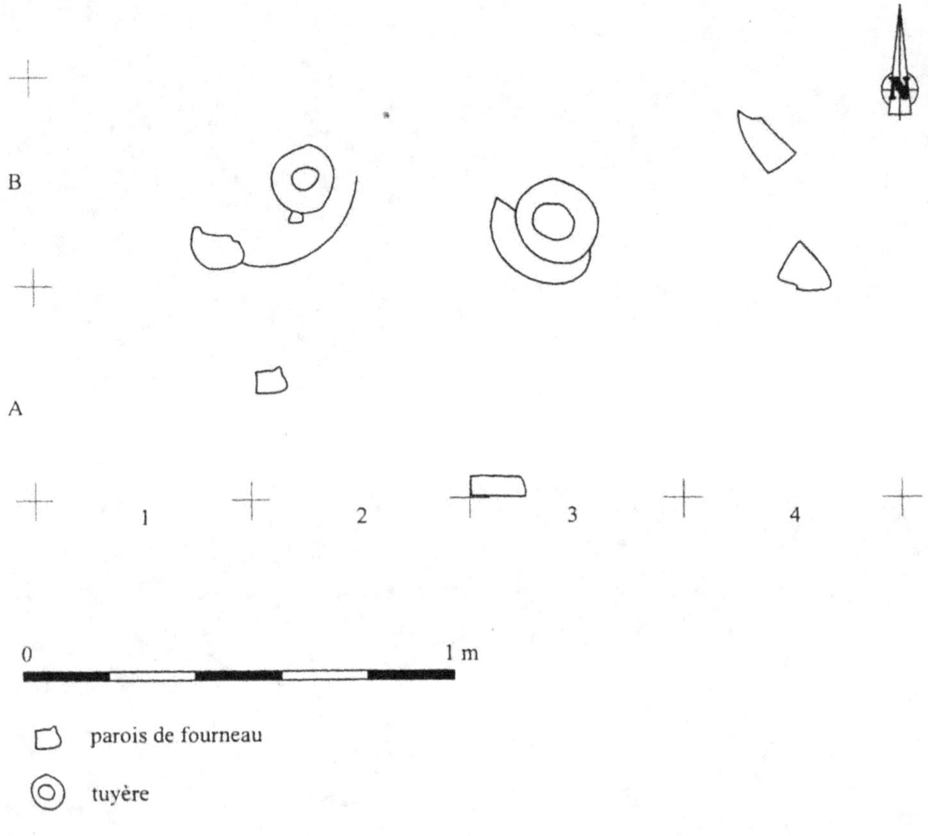

Fig. 30 : schéma de la surface du carré XVI avant la fouille peut-être utilisée pour obstruer l'ouverture principale du fourneau qui se situe au côté ouest de la base. La position de la tuyère en A3 forme, avec les deux autres situées respectivement à B2 et B3, l'allure d'un quart de cercle. Nous sommes sur la base d'un fourneau, au centre duquel nous avons prélevé au carré A2, de la cendre.

L'argile présente, à -20 cm, toujours une couleur jaune ocre, mais devient encore plus compacte. Nous prélevons du charbon friable en A3, des morceaux de scorie, et de la cendre à -20 cm. La couleur de l'argile change en A2 et A3, et devient rouge ocre. Ce changement est probablement dû à l'action du feu à ce niveau. En effet, nous avons à cette profondeur, une forme circulaire qui est la base du fourneau, avec une ouverture de 60 cm au côté ouest, à la jonction du carré A1 et A2. Elle a, sans doute, servi à l'évacuation des impuretés et de la loupe (Photo13 et 14, p170) et (fig31a, p171). La forme circulaire se caractérise par les 6 tuyères (les 3 tuyères laissées comme témoins et les 3 autres du carré de fouille) disposées verticalement et inclinées légèrement en arrière. Des constructions en argile, de 30 cm de longueur, servent de jonction entre les tuyères. Le diamètre extérieur de la base atteint 1m. Aucun reste de système de soufflerie, par tirage forcé d'air, décrit par les traditions orales du Bulkiemdé, n'a été découvert dans cette fouille, ni sur le reste du site. Seuls le diamètre de la base (1m) du fourneau et l'ouverture principale (60 cm) concordent avec le fourneau (bõaaga) des données des traditions orales. Nous sommes probablement sur une base de fourneau à tirage naturel d'air (fig31b, p172). La structure de la base, par la disposition des tuyères, est complètement étrangère aux descriptions des traditionnistes. Cette présentation particulière des tuyères est unique en son genre. En effet, aucune tuyère de ce type n'a été trouvée, ni en fouille, ni signalée par les traditions orales, à l'état actuel des recherches au Burkina Faso. La particularité de ces tuyères réside non seulement dans leur disposition en cercle à la base du fourneau, mais aussi dans leur structure. Les petites tuyères (13 cm de diamètre extérieur) ont leurs parois extérieures vitrifiées. Elles ont donc été déjà utilisées avant d'être incluses dans les cavités des grosses tuyères (25 cm de diamètre extérieur).

Ce fourneau particulier assure t-il une bonne réduction du minerai de fer ? Pour répondre à cette question, nous avons fait des analyses métallographiques, qui permettent de nous situer sur les conditions de réduction du minerai de fer, qui devaient être bonnes compte tenu des résultats obtenus. Les. loupes obtenues dans ces fourneaux étaient-elles transformées directement à la forge ? Ou subissaient-elles un traitement particulier avant la transformation en produits finis dans les différentes forges ? La fouille du carré XXI montre qu'il existe d'autres structures de fourneaux, qui permettent de répondre à ces questions.

B. carré XXI

Le carré XXI du grand ensemble a été divisé en 4 carrés moyens de 5/5 m, en tenant compte du carroyage d'ensemble. Un carroyage à petites mailles de 50/50 cm, sur une surface de 3x2 m, soit 6 m² a été installé, identifié par les lettres A.B.C.D.E.F en longueur et les chiffres 1.2.3.4 en largeur (photo15, p173) et (fig32, P174).

-Description de surface du carré XXI

La surface est traversée par la piste, dont nous avons parlé plus haut, aux carrés D1, D2, E2, E3, F3-F4, entraînant une dénudation de l'aire de fouille. Quelques petits morceaux de scories parsèment la surface. Aux carrés A3, D3, E1, F1, F2, apparaissent des formes que nous avons prises, avant le début de la fouille, pour des morceaux de céramique enfouis. Les carrés E1 et F1 où apparaît une forme circulaire sont laissés comme témoins.

Photo 13 : la base du fourneau du carré XVI avec les grosses tuyères utilisées à la base

Photo 14 : vue de détail de la base du fourneau du carré XVI

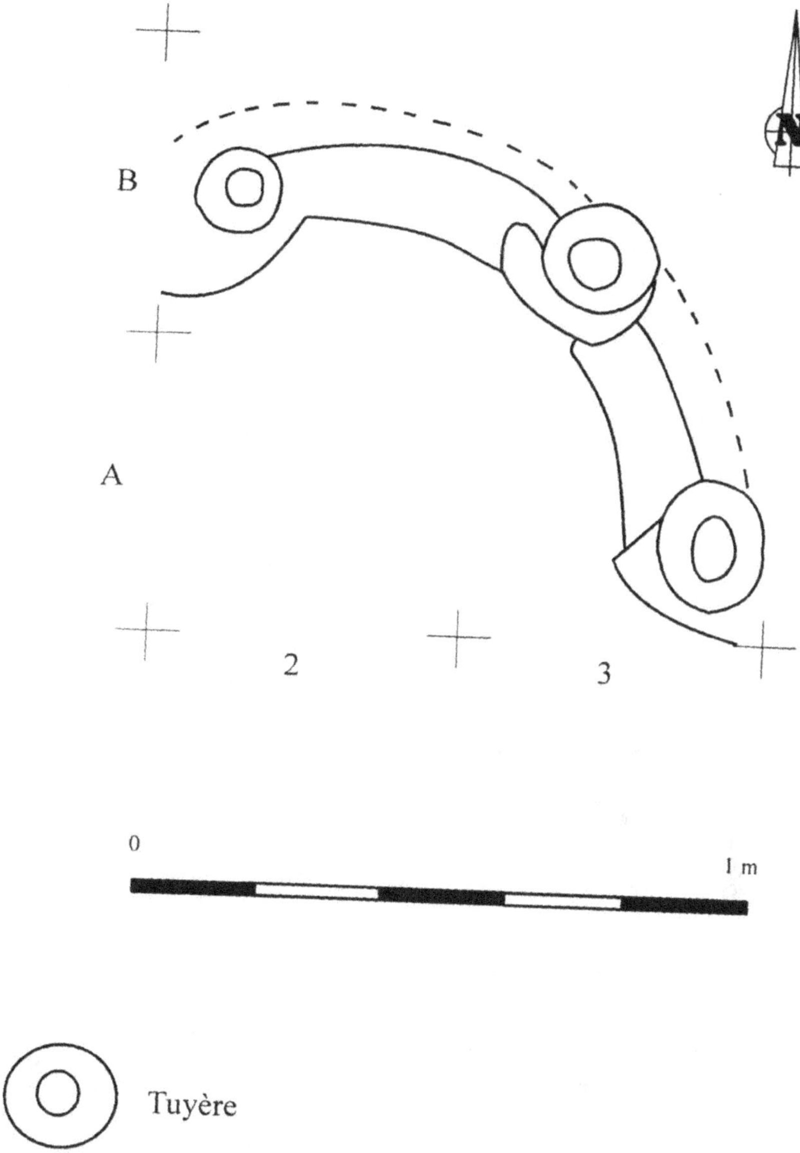

Fig. 31a : fin de la fouille du carré XVI à –20 cm

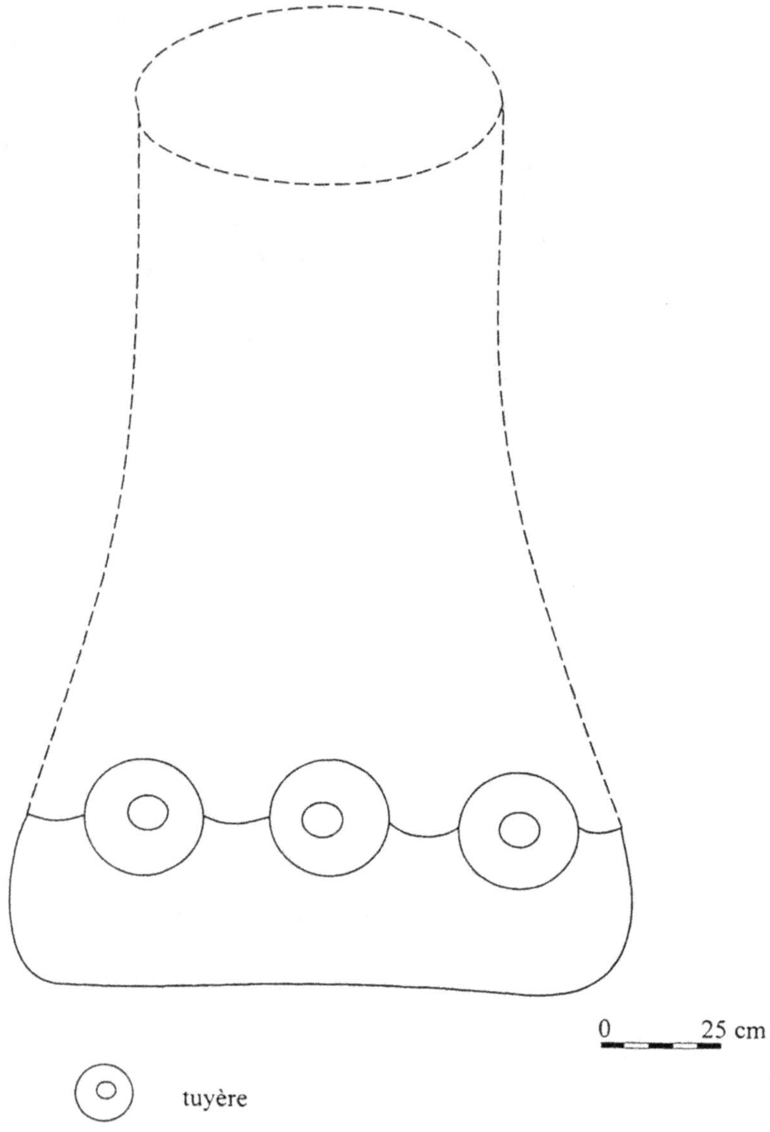

Fig. 31b : reconstitution du bas-fourneau du carré XVI

Photo 15 : la surface du carré XXI

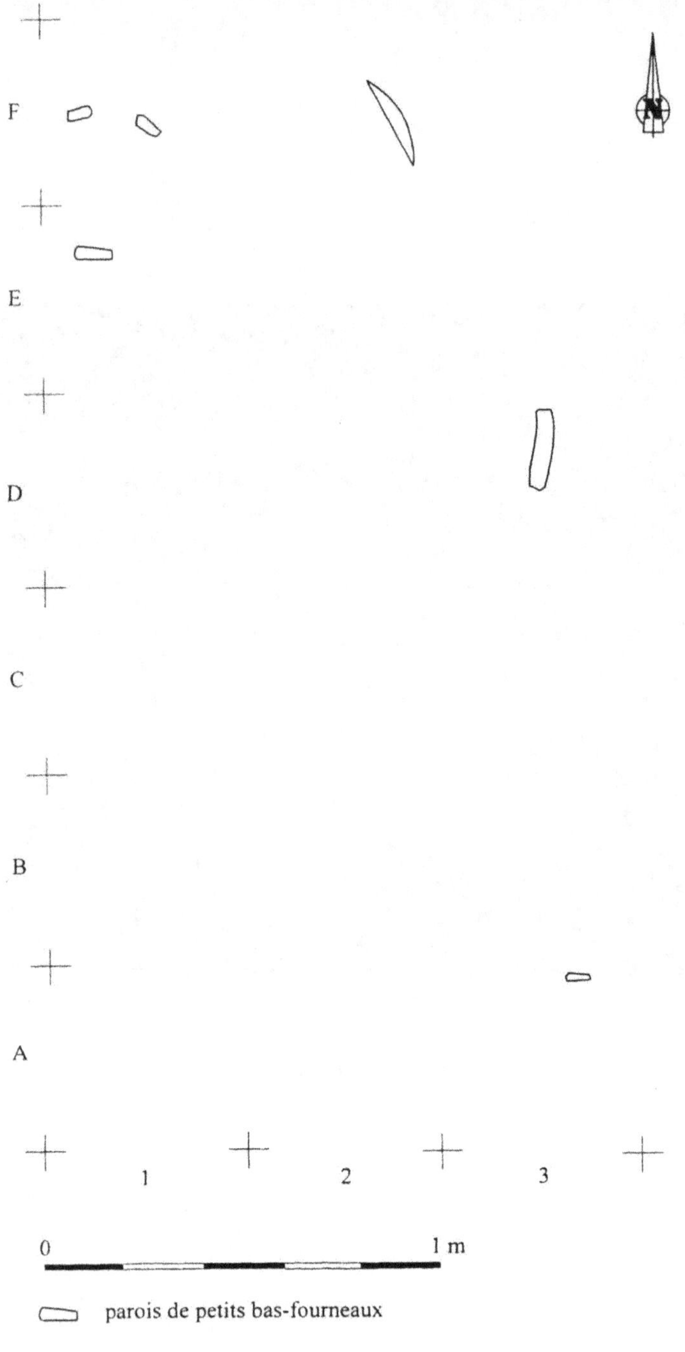

Fig. 32 : schéma de la surface du carré XXI avant la fouille

Résultat de fouille

A -10 cm, le niveau stratigraphique qui seconde la couche d'humus de surface présente un sol d'argile compacte de couleur jaune ocre. A cette même profondeur, en B4, apparaissent du charbon et de la cendre. En B3, C1 et C2 nous prélevons 3 petits morceaux de scorie très légers de 6 à 5 cm de longueur. Leur texture diffère des gros blocs de scorie qui jonchent la surface de l'ensemble du site. Des structures de forme arrondie se dévoilent et sont concentrées dans la partie ouest du grand carré à A2 à F2. A l'intérieur de ces structures ont été prélevés du charbon et des scories.

A une profondeur de -20 cm, une autre unité stratigraphique se révèle. L'argile devient très compacte, de couleur jaune ocre teintée d'un peu de rouge à l'intérieur des structures arrondies, due probablement à l'action du feu à ces endroits. Surtout dans l'enceinte de chaque structure, où la couleur rouge est très prononcée. Elles sont très proches les unes des autres. Cette disposition rend le décapage très difficile. Nous prélevons des scories et du charbon à l'intérieur des structures en E2 et D3 à -30 cm. Le charbon a été daté à 1440-1635 de notre ère, par le laboratoire de radioisotope à Niamey.

Huit structures dégagées, très proches les unes des autres, sont visibles dans le carré XXI. Elles sont de forme circulaire, de hauteur 30 cm, rétrécies à la base (24 cm de diamètre) et élargies au sommet (33 cm de diamètre à l'ouverture) (photo16, p176, photo17 p177) et (fig33, p178). En observant les parois des bords, on se rend compte qu'il existe trois couches dont l'épaisseur est de 2 cm chacune, comme des parois de fourneaux utilisés trois fois. L'intérieur est tapissé de petits morceaux de scorie, tandis que l'extérieur est construit à base d'argile. Aucun système de soufflerie n'a été trouvé sur place. Les bases ne présentent pas d'orifice qui aurait servi à la mise en place d'une soufflerie ou d'un système de ventilation quelconque. Et pourtant, à l'observation de la texture et de la couleur du sol de l'intérieur de chaque structure ronde, il y'a eu l'action du feu au niveau des différentes bases. Ces structures se localisent à 5m au sud du premier fourneau fouillé au carré XVI, et au sud-ouest de l'ensemble du site. La partie nord est effectivement couverte des bases de fourneaux de 1m de diamètre, comme le fourneau du carré XVI, tandis que la partie sud-est du site laisse percevoir les bords de petites structures rondes comme celles du carré XXI. Selon la disposition des structures des carrés XVI et XXI et leur appartenance au même niveau stratigraphique (compte tenu des textures des sols dans les deux carrés de fouilles) (fig34, p179), ces deux structures ont peut-être été utilisées de manière complémentaire. Celles du carré XXI pourraient être des petits bas-fourneaux, dont la fonction est d'épurer les loupes des grands bas-fourneaux. L'étude métallographique des scories apporte des éléments qui confirment cette hypothèse.

C. Etude archéométrique de quelques scories du site de réduction

a. Description générale des scories

La grande majorité de la surface du site, où sont situées les bases de grands bas-fourneaux, se caractérise par la présence de gros blocs de scories coulées, très denses, à emprunt de paille, dont la longueur peut atteindre 30 cm. Les métallurgistes ont probablement utilisé la paille au cours de leur opération de réduction. En effet, les forgerons actuels, comme nous l'avons décrit plus haut, utilisaient les tiges de mil pour la confection du fourneau et le brûlaient après à l'intérieur. Certains forgerons déposaient des tiges de mil à la base du fourneau pour l'allumage et aussi empêcher la loupe de se souder

Photo 16 : petit bas-fourneau du carré XXI

Photo 17 : vue de détail des petits bas-fourneaux

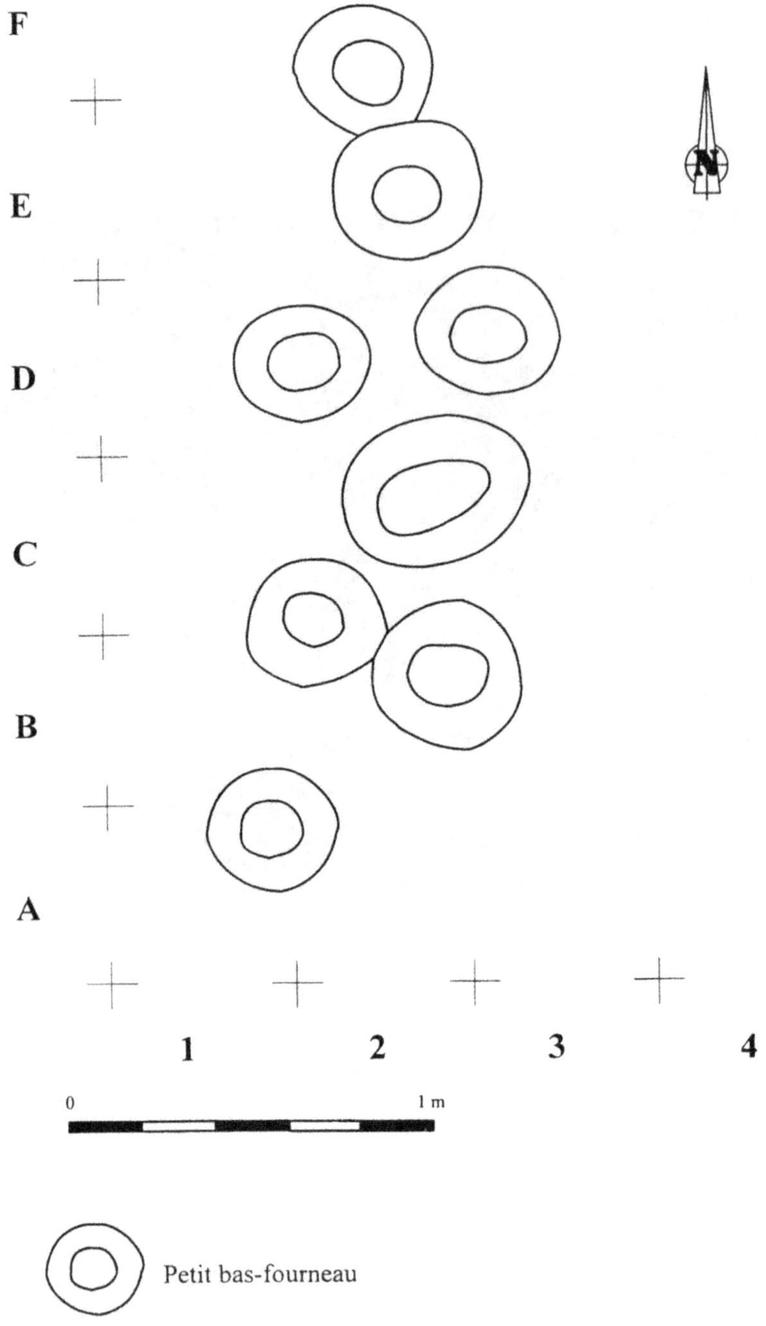

Fig. 33 : fin de la fouille du carré XXI

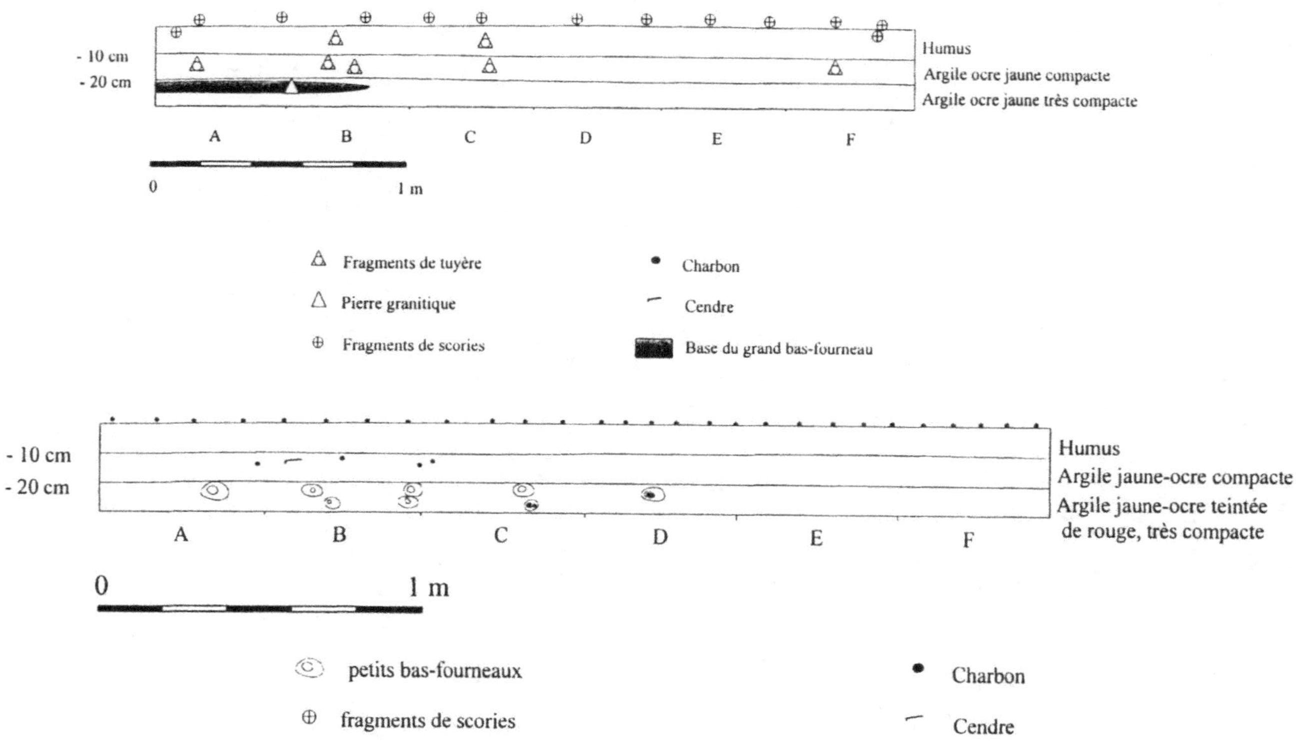

Fig. 34 : coupe schématique du site de réduction, carré XVI, parois est (en haut) et carré XXI, parois est (en bas)

au sol[206].

Les surfaces supérieures des différents blocs des scories du site sont bombées, lisses ou ridées. Plusieurs d'entre eux sont caractérisés par la superposition de plusieurs écoulements indépendants, soudés les uns aux autres (photo18, p181).

Une autre catégorie de scories a été mise au jour à l'intérieur des structures rondes (les petits bas-fourneaux). Elles sont généralement très petites, ne dépassent pas 6 cm de long et extrêmement légères et poreuses (photo19, p182). Les surfaces sont déchiquetées, les couleurs extérieures tirent vers le rouge. On observe à l'œil nu une très grande rareté de métal. Malheureusement, compte tenu de leur petite taille, mis à part l'analyse métallographique, une analyse chimique n'a pas pu être faite.

Le choix des scories à analyser s'est fait en tenant compte des aspects extérieurs, des formes des scories de chaque site. Nous n'avons pas pu faire plusieurs analyses d'échantillons permettant une comparaison des données. Néanmoins ces études apportent des éléments intéressants quant à la mise en place d'un début de recherche sur des scories africaines provenant de bas-fourneaux.

b. Etudes métallographiques des scories

L'interprétation métallographique des scories permet de déceler des indices discriminatoires relativement précis, pouvant différencier l'activité métallurgique. Cependant, on peut rencontrer des cas de processus sidérurgiques où ils ne devraient pas être mis en évidence. Cela peut s'expliquer dans le contexte de la réduction directe du fer par:

-la simultanéité des opérations entreprises sur un même site (réduction, épuration), qui pourrait être le cas du site de réduction de Wologteng-Gooden.

-la présence sur un site d'épuration, de résidus de réduction qui est tout à fait vraisemblable, mais dans ce cas leur proportion relative devrait permettre de déterminer une prépondérance de l'un ou de l'autre.

-la possibilité d'être dans le cas d'opérations incomplètes ou conduisant à des échecs voire de réemploi[207].

-Scorie du carré XVI (grand bas-fourneau de réduction)

Pour pratiquer l'étude métallographique, un petit morceau de la scorie a été prélevé, afin de faciliter les préparations à l'étude (polissage, enrobage dans la résine, observation au microscope). L'analyse métallographique révèle une structure de la matrice relativement homogène (fig35, p183), comportant de nombreuses dendrites de wustite (fe0) (P1, p184). Les éléments métalliques sont très rares et se situent très fréquemment à proximité des porosités (puits de réduction de gaz réducteur Co/Co2). Nous avons une liaison avec la matrice très intime. Il n'y a pas de réoxydation périphérique. Par ailleurs, on remarque, très précisément, un processus d'agglomération des globules métalliques pour constituer un grain de plus grande dimension (germination-croissance) (P1). La structure est essentiellement ferritique. Nous sommes, dans ce cas, en présence d'une scorie qui présente assurément les caractéristiques métallographiques typiques d'une opération de réduction.

---

[206] KIENDREBEOGO, N., Doulou, sept 1994.

[207] FLUZIN P.:« Interprétation des études métallographiques des scories: recherche d'éléments discriminatoires » *colloque de Besançon, 10-13 nov. 1993 sur la sidérurgie ancienne de l'Est de la France dans son contexte européen. Archéologie et archéométrie. Annales littéraires de l'Université de Besançon, 536 série archéologie, 40, p24.*

Photo 18 : échantillon scorie XVI

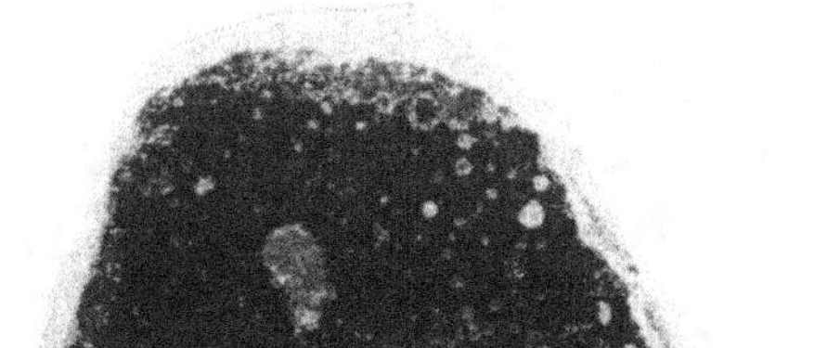

Coupe polie de la scorie XVI

Photo 19 : échantillon scorie XXI

Coupe polie de scorie du carré XXI

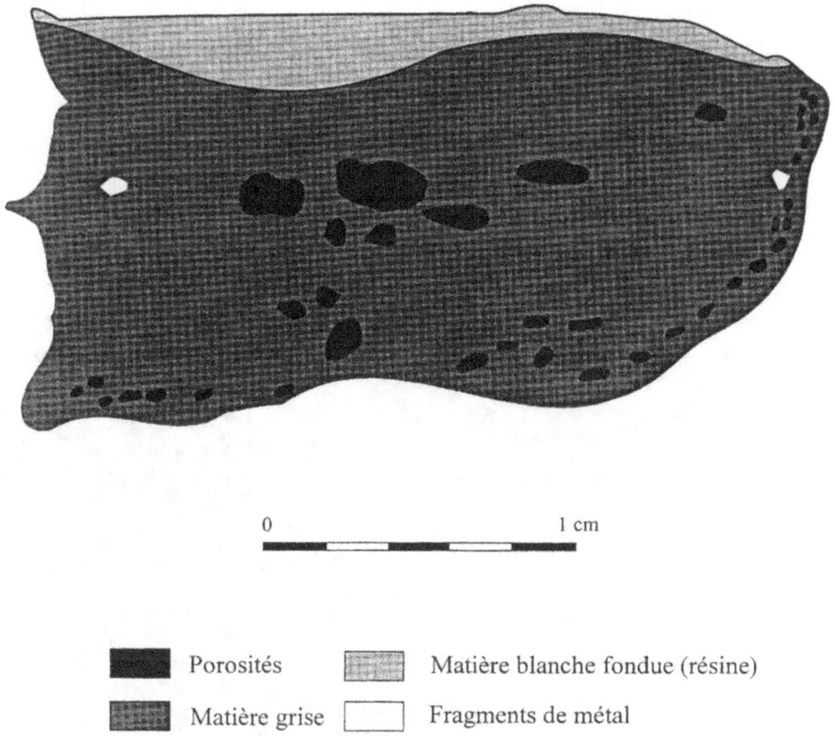

Fig. 35 : schéma de la coupe de la scorie du carré XVI

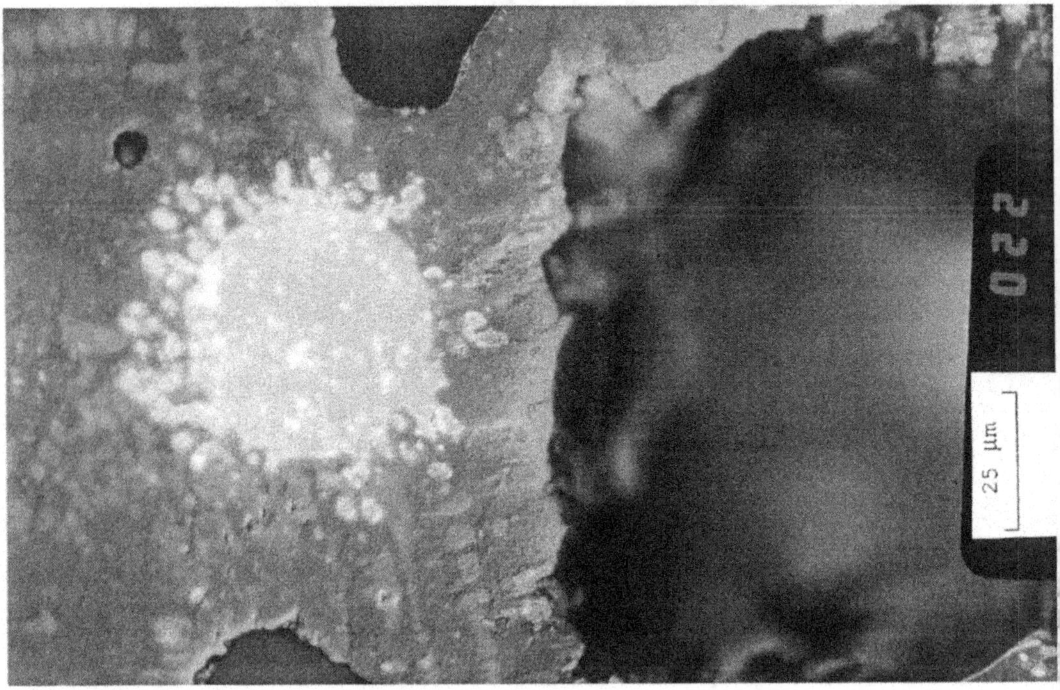

PI : scorie carré XVI, éléments métalliques à proximité des porosités et présence de dendrites de wüstite

Les contours des porosités sont relativement irréguliers, bien que possédant une dominante ovoïdale.

La faible proportion de métal retrouvée dans cette scorie pourrait indiquer une réduction relativement performante[208].

Ces types de grands bas-fourneaux permettraient d'extraire une grande partie du métal du minerai de fer sans perdre le métal en grande quantité dans les scories.

-Scorie provenant des structures rondes du carré XXI (petits bas-fourneaux d'épuration)

La scorie GOD ki I 94 n°5 a été découpée dans le sens de la longueur. Elle a 4 cm de long et est très légère.

L'observation métallographique montre qu'elle est très amorphe avec la présence de quelques îlots de métal très rares (fig36, p186). Certaines parties de la matrice présentent des fragments de métal non cohésif, qui ressemblent à des morceaux de loupe (P1, p187). Cet élément peut-être une preuve que ces structures rondes sont des petits bas-fourneaux utilisés pour l'épuration des loupes des grands bas-fourneaux.

Ceci signifierait que les loupes obtenues dans les grands bas-fourneaux seraient un mélange de fer, de scories et de charbon, qui n'était pas utilisable directement à la forge.

Il fallait ainsi les retraiter dans les petits bas-fourneaux, pour les débarrasser de ces différentes impuretés.

Cette étude métallographique confirmerait l'hypothèse de la simultanéité des opérations de réduction et d'épuration entreprise sur un même site. Cette pratique n'a pas été non plus signalée par les traditions orales de la région.

Les fouilles et les recherches sur la métallurgie du fer au Burkina Faso n'ont pas mis au jour, à l'état actuel des recherches, la simultanéité des opérations de réduction et d'épuration sur un même site dans ce type de bas-fourneau.

Nous avons voulu faire une analyse chimique des scories des petits et des grands bas-fourneaux, afin de déterminer si elles avaient des compositions chimiques proches et connaître les conditions de réduction. Mais, malheureusement, la quantité des scories des petits bas-fourneaux s'est avérée insuffisante pour une analyse chimique concluante.

Deux scories des grands bas-fourneaux et une scorie d'un site des forgerons actuels du village de Wologteng-Gooden ont pu être analysées.

c. Analyses chimiques de scories de sites de réduction

Les analyses chimiques des scories de réduction permettent d'identifier les principaux constituants qui caractérisent l'échantillon et certaines conditions de réduction. En ce qui concerne la détection des principaux constituants, la technique d'analyse par spectrométrie d'émission est employée.

Quelques grammes du matériau sont prélevés, dissous par attaque acide et nébulisés dans une flamme. Ces analyses ont été faites au Centre de Recherches Pétrographiques et Géochimiques Spectrochimies (Service d'Analyses des Roches du C.N.R.S. à Nancy).

[208] FLUZIN P, BENOIT P, KIENON T H, KIETHEGA J B, EL KEDIM: « Apports de l'archéométrie à la restitution de la chaîne opératoire des procédés sidérurgiques directs à partir des vestiges archéologiques; intérêt des comparaisons ethnoarchéologiques. » Norberg Conference on May 8-13, 1995,*The Importance of Ironmaking Technical Innovation and Social Change* p 56-64

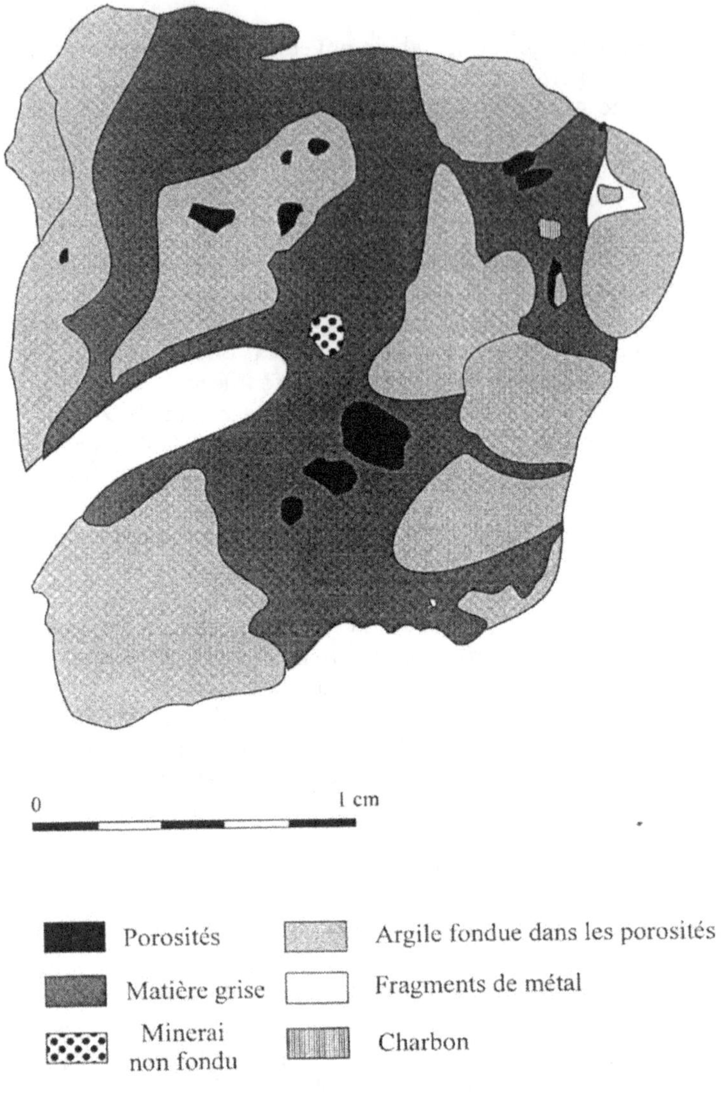

Fig. 36 : coupe schématique de la scorie du carré XXI

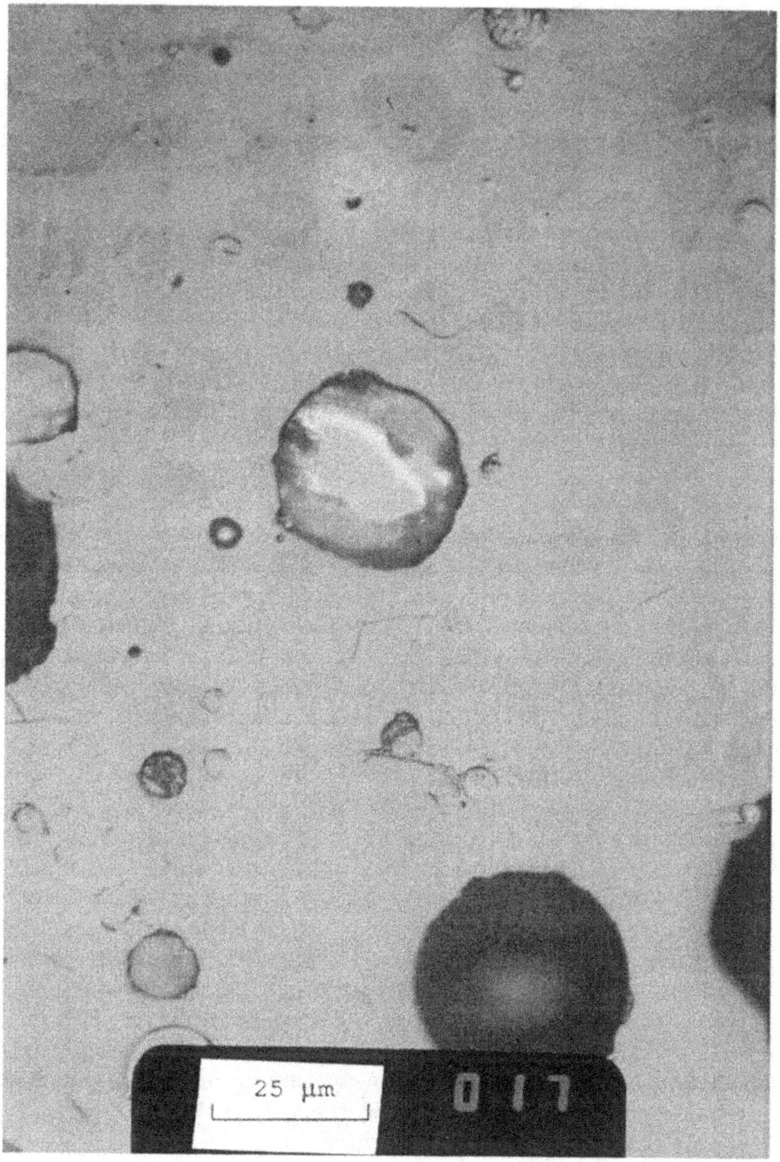

P1 : scorie du carré XXI, îlots de métal et résidus de loupe dans la matrice

L'effet thermique provoque l'émission de raies qui sont caractéristiques des éléments constitutifs de l'échantillon. Deux scories prélevées au niveau de la fouille du fourneau (carré XVI) (A, B) ont été soumises aux analyses chimiques. Ces résultats sont aussi comparés à ceux des scories provenant de réduction de fer des ancêtres des habitants actuels. Ainsi, a été fait un prélèvement de surface sur un site du village que les traditions orales attribuent aux forgerons actuels (C). Ceux-ci ont abandonné l'activité depuis la pénétration du fer de récupération pendant la période coloniale.

Trois prélèvements (A.B.C) différents ont été faits sur chacun de ces échantillons. Pour les deux scories du carré XVI (scories A, B), les principaux constituants sont, le fer à différents états d'oxydation, la silice et l'alumine ; le total forme plus de 90% de la scorie. Au niveau des autres éléments majeurs, seule la chaux atteint des teneurs supérieures à 3%, les autres sont moins abondants. Les compositions chimiques des deux scories sont identiques avec des variations moindres (le Sio2 0,9%, le Al2o3 1,98%, le Fe2o3 9,17%, le Mgo 0,81%, le Cao 5,43%, les autres sont insignifiants) au niveau des éléments majeurs. Certains éléments mineurs sont très stables[209], d'autres beaucoup moins[210]. Les éléments comme le Cu, le Rb, le Sr, le U et le Zn montrent des variations relatives fortes. Mais, là, il faut tenir compte des incertitudes de mesure, à cause de la faiblesse des teneurs. Ces analyses montrent qu'il y a plus d'apport dans la scorie B que dans la scorie A. Les profils T.R. (Terres Rares) des deux scories A et B (fig37, p189) et les analyses chimiques prouvent qu'elles ont à peu près la même chimie et sont plus proches. En revanche, la chimie de la scorie C des forgerons actuels, de type réduction et son T.R. plat (fig37, P189), sont nettement différents des deux autres. Cela peut être dû à des techniques de réduction et à l'utilisation de matières premières différentes (les minerais). Les anciens occupants ont utilisé des techniques de réduction et des minerais différents des forgerons actuels. Ce qui expliquerait cette grande différence dans la composition chimique.

D. Interprétation générale

Les fouilles des carrés XVI et XXI ont été relativement riches. Deux types de structures de bas-fourneaux, dont les architectures n'ont jamais été signalées par les traditions orales de la province du Bulkiemdé et de petits morceaux de scorie et de charbon, ont été mis au jour. Le grand bas-fourneau, dont la base a été découverte à -20 cm (carré XVI), est associé aux petits bas-fourneaux découverts à -30 cm. Les deux types de fourneau se trouvent au même niveau stratigraphique. En effet, les textures des sols sont identiques dans les deux niveaux stratigraphiques. Ce qui expliquerait qu'ils sont de la même époque. Le charbon trouvé à -30 cm dans l'un des petits bas-fourneaux, a été daté au C14 à 1440-1635 de notre ère. Les données des traditions orales situent les sites de réduction antérieurs au XVIème siècle, période à laquelle s'est installée la chefferie du village. Cette date relative ne s'éloigne pas assez de cette datation au C14.

Les analyses métallographiques et chimiques ont prouvé que le fourneau du carré XVI, le grand bas-fourneau est bien de type réduction. Une grande partie de la surface du site est couverte du même type de bases de fourneau. Celles-ci, conservant encore de petites superstructures, montrent que les tuyères ont été utilisées au niveau de la base du fourneau uniquement et peuvent avoir eu deux fonctions. Compte tenu de leur robustesse, elles

---

[209] Cd, Ce, Co, Cs, Dy, Eu, Ga, Ge, Hf, Ho, Lu, Nb, Nd, Pr, Sm, Sn, Ta, Tb, Th, Tm, V, W,Y, Yb, Zr

[210] As, Ba, Be, Bi, Cr, Er, Gd, In, La, Mo, Ni, Pb, Sb

A

14 Terres Rares-Courbe normalisée, basée sur Chondrite CI

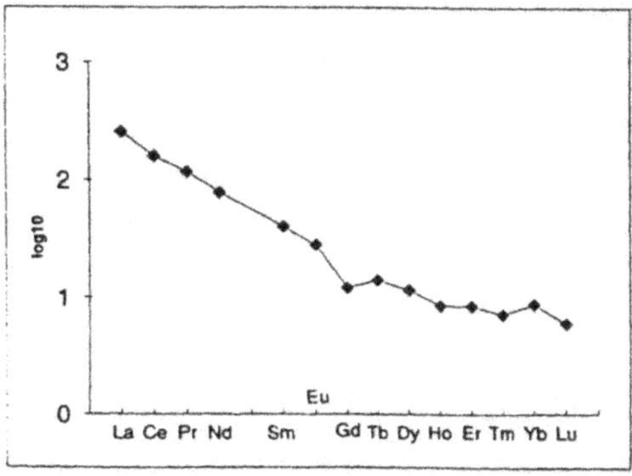

	ppm
La	62.34
Ce	101.1
Pr	11.23
Nd	37.49
Sm	6.12
Eu	1.62
Gd	2.44
Tb	0.52
Dy	2.89
Ho	0.479
Er	1.391
Tm	0.182
Yb	1.443
Lu	0.153

B

14 Terres Rares-Courbe normalisée, basée sur Chondrite CI

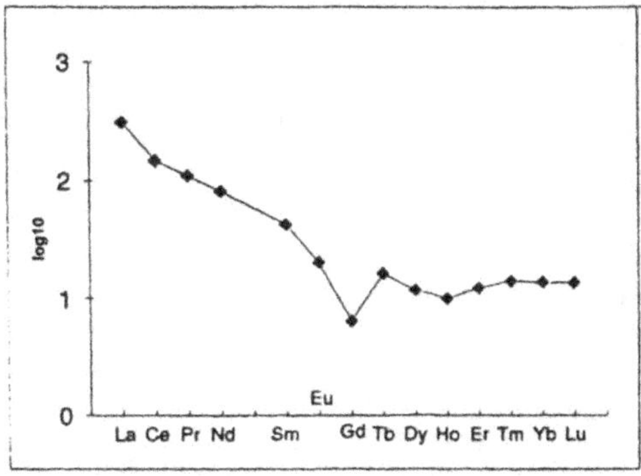

	ppm
La	75.14
Ce	94.29
Pr	10.54
Nd	38.23
Sm	6.51
Eu	1.16
Gd	1.287
Tb	0.61
Dy	2.96
Ho	0.566
Er	2.03
Tm	0.36
Yb	2.25
Lu	0.35

C

14 Terres Rares-Courbe normalisée, basée sur Chondrite CI

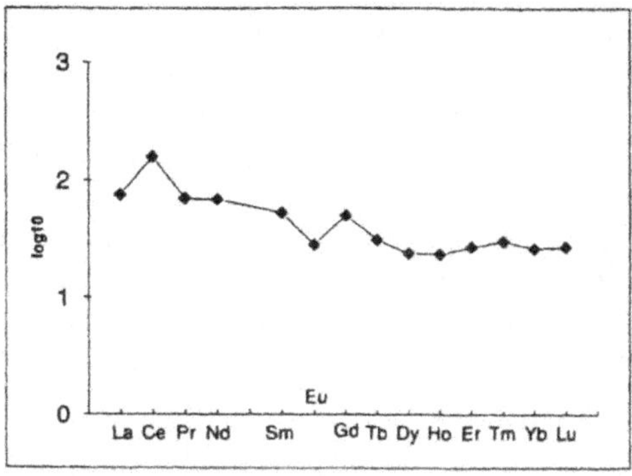

	ppm
La	18.4
Ce	100.8
Pr	6.71
Nd	32.44
Sm	8.04
Eu	1.63
Gd	10.12
Tb	1.16
Dy	6.0
Ho	1.33
Er	4.44
Tm	0.77
Yb	4.33
Lu	0.68

Fig. 37 : courbes de terres rares des scories A-BC

permettraient, d'une part, de renforcer la base du fourneau et d'autre part de l'alimenter en air nécessaire pour la réduction du minerai de fer. Nous sommes probablement en présence d'un fourneau à tirage naturel d'air, de taille moyenne si on le compare avec les grands fourneaux du Yatenga.

La différence avec ceux du Yatenga réside aussi au niveau du volume, du mode d'emboîtement des tuyères et de leur nombre (de 9 à 11 tuyères). Au Yatenga, les tuyères ne sont pas non plus intégrées dans la structure de construction de la base du fourneau. Elles sont aussi, de loin, plus petites que celles des fouilles et ne possèdent pas une tuyère centrale.

Les résultats des fouilles du carré XXI nous ont surpris avec l'apparition des structures arrondies, installées tout juste à côté des fourneaux de réduction, que nous avons appelés petits bas-fourneaux. Au vu des résultats archéologiques et métallographiques, ils auraient servi à épurer les loupes sorties des grands bas-fourneaux, afin de les débarrasser de la majorité des impuretés, qui pourraient gêner le travail de forge. L'aspect et la grande légèreté des scories trouvées dans ces sortes de bas-fourneaux montrent qu'elles ne sont pas issues d'une première réduction.

Les résultats de l'étude métallographique de scories, prélevée dans l'une des structures, renforcent cette hypothèse, avec la présence de morceaux de loupe dans la scorie. Ces bas-fourneaux ont probablement été utilisés pour l'épuration des loupes provenant des grands bas-fourneaux. La proximité de ces deux types de bas-fourneaux explique bien la volonté des métallurgistes de faciliter leur travail.

L'épuration de la loupe de fer, encore riche en minerai et charbon de bois dans ce genre de bas-fourneau, a été signalée au Tchad et en zone forestière en Côte d'Ivoire[211]. Ces fourneaux peuvent être rapprochés aux fêfêbse (ou fononsé appellation selon les régions) cités plus haut, que les traditionnistes présentent comme les premiers à être utilisés dans la région avant les grands fourneaux à tirage forcé d'air. Mais les traditions orales du Bulkiemdé n'ont pas signalé leur association avec un autre fourneau. En plus de cela, ils ne sont pas présentés comme des bas-fourneaux d'épuration, mais de réduction du minerai de fer.

M. Jean-Baptiste Kiéthéga a découvert le même type de petits bas-fourneaux en fouille, dans la province du Bam et du Sanmatenga, mais aucun d'eux n'a été associé à des vestiges de grand bas-fourneau. Ils sont probablement utilisés hors de l'espace initial de réduction. Il signale dans le Yatenga, l'existence du petit bas-fourneau, *fonoga* qui fonctionne comme un fourneau à tirage forcé d'air. Il avait une ouverture à l'est où l'on fixait une seule soufflerie. A l'ouest, une tuyère fixée servait à évacuer les scories. Le *fonoga* servait à recuire le minerai mal réduit dans le grand fourneau. Il suffisait de l'incliner pour extraire la loupe.[212] Dans les petits bas-fourneaux de Wologteng-Gooden, le mode de fonctionnement reste toujours sans réponse. Aucune ouverture qui aurait pu servir à la ventilation n'est visible à la base. Les superstructures de ces bas-fourneaux étaient peut-être plus hautes (60 cm~) et la soufflerie installée à mi-hauteur. Cette partie aurait été détruite au cours du temps.

---

[211] GREBENART G.: *Les premiers métallurgistes en Afrique occidentale*, Paris NEA 1988, 290p, p32
PORTIERES R: « A propos de l'industrie du fer en Afrique occidentale dans la zone forestière. » *Bulletin du comité d'études historiques et scientifiques »*, TXXI, p 463-466, p 466.
[212] KIETHEGA J.B.: *La métallurgie lourde du fer au Burkina Faso*. Thèse de doctorat d'Etat.

Les sites de réduction ont été associés à des sites d'habitat que nous avons fouillés, afin d'avoir une étude complète qui ne mettrait pas d'un côté l'industrie et de l'autre la vie de ceux qui en seraient peut-être les auteurs. Qui étaient ces habitants ? Quel était leur mode de vie? Quels sont les objets en fer qu'ils confectionnaient? Et quelle technique de fabrication employaient-ils?

VII-3 Site d'habitat des quartiers Sondomtengyir et Taagoogo

A.Le site d'habitat de Sondomtengyir

a. Description du site

Le site d'habitat de Sondomtengyir se situe à environ 1,5 km au nord-ouest de la voie non bitumée koudougou Yako et à 2 km au nord du site de réduction de Lilbouré. Il est situé à proximité d'un bras de la rivière M'bigsi. Il s'oriente d'est en ouest et s'étend sur une superficie de 600 m^2, formant un rectangle de 30 m sur 20 m, avec une butte d'une hauteur de 40 cm. Le centre du site est occupé par un grand Bombax costantum d'environ 6 m de haut, 4,5 m de pourtour au niveau du tronc et 6,10 m à la base (photo 20, p 192). Le site se trouve dans un champ de mil qu'il nous a fallu déblayer avec la permission du propriétaire contre rémunération. A part la petite butte et quelques morceaux de céramique aucune structure n'apparaît. Le site est signalé comme antérieur à l'installation des nouveaux arrivants. Les habitations actuelles sont à 500 m environ de ce site d'habitat.

Pour la fouille, nous avons subdivisé le site en 6 carrés de 10 m sur 10m. Le carré III a abrité le fouille juste à côté du Bombax costantum.

b. Fouille- résultat-interprétation

La superficie de 600 m^2 (sauf la partie occupée par le *Bombax costantum)* a été subdivisée en petits carrés de 50 cm. La longueur est numérotée de 1 à 10 tandis que la largeur est identifiée par les lettres de A à H (fig 38, p 193).

Une couche d'humus compacte très noire et de grosses racines persistent jusqu'à -20 cm. Les premiers fragments de céramiques se dévoilent à ce niveau au carré A9, D5, H4, C10, A1, C6, D4. Toute la surface est parsemée de grosses racines du *Bombax costantum*, qu'il nous a fallu arracher afin de pouvoir continuer la fouille. Cette couche d'humus a été très perturbée par les racines du Bombax costantum, qui occupe le centre du site. Il est postérieur au site d'habitat sur lequel il pousse.

A partir de -20 cm un autre niveau stratigraphique apparaît, constitué d'un sol argileux ocre claire. Nous prélevons des pierres granitiques en grande décomposition et un petit morceau de scorie. Plusieurs morceaux de céramiques sont mis au jour en B7, B8, A7, B2, A1, B1, C3, C6. La concentration de la céramique se situe au niveau des carrés allant de A - C à 1- 6. Ce sont surtout des fragments de bord et de corps. Dans les carrés C4, C5 apparaît un foyer à -40 cm, composé de trois pierres ferrugineuses en décomposition, d'une petite quantité de cendre, de petits morceaux de charbon et d'un gros morceau de fragment de bord et corps d'une marmite de couleur rouge, avec une couche noire de carbone à la base, due probablement à l'impact du feu. A ce niveau, le sol est très noir par rapport au reste du carré de fouille. Nous sommes sur une aire de cuisine. Des fragments d'os ont été prélevés en C5, au niveau du foyer, ainsi que des morceaux de granites en B5, B6. Ils devaient servir à maintenir au sol les marmites chaudes venant du feu, afin qu'elles ne tombent pas, comme le font actuellement les ménagères du Bulkiemdé.

Photo 20 : Bombax Constantum au centre du site de Sondomtengyir

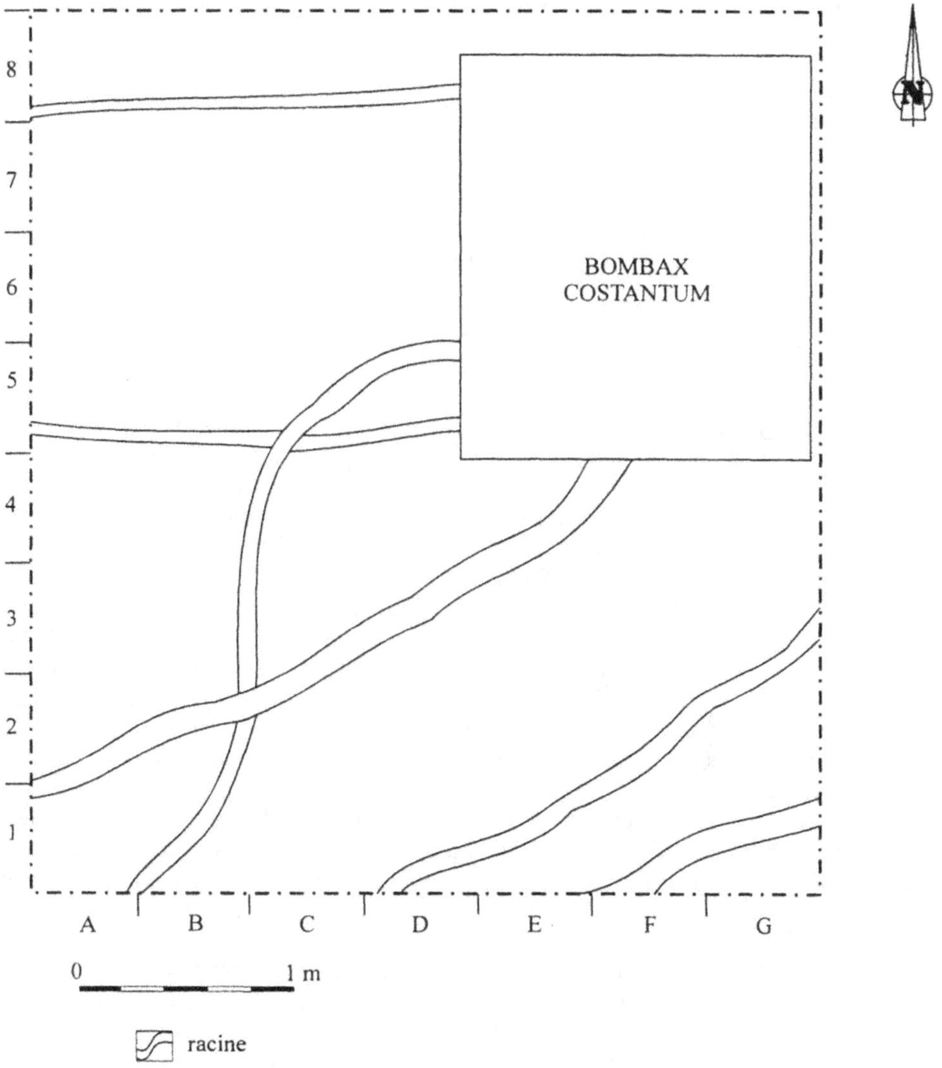

Fig. 38 : surface du carré de fouille III de Sondomtengyir

Les fragments de céramique ont des décors très divers et présentent une bonne facture. Le charbon prélevé dans le foyer a été daté à 895- 1030 + ou - 70 de notre ère. A - 50 cm, la couche argileuse ocre clair devient plus foncée avec la présence de gravillons. Il s'agit peut-être de la base de la concession, d'autant qu'elle est constituée de gravillons ferrugineux disposés comme s'ils avaient été damés auparavant. Actuellement, les habitants du Bulkiemdé dament les sols de leurs concessions, à l'intérieur comme à l'extérieur, avec des gravillons ou nodules ferrugineux, qu'ils enduisent ensuite avec de la bouse de vaches pour les faire noircir et briller[213]. A -60 cm, dans la paroi nord du carré de fouille en B10 apparaissent une grosse jarre brisée à moitié (soutenue à la base par une pierre granitique au niveau du fond) et un manteau de terre cuite couleur ocre dans les carrés C10 et D10. Près de 17 morceaux de fragments de bord et de corps de céramiques ont été dénombrés dans cette couche. Elle est du même faciès culturel que la céramique de la couche datée plus haut. En effet, les fragments des deux niveaux ont les mêmes caractéristiques. Le fond de la jarre constitue la fin de ce niveau stratigraphique. Le manteau de terre cuite est probablement la base d'une construction qui s'est effondrée et a disparu dans le niveau stratigraphique. Cet effondrement est peut-être à l'origine de la brisure de la jarre.

A -70 cm, à la couche ocre foncée succède une argile compacte très dure rouge ocre clair. Des pierres ferrugineuses apparaissent encore en D9, B9, D7, C34. La céramique devient rare avec seulement deux morceaux prélevés, présentant les même caractéristiques que la céramique du niveau stratigraphique précédent. Un seul objet métallique de 7 cm de longueur, ressemblant à l'extrémité d'une flèche, est identifié dans cette couche à -75 cm. Celle-ci constitue un niveau stratigraphique antérieur à la couche précédente. Ce qui signifierait probablement que l'activité métallurgique était connue dans ce village avant 895-1030 de notre ère. Nous restons quand même prudente car elle constitue la seule datation que nous avons pu avoir par un échantillon de charbon à - 40 cm (N° Laboratoire NIA 126 désignation GOD-Ki II 94 (17)).

Nous posons cette hypothèse d'autant plus qu'en observant les niveaux stratigraphiques, ils présentent la coupe d'une occupation continue jusqu'à l'abandon du site (fig 39, p195). Le matériel céramique a un même faciès culturel. Sauf la céramique de la première unité stratigraphique, qui, contient des dégraissants à base de chamottes et quelques rares tessons à base de nodules ferrugineux ; contrairement à la céramique des unités stratigraphiques antérieures, qui est faite de pâte grossière renfermant uniquement de petits nodules ferrugineux. Il pourrait s'agir d'une évolution dans l'industrie céramique (nous l'étudions dans le chapitre sur l'étude céramique). Les caractéristiques des couches sont bien celles des couches anthropiques. Les niveaux des sols sont le plus souvent compactés ; il y a aussi l'inclusion de gravillons dans l'argile et la position horizontale de la plupart des tessons de céramique. A tout cela s'ajoute la présence de charbon, de cendre, d'os et de foyers.

Les traditions orales de ce village attribuent ces habitats anciens aux auteurs des vestiges de réduction de la métallurgie du fer. Le site de réduction fouillé est daté du milieu du XVeme au XVIeme siècle de notre ère, soit quatre siècles de décalage entre les deux sites. Les auteurs du site d'habitat sont-ils ceux qui réduisaient le minerai de fer ? S'il s'agit

[213] observations personnelles et descriptions des femmes du village de Tiogo et Ralo juillet 1993

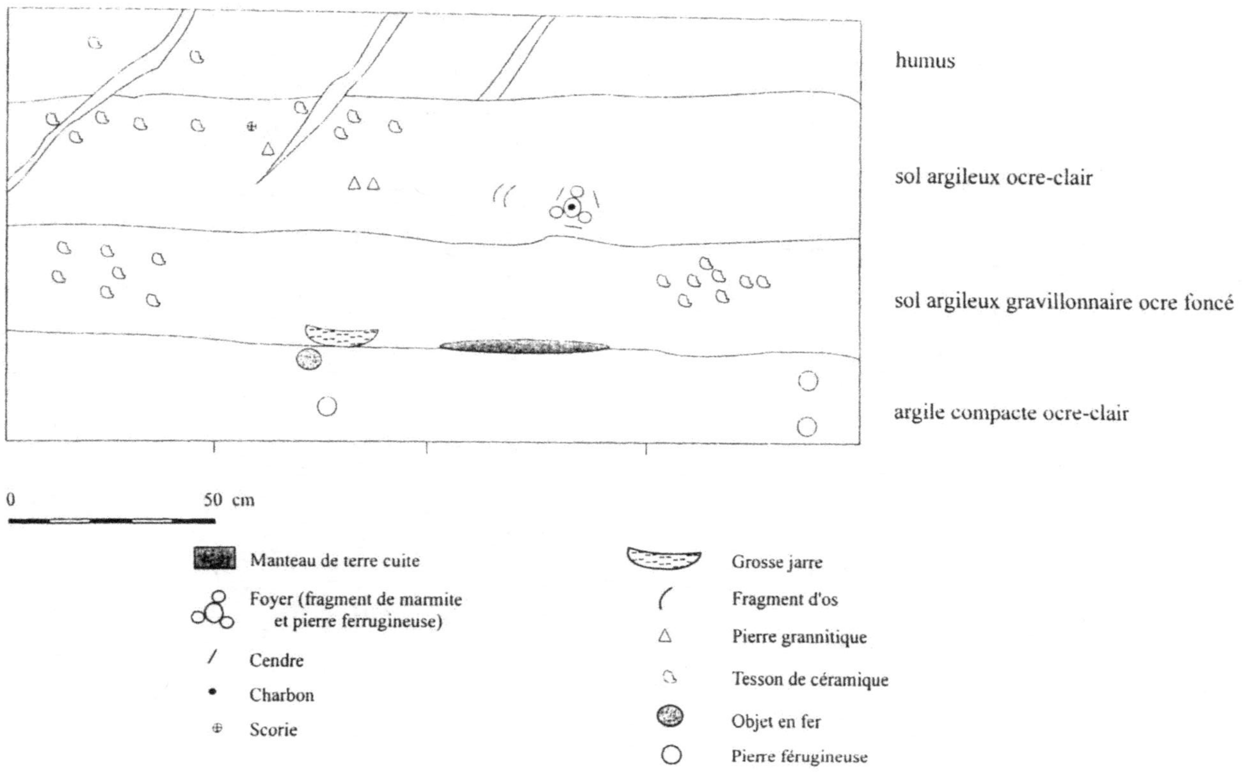

Fig. 39 : coupe stratigraphique du site de Sondomtengyir, carré III, parois Nord des mêmes personnes, ils seraient restés en place pendant près de six siècles au moins. Dans le cas où se serait l'œuvre d'autres personnes, le village aurait connu plusieurs vagues d'occupation d'hommes, connaissant l'activité métallurgique et la céramique avant l'installation des nouveaux arrivants au XVIeme siècle. Pour comprendre certaines zones d'ombre, nous avons décidé de fouiller un autre site d'habitat ancien.

B. Le site d'habitat de Taagoogo

a. Présentation et description de surface

Le site de Taagoogo se situe à 2,5 km au nord-ouest de la voie non bitumée-Koudougou Yako et à 3 km au nord-est du site de réduction de Lilbouré. Les concessions sont éloignées de ce site. Seuls les champs de mil et d'arachide occupent en saison des pluies les surfaces de ce que les habitants de Gooden appellent, la brousse de Taa. Un bras de la rivière, M'bigsi, longe toujours la partie Est du site. Il se présente sous forme d'une butte ovale orientée nord-sud et s'inscrie dans un rectangle de 37 m sur 30 m, soit une superficie de 1.110 m^2.

La surface de la butte est couverte de plants de mil que nous décidons d'acheter afin de dégager la partie à fouiller (photo 21a et b, p197). Après le déblayage, on voit quelques morceaux de céramique et surtout des blocs de pierres ferrugineuses qui parsèment la surface. Pour cette campagne, nous avons eu à notre disposition un théodolite qui nous a permis de faire un levé topographique (fig. 40, p198). Le carré de fouille se tient sur une superficie de 3 m sur 5 m dans un carroyage à petite maille de 1 m sur 1 m Il est identifié en longueur par les lettres R.Q.P.O.N et en largeur par les chiffres 13.14.15.

b. Fouille-résultat-interprétation

Résultats des fouilles

La fouille de ce site d'habitat fait ressortir trois unités stratigraphiques, avec 10 cm de couche d'humus.

A partir de -10 cm, l'unité stratigraphique qui se dégage est de couleur rouge, très compacte et comporte des nodules ferrugineux comme pavé, de l'argile et des limons. Au carré N15 apparaissent 6 pierres, dont trois meule (une des faces de chacune d'elles est creuse, donnant une allure concave) et trois broyeurs. Deux meules sont des granites à biotite, de texture grenue[214]. La troisième est un granite leucocrate à biotite à grains fins. Ces pierres ont la particularité d'être très tenaces, et de résister ainsi à l'usure d'utilisation au fil du temps. Cette caractéristique a probablement dirigé le choix des habitants de ce site. Les mêmes types de meules sont utilisées actuellement dans les différents villages du Bulkiemdé. Elles sont souvent montées sur un sol élevé, fait d'argile pétrie, dont la surface est damée avec de petits nodules ferrugineux[215]. Entre les meules, de petits blocs de pierres rondes en quartz rosé et amphibolite sont découverts. Elles servent probablement à rendre rugueuse les surfaces des meules[216] pour faciliter le broyage des grains, comme il est encore d'usage aujourd'hui.

---

[214] L'analyse pétrographique faite par M. WIMINGA Urbain maître assistant à l'Université de Ouagadougou a montré que les différentes pierres trouvées sur les sites d'habitat provenaient des affleurements disponibles dans la province du Bulkiemdé. Les habitants se ravitaillaient dans leur milieu immédiat.

[215] KIENDREBEOGO K et al, Tiogo, 1997

[216] De petits blocs de pierres frappés contre les surfaces des meules les rendent rugeuses et facilitent ainsi le broyage des grains.

Photo 21a : surface du site de Taagoogo avant déblayage des plants de mils

Photo 21b : surface du site de Taagoogo après déblayage des plants de mils

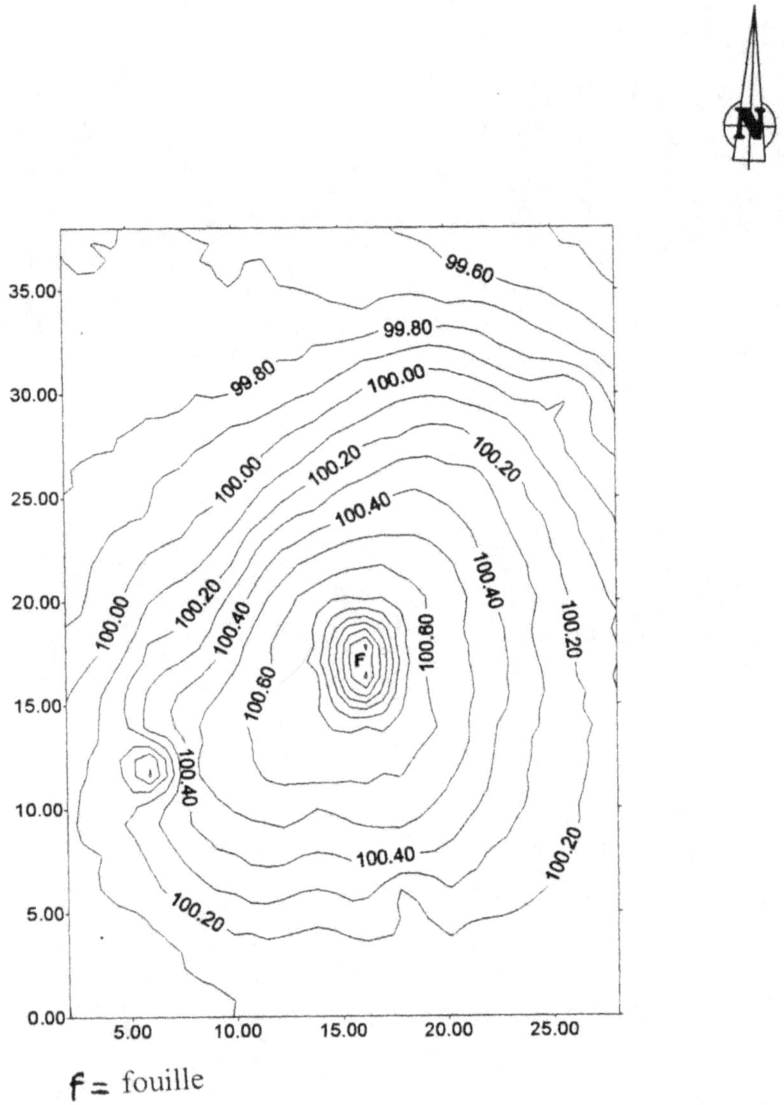

Fig. 40 : levée topographique du site de Taagoogo

Les habitants du site connaissaient l'industrie sidérurgique et céramique, d'autant plus que nous découvrons à 25 cm de profondeur, une bague à N14, une herminette en P14, une aiguille en Q13, une scorie et des fragments de céramiques concentrés en Q13.

La deuxième unité stratigraphique dévoile un sol encore plus compact que le précédent, de type argilo-sableux, avec une forte ferrugination et des vacuoles (trous d'aération dans le sol). Elle se caractérise par la présence de nombreuses poteries entières, dont les niveaux inférieurs constituent la fin de l'unité stratigraphique (-50cm). La disposition de celles-ci est très particulière. Elles sont posées en groupe. Un premier lot de six poteries se présente verticalement en P-O 13 à 14, dont cinq d'entre elles ont les fonds tournés vers le haut (photo 22,23, p200). Un deuxième groupe de poteries apparaît en P14 et N13 à N14, mais cette fois-ci, les bords sont vers le haut et les intérieurs remplis d'argile pétrie. D'autres groupes de poteries entières sont découverts à plusieurs endroits du site.

Au prélèvement de ces derniers, certains d'entre eux se présentent avec deux ouvertures au niveau du bord et du fond, avec une forme particulière, que nous allons décrire dans l'étude céramique (photo 24, p201).

A -50 cm le pavement qui se présentait au début de la fouille (- 25 cm) de façon sporadique devient plus net (fig. 41, p202), avec un décor impressionné et de l'engobe noir sur les tessons. Sur une superficie de 6 m^2, au nord de l'unité de fouille englobant le carré O-N15-14y-13, se dévoilent deux niveaux de pavement céramique (photos 25, 26, p203), séparés par un sol argileux compacté. Des bords de poteries entières sont pris dans le pavement. Elles sont disposées comme faisant partie du décor de pavement. Au carré R13, un pavement de petits nodules ferrugineux entoure deux ouvertures de poteries entières, prises dans le pavement de céramique. Mis à part la céramique et les pavements, nous prélevons des os dans un récipient, pris aussi dans le pavement de nodules ferrugineux en R13, un morceau de scorie, un objet en fer en forme d'un demi-cercle en R13, une lance entière en Q15, un petit morceau de charbon et deux pierres en forme de hache en P14. Le charbon prélevé n'a pu être daté à cause de son poids insuffisant. La découverte de cette lance à soie de 33 cm de long permet de poser l'hypothèse de la pratique de la chasse et/ou la guerre.

Après -50 cm, la troisième unité stratigraphique présente un sol de niveau gravillonnaire du type sablo-argileux dominant. Les vacuoles disparaissent, à cette profondeur nous décidons de continuer la fouille en laissant les carrés où s'étend le pavement. Les vestiges archéologiques deviennent moins importants. Quelques éléments (morceau de scorie de céramique et de granite) sont prélevés. Un nouveau pavement sporadique de tessons de céramique apparaît à - 70 cm, ainsi que quelques morceaux de céramiques du même type que ceux des unités précédentes, avec une différence qui se présente sur quatre tessons qui ont des dégraissants à base de nodule ferrugineux. Les restes de la céramique ont des dégraissants de chamotte et quartz. Sur l'ensemble de la fouille, trois niveaux de pavement sont présents sur le site (fig.42, p204).

La fouille du site d'habitat de Taagoogo s'est avérée très riche en documents archéologiques, surtout en vestiges céramiques et en objets en fer. La butte a été occupée par un même groupe humain en raison de l'homogénéité de la céramique. Celle-ci a un décor très riche (en majorité impressionné) avec l'utilisation de dégraissants minéraux. Les résultats des fouilles, avec la présence de plusieurs céramiques, d'objets en fer et des pavements, montrent que nous sommes sur une concession qui n'est pas ordinaire. Elle a dû

Photo 22 : poteries du site de Taagoogo

Photo 23 : vue de détail des poteries du site de Taagoogo

Photo 24 : vue de détail des poteries du site de Taagoogo

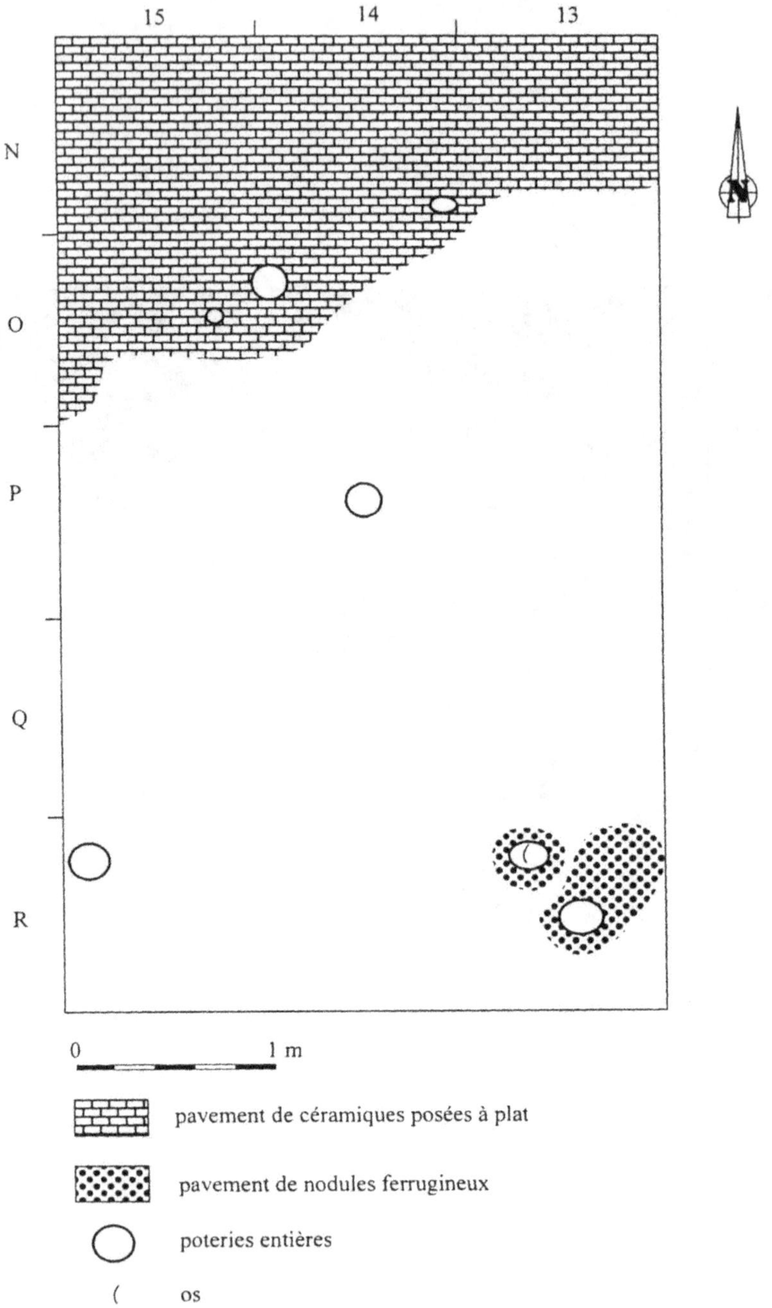

Fig. 41 : schéma du carré de fouille de Taagoogo à –50 cm

Photo 25 : pavement de céramiques

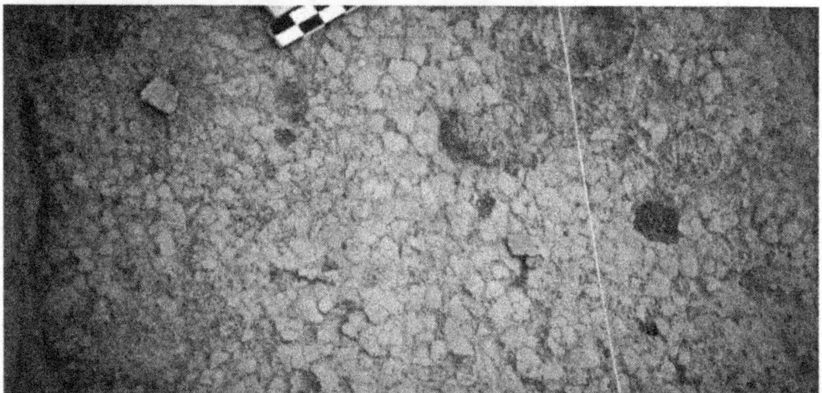

Photo 26 : vue de détail

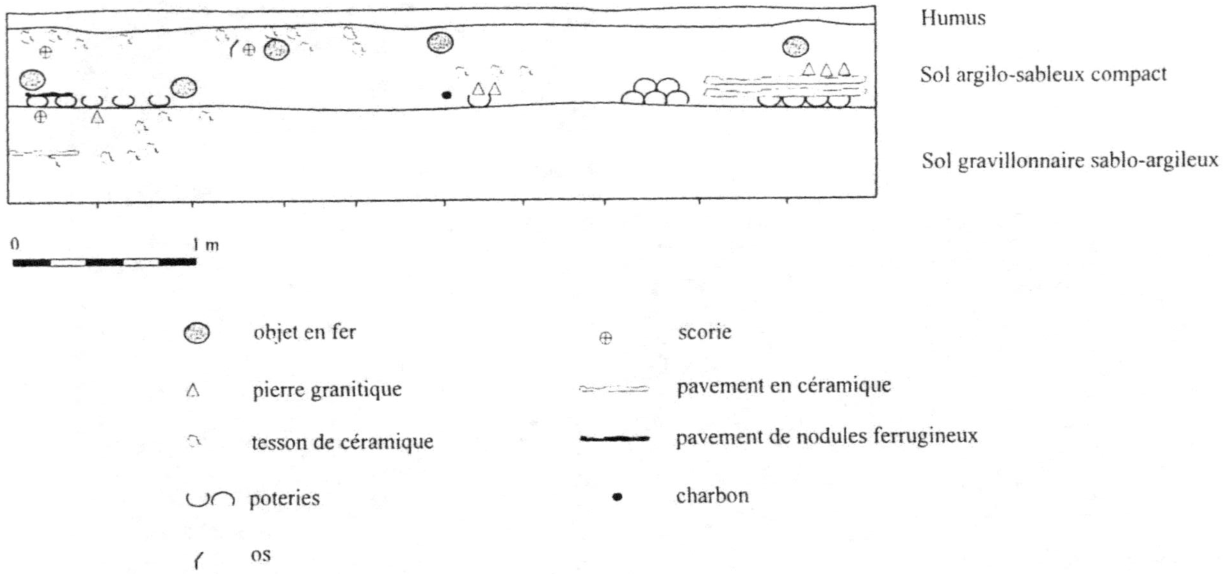

Fig. 42 : coupe stratigraphique de Taagoogo, parois ouest

abriter une famille qui occupe un rang social élevé. Dans deux des poteries entières, disposées au même endroit au carré R13, les ouvertures prises dans un pavement de nodule ferrugineux, nous avons prélevé des ossements. Aucun indice ne laissait prévoir que nous étions sur un espace de cuisine. Est-ce une concession associée à une zone sacrée ? Ou s'agit-il d'un coin de rangement des plats cuisinés ? Nous avons écarté cette dernière hypothèse à cause du pavement autour des ouvertures de certaines poteries qui les fixe à un endroit bien précis. Cet espace peut être rapproché aux lieux sacrés des concessions actuelles du Bulkiemdé. Dans chaque concession familiale, devant la case de la première épouse, le chef de famille confectionne un espace sacré qui représente les Dieux des ancêtres disparus. Il est constitué d'un sol pavé avec de petits nodules ferrugineux, sur lequel reposent les ouvertures de une ou de plusieurs poteries, qui protègent l'argile pétrie à leur forme [217] comme celle trouvée dans les poteries dont les bords sont aussi tournés vers le bas. Ces espaces sacrés ont été observés dans chaque concession familiale dans le Bulkiemdé.

A Notsé, au Togo, des ossements trouvés dans une coupole prise dans le pavement, comme sur le site de Taagoogo, ont renforcé l'hypothèse du caractère rituel de certains lieux pavés[218].

Ce site est plus riche que celui de Sondomtengyir, tant au niveau du matériel céramique que du matériel en fer. Taagoogo a fourni près de 11 objets en fer contre un seul à Sondomtengyir où le fer était peut-être très rare à l'époque.

A Taagoogo les artisans forgerons confectionnaient différents objets (lances, herminettes, aiguilles...). Il est probable que nous soyions sur les restes d'une concession d'une famille qui occupait une place importante dans la société. Le nombre d'objets en fer est énorme par rapport à la rareté du matériau à l'époque. En outre, l'abandon du site, à l'état dans lequel nous l'avons trouvé en fouille (disposition des poteries), prouverait que les habitants sont partis à la suite d'un évènement singulier, comme par exemple la guerre. Ils ont été peut-être surpris et se sont ainsi enfouis sans prendre le matériel, surtout les objets en fer, qui, à cette période, étaient récupérés à cause de leur rareté.

Les céramiques des deux sites ont quelques ressemblances mais n'ont pas le même faciès culturel. Il existe une grande différence dans les décors et les dégraissants, que nous abordons dans les prochains chapitres.

A Sondomtengyir, les tessons de céramique sont de plusieurs types de décor, alors qu'à Taagoogo, on observe la prédominance de décors impressionnés. Nous n'avons pas eu une datation permettant de fixer l'antériorité de l'un sur l'autre, mais l'étude des dégraissants, que nous allons étudier plus loin, a permis de poser l'hypothèse de l'antériorité de Sondomtengyir sur Taagoogo. En effet, un seul échantillon de charbon, de quantité très insuffisante pour une datation fiable, a été prélevé à Taagoogo. Nous avons pourtant voulu avoir une datation des séquences stratigraphiques de chaque site d'habitat. Pour résoudre cette difficulté, M. Jean-François Saliège, ingénieur de recherche au Laboratoire d'Océanographie Dynamique et de Climatologie de l'Université Pierre et Marie Curie (Paris Jussieu), qui nous a aidée pour le c0alibrage des dates C14, a donc proposé de tester la méthode de datation de la matière organique des céramiques, par la méthode du radiocarbone. Méthode qui a pour objet de dater le dégraissant végétal utilisé dans les

[217] KIENON, W., Tiogo, Nov 1996, KIENDREBEOGO, R., Tiogo, sept 1993, ZONGO,B., Palogo, 1993

[218] AGUIGA D A: *Pavements et terres damées dans les régions du Golfe du Bénin : enquête archéologique et historique*. Thèse de doctorat, Université de Paris I, 1995, p 563, TII

céramiques. La méthode C14 consiste à caractériser chaque source de carbone organique par sa composition en isotope stable du carbone. En définitive, la datation des céramiques n'a pas été concluante à cause des dégraissants minéraux utilisés en majorité pour la confection de la pâte. Aussi, la teneur résiduelle en carbone après cuisson est inférieure au seuil minimal au-dessus duquel il est possible de déterminer avec précision les composantes en carbone organique.

Compte tenu des résultats de l'étude céramique, que nous allons aborder prochainement, les habitants des deux sites anciens sont probablement des personnes différentes. La proximité des deux sites (1km environ entre les deux sites) aurait donné un même faciès culturel au niveau de la céramique s'il s'agissait des mêmes auteurs et de la même époque. Il peut aussi s'agir des mêmes personnes dont la céramique a subi une évolution au cours du temps, si nous considérons que Sondomtengyir est antérieur à Taagoogo. Nous notons néanmoins que les deux populations connaissaient l'activité métallurgique et céramique. L'étude des pavements et des scories aiderait à comprendre et analyser certains faits. Les pavements sont-ils faits à l'extérieur des concessions ? Les tessons de céramique utilisés à cet effet proviennent-ils des poteries du site ? Les scories du site d'habitat sont-elles de type d'épuration ou de forge ? Nous tentons de répondre à ces questions.

Etudes métallographiques des scories du site d'habitat de Taagoogo

Trois scories ont été prélevées pendant la fouille sur le site de Taagoogo. Ce sont, la scorie God Ki 1 III 94 (16) (première levée de la IIIè campagne, objet n°16) (photo 27 et fig.43, p207et 208), la scorie God Ki 7 III 94 (132) (septième levée de la IIIè campagne, objet n°132) (photo 28 et fig. 44, p210 et 211) et la scorie God Ki 8 III 94 (147) (huitième levée de la IIIè campagne, objet n°147).(photo 29 et fig. 45, p213 et 214).

La scorie God Ki 1 III 94 (16) est une scorie de 4 cm de long qui présente une surface supérieure déchiquetée. L'étude métallographique révèle une scorie moins dense, avec de nombreux éléments métalliques dispersés sur l'ensemble de la surface de l'échantillon. Ceux-ci sont essentiellement localisés au sein de la matrice sans relation de proximité avec des porosités (P1, p209). De plus, ils sont systématiquement en cours de réoxydation plus ou moins complète (P2, p209). Une auréole de Wustite ceinture l'ensemble de l'îlot métallique et certaines figures de corrosion sont bien observables. Le contact entre la matrice et les éléments métalliques est très intime. Ces éléments d'appréciation sont des indices caractéristiques d'une opération oxydante proche des conditions physico-chimiques d'une forge d'élaboration.

Les scories God Ki 7 III 94 (132) et God Ki 8 III 94 (147) à la différence de la première scorie, ont des surfaces supérieures faiblement ondulées et mesurent 5 cm chacune. L'étude métallographique présente des éléments métalliques très rares, dispersés dans une matrice silicatée relativement homogène. Elle se caractérise par de nombreuses porosités aux contours très déchiquetés, avec d'importantes fissures. De rares dendrites de Wustite ont été observées (P1, p212). Le métal se présente sous forme d'inclusions de morphologie anguleuse sans qu'il y ait systématiquement une liaison intime avec la matrice. On remarque aussi une réoxydation partielle et relativement incomplète du métal en périphérie (P2, 212). L'élément particulièrement remarquable est la présence de ce que l'on interprète comme des fragments de loupe localisés dans les inclusions ainsi que dans certaines fissures (P1et P2, p215). Il peut s'agir d'un élément caractérisant une opération de forge d'épuration.

Photo 27a : scorie de site d'habitat God ki 1 III 94 (16)

Photo 27b : coupe polie de la scorie God ki 1 III 94 (16)

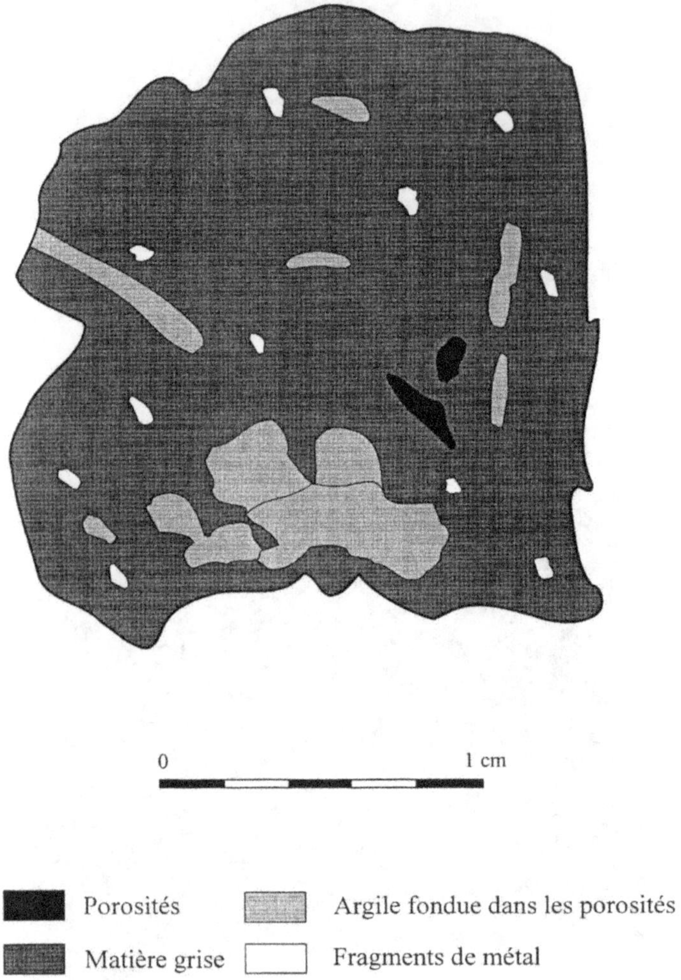

Fig. 43 : schéma de la coupe de la scorie God ki 1 III 94 (16)

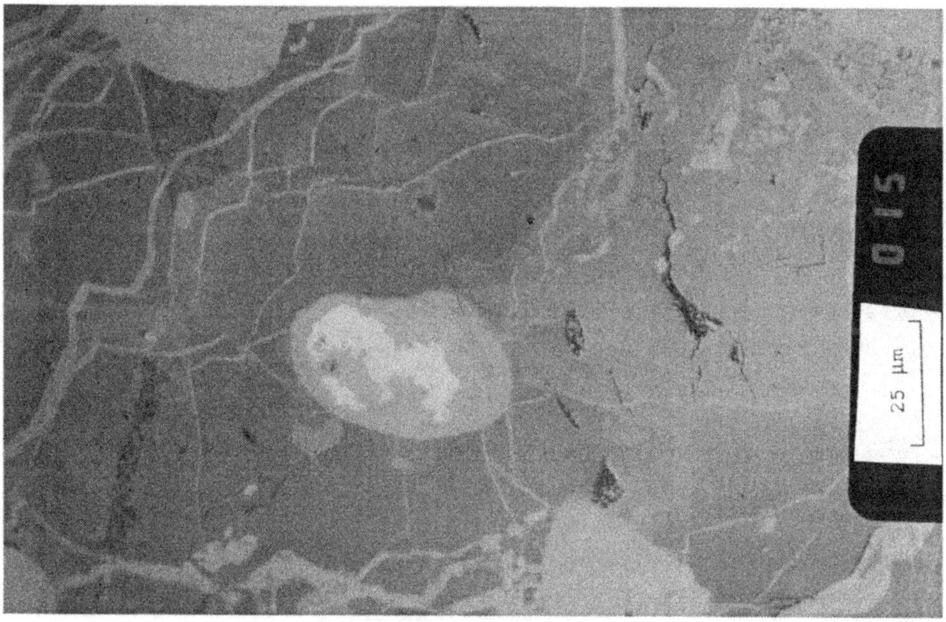

P1 : scorie Godki1II94 (16) métal dans la matrice

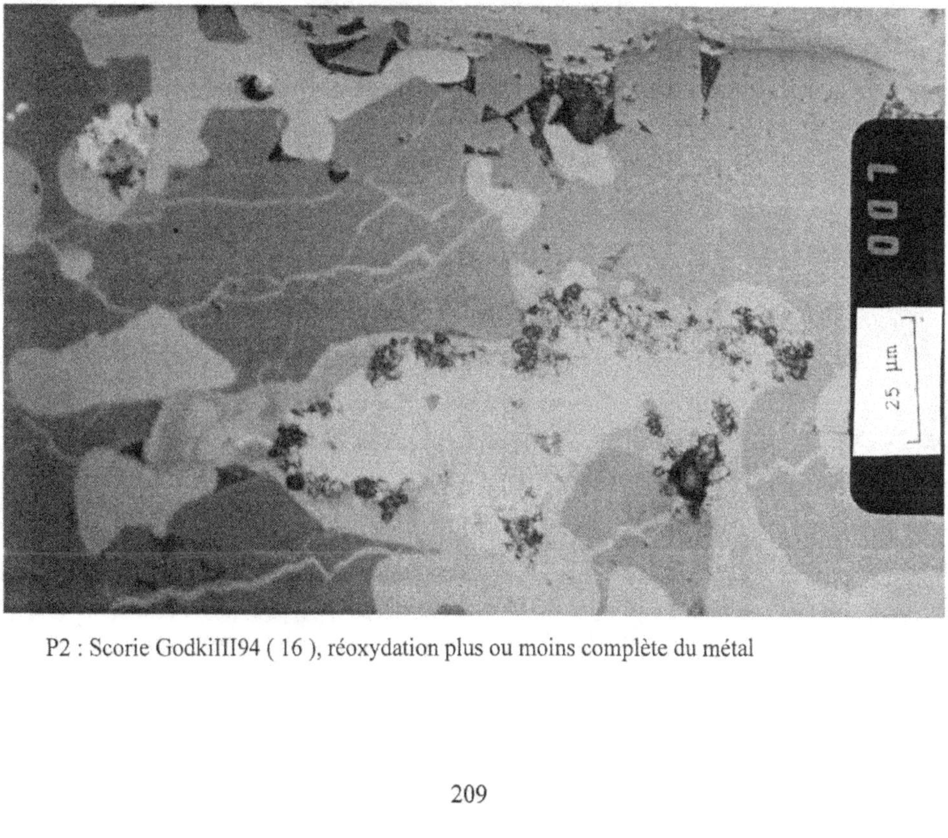

P2 : Scorie GodkiIII94 (16), réoxydation plus ou moins complète du métal

Photo 28a : scorie de site d'habitat God ki 7 III 94 (132)

Photo 28b : coupe polie de la scorie God ki 7 III 94 (132)

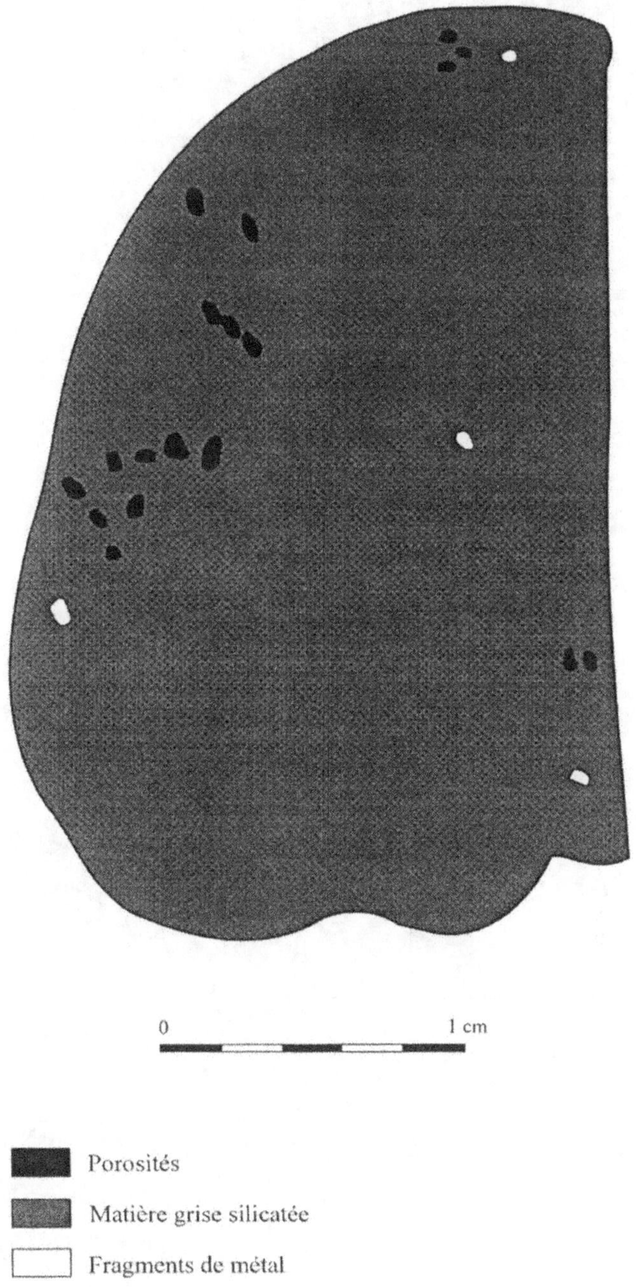

Fig. 44 : schéma de la coupe de la scorie God ki 7 III 94 (132)

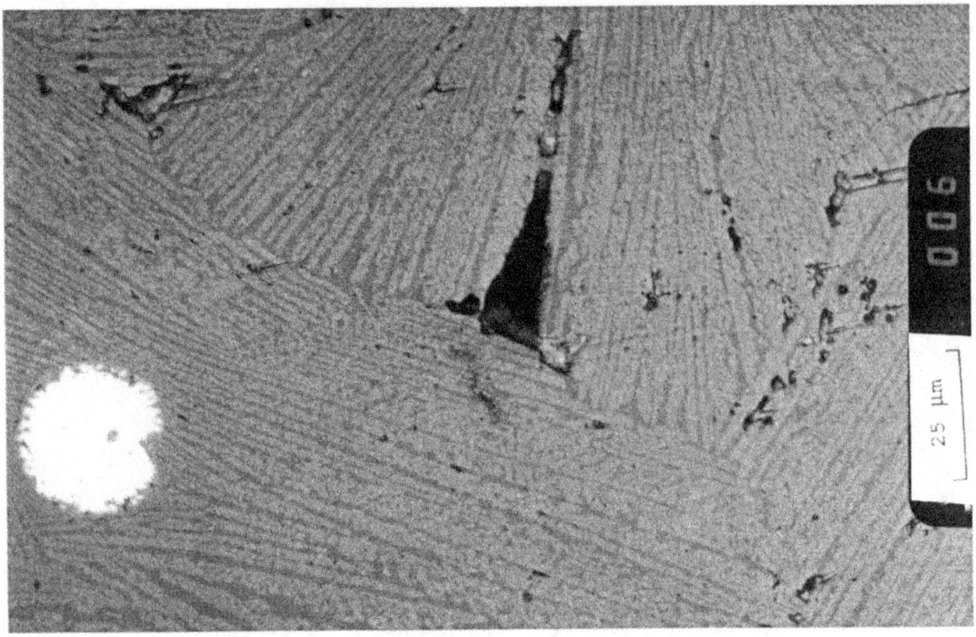

P1 : Scorie Godki7III94 (132), présence de résidu de réduction

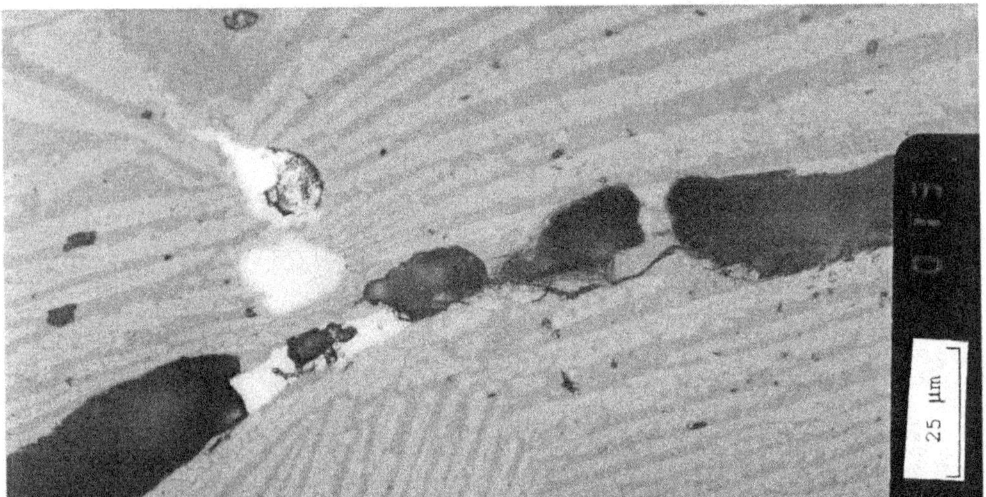

P2 : Scorie GodkiIII94 (132), présence de résidu de réduction

Photo 29a : scorie de site d'habitat God ki 8 III 94 (147)

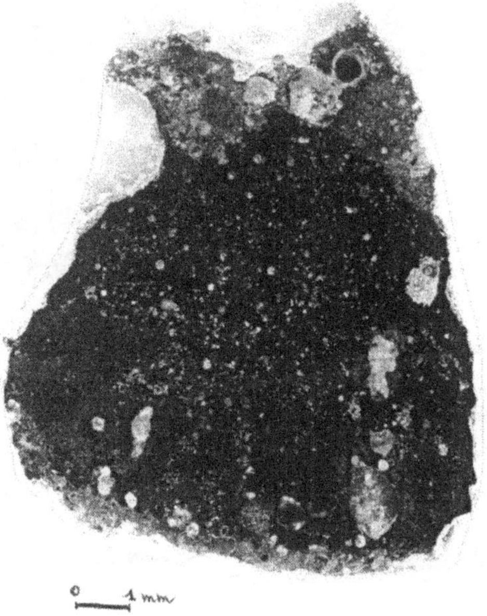

Photo 29b : coupe polie de la scorie God ki 8 III 94 (147)

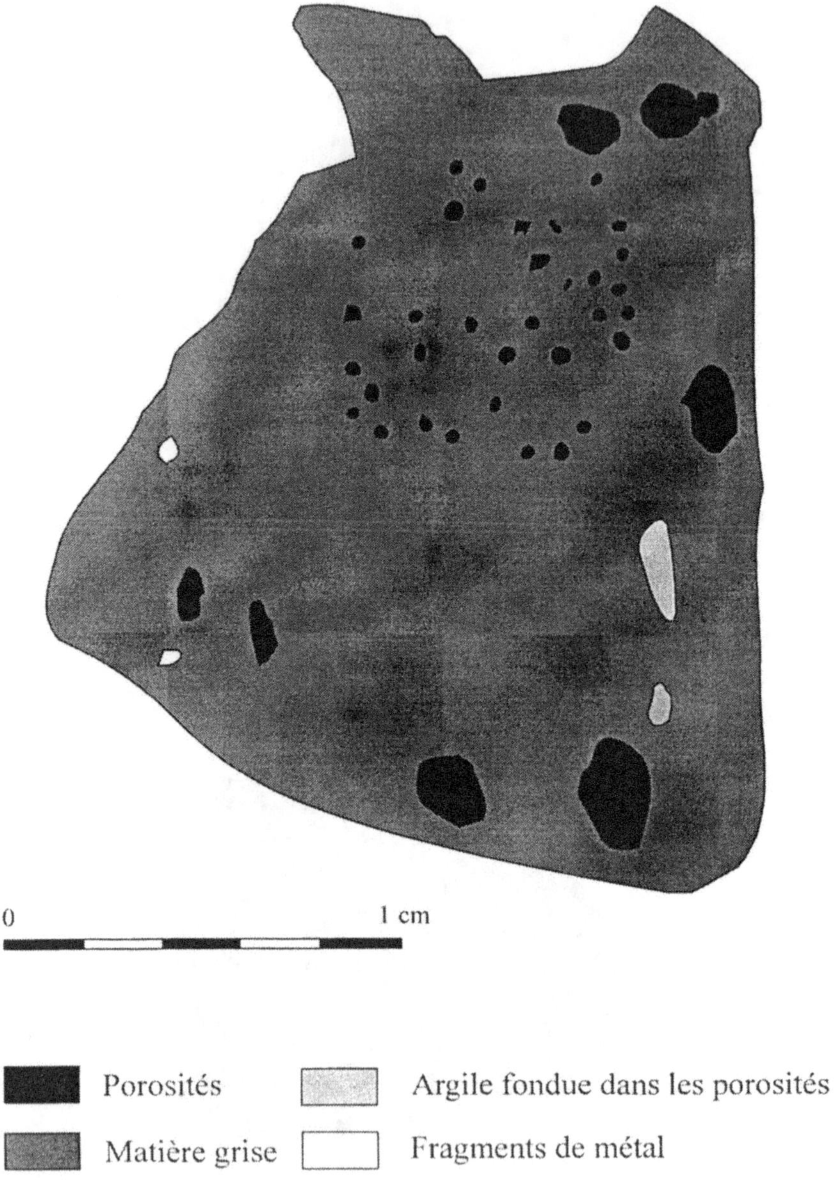

Fig. 45 : coupe schématique de la scorie God ki 8 III 94 (147)

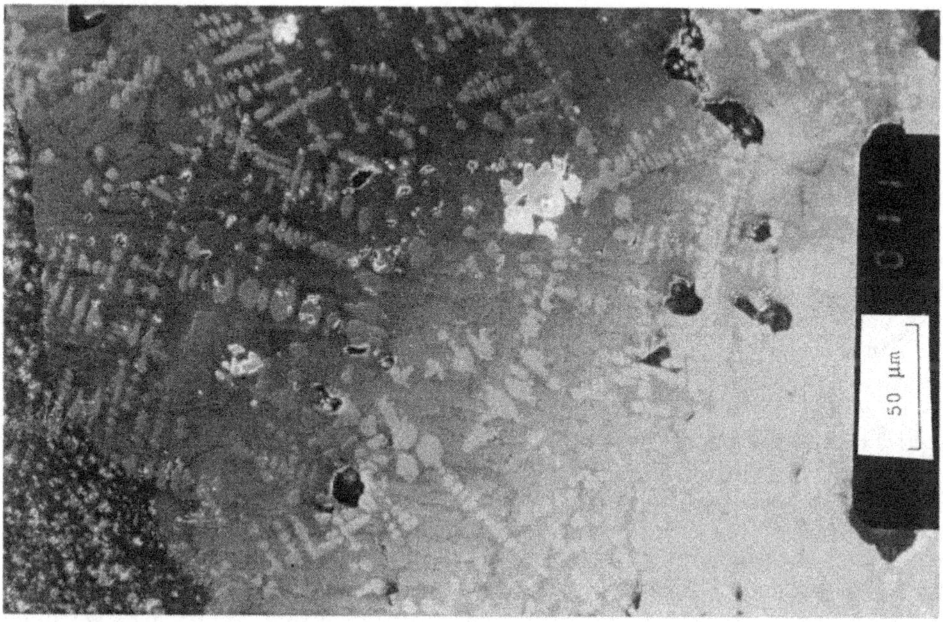

P1 : Scorie Godki7III94 (147), dendrides de wüstite

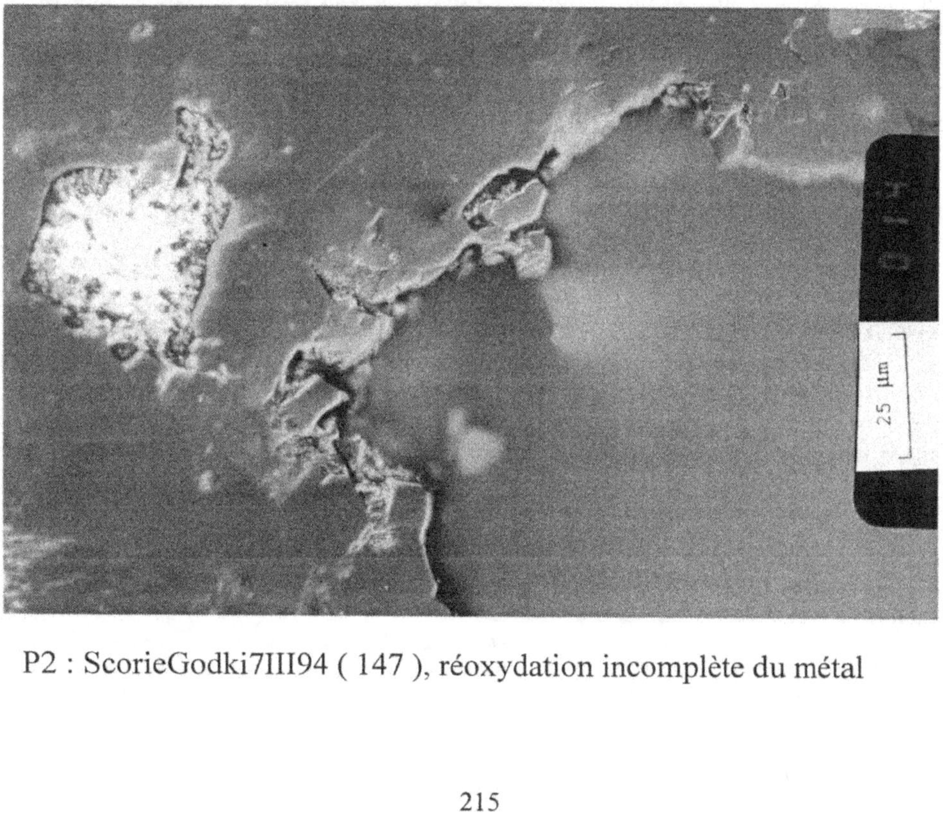

P2 : ScorieGodki7III94 (147), réoxydation incomplète du métal

Les indices métallographiques, caractéristiques des forges d'épuration et d'élaboration, relevés sur des scories de site d'habitat, peuvent être la preuve que des opérations d'élaboration d'objets en fer, ainsi que certaines épurations étaient exécutées hors de l'aire de réduction, proche des habitations, comme les forges actuelles, installées tout juste à l'entrée de la concession du forgeron. Dans ces études métallographiques, il peut exister des aléas d'interprétation, mais l'étude d'un échantillonnage statistiquement représentatif qu'il faudra envisager pour les futures recherches permettra de relativiser ces différents aléas.

Etude des pavements du site d'habitat

Dans les sociétés actuelles du Bulkiemdé, le pavement qui se fait avec de la latérite contenant de tout petits nodules ferrugineux, est considéré comme un art. Il y a d'abord la fonction utilitaire, qui est la recherche de la consolidation des sols de l'extérieur ou de l'intérieur des concessions, et, en second lieu, la recherche de l'esthétique qui caractérise l'art de paver.

Le pavement en tessons de céramique du site archéologique débute à -30 cm. C'est à -50 cm de profondeur qu'il devient continu et se répartit sur la partie nord du carré de fouille. Au côté sud, au même niveau que le pavement en céramique, se révèlent de façon éparse, des pavements de petits nodules ferrugineux tout autour des bords de poteries enfouies dans le sol.

Les tessons de céramique utilisés pour le pavement sont décorés avec des motifs impressionnés et de l'engobe noir. Ils sont calibrés et ont presque les mêmes dimensions et épaisseurs (0,5à 1 cm). Certains tessons ont les mêmes décors que les poteries entières du site, mais sont très noirs par rapport à ces dernières. Les pavements en tessons posés à plat, sur un support cuit, autour des ouvertures des poteries, sont faits de plusieurs couches de pavement, séparées par des supports cuits. Ce qui signifie que les tessons ont été brûlés après la pose, pour les maintenir dans l'argile. D'où la couleur noire qui se voit à la surface des tessons posés à plats. C'est une preuve que le pavement s'est fait à l'extérieur des habitations.

Le site d'habitat situé au sud-est de la voie Koudougou-Yako et à environ 7 km au sud-est de Taagoogo, laisse percevoir à sa surface, le même type de pavement à plusieurs couches, séparées par des supports cuits, avec le même genre de céramique et de nodules ferrugineux (photo30, p217).

Mme Dola Aguiga a décrit des pavements à Notsé, dans le nord Togo, du même type que ceux de Gooden[219]. Les populations actuelles de la province du Bulkiemdé utilisent les terres damées.

Le matériau utilisé est une concrétion ferrugineuse composée de tout petits nodules. Ces terres damées sont faites de plusieurs horizons. Les couches inférieures servent de support au niveau supérieur. Dans certains cas, les horizons inférieurs sont des niveaux d'habitation, d'autant plus que lorsqu'une couche supérieure de terres damées est dégradée, ils la recouvrent d'une nouvelle couche qui devient la couche supérieure. Cette tâche était remplie par les femmes[220].

---

[219] AGUIGA, D., A., *Pavements et terres damées dans les régions du Golfe du Benin : enquête archéologique et historique*.Thèse de doctorat, Université de Paris I, 1995, p527, TII

[220] Description des femmes du village de Tiogo, Nov, 1996

Photo 30 : pavement du site d'habitat situé à 7km au sud-est de Taagoogo

Il pourrait s'agir du même système au niveau des sites archéologiques. Ce qui expliquerait l'existence des couches inférieures de pavements. Les traditions orales sont unanimes à ce niveau, ces techniques de pavement des sols par les tessons céramiques leur sont étrangères. Certains sites à pavement céramique ont été mis au jour dans d'autres pays africains en Côte d'Ivoire à Kong, au nord Togo, au Nigeria et au Bénin[221].

C. Etude de la céramique

La céramique qui se caractérise par son abondance sur les sites archéologiques, reste l'élément le plus commun. Dans un passé récent, elle a été utilisée pour les ustensiles de cuisine et autres usages domestiques ainsi que pour les pratiques cultuelles. Du fait de son caractère indestructible, la céramique est, quantitativement, le plus abondant des artefacts sur les sites archéologiques. Les autres éléments comme les tissus, la vannerie, les textiles, le bois etc... n'ont laissé aucune trace parce que très périssables.

Nous avons essayé avec les études tant archéologiques qu'ethno-archéologiques éparses réalisées sur l'art céramique au Burkina, de présenter la céramique découverte sur les sites d'habitat. Nous nous sommes aussi basée sur les codes de A. Gallay, de J. Cl. Gardin[222]. Il faut reconnaître que les travaux de recherche sur la céramique des anciennes populations du Burkina Faso sont peu nombreux et n'ont pas permis de mettre en place un code descriptif et fonctionnel précis au niveau régional, d'où la difficulté d'effectuer des comparaisons intéressantes.

L'objectif visé dans cette étude est de percevoir les aspects techniques et esthétiques de la céramique de ces peuples anciens, afin de pouvoir les comparer. L'étude descriptive que nous allons présenter concerne les formes, les épaisseurs, les décors, la pâte, l'utilisation des dégraissants etc... des céramiques provenant des fouilles de Sondomtengyir, de Taagoogo et du ramassage de surface des buttes de Ralo. Nous avons adopté une approche qui permet de faciliter l'enregistrement systématique de l'information et la comparaison des différents éléments céramiques des trois sites.

a. La céramique de Sondomtengyir

Etude morphologique

Sur ce site, près de 43 fragments de corps et bords, des restes d'une jarre et d'une marmite ont été mis au jour. La courbure des profils de ces différents fragments indique des poteries de formes sphériques, très variées au niveau des dimensions, mais avec une majorité de récipients de très petites dimensions, comme des petits bols. Ils sont enduits d'engobe noir (photos 31à 38, p219 à 222). Les céramiques sont classées au niveau des formes, selon la présence ou l'absence de col, de l'inclinaison et de la forme de la lèvre. Après analyse, deux types de récipients se distinguent :

Les récipients sans col, tous de formes sphériques, avec des lèvres régulièrement incurvées vers l'intérieur. Les bords sont simples, à côtés parallèles, divergents ou convergents, avec des formes de la tranche des bords qui peuvent être arrondies à renflement intérieur, plates à renflement extérieur et intérieur (fig.46, p223). Ils sont

---

221 AGUIGA, D.,A. idem, p527

222 GALLAY (avec la collaboration de SAUVAIN- DUGERDIL) : « Le Sarnyèrè dogon: archéologie d'un soldat », *Mali, recherches sur les grandes civilisations*, Mémoire N°4, Paris 1981

GARDIN J. CL.: *Code pour l'analyse des poteries*, Paris, CNRS, 1976

Photo 31: fragment de céramique de Sondomtengyir

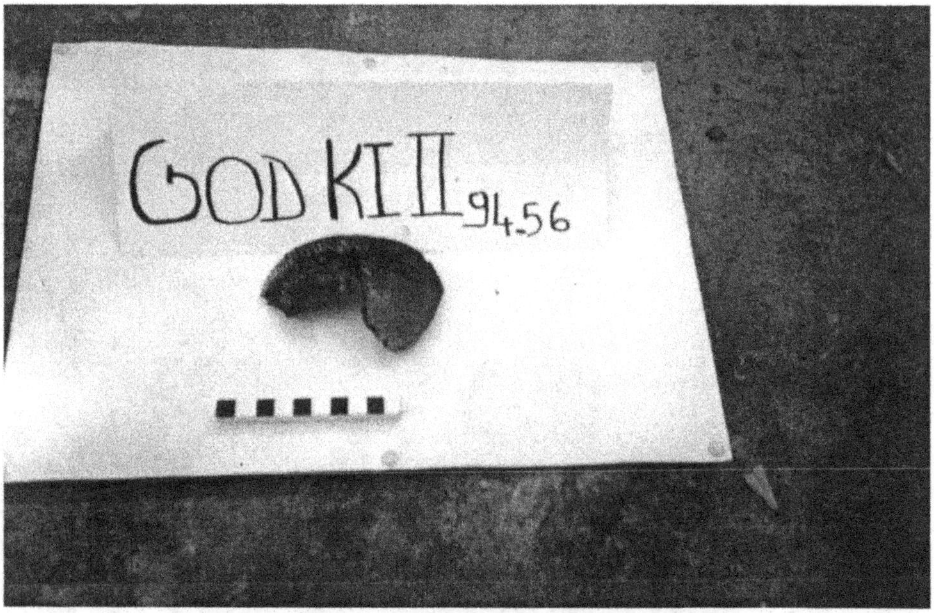

Photo 32 : fragment de céramique de Sondomtengyir

Photo 33: fragment de céramique de Sondomtengyir

Photo 34 : fragment de céramique de Sondomtengyir

Photo 35 : fragments de la jarre de Sondomtengyir

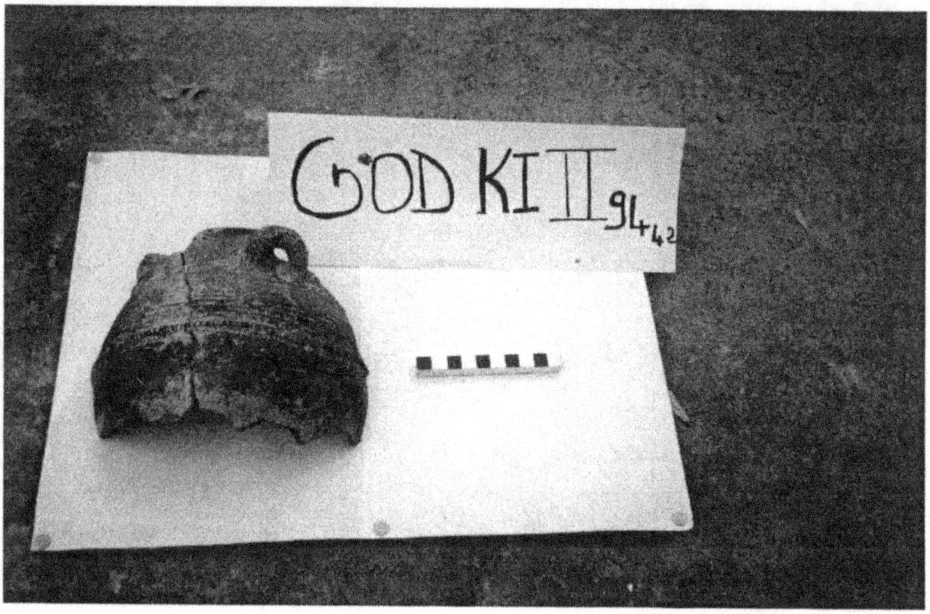

Photo 36 : fragment de la marmite du foyer de Sondomtengyir

Photo 37 : fragments de céramique de Sondomtengyir

Photo 38 : fragment de céramique de Sondomtengyir

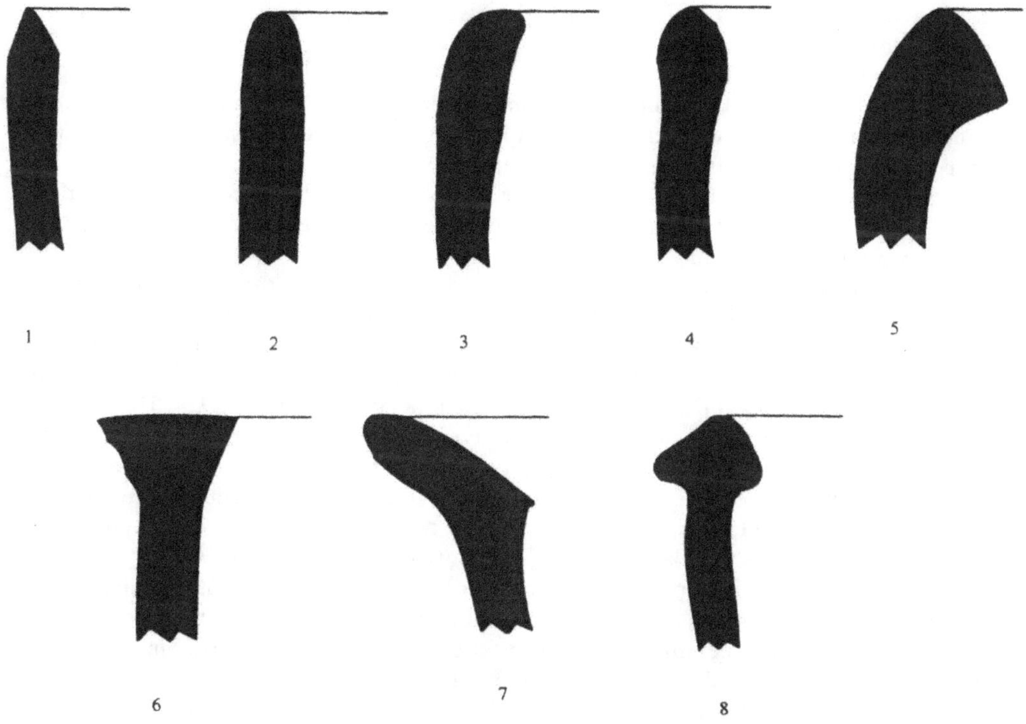

Récipients céramiques sans col

1. bord simple avec une forme de la tranche pointue, à côtés parallèles
2. bord simple avec une forme de la tranche ronde, à côtés parallèles
3. bord simple à côtés parallèles
4. bord simple avec une forme de la tranche ronde, à côtés convergents
5. bord simple à renflement interne et externe, à côtés divergents
6. bord simple avec uen forme de la tranche plate à renflement interne et externe, à côtés divergents

Récipients céramiques avec col

7. bord incurvé épaissi avec arête interne
8. bord incurvé anguleux avec ressaut

Fig. 46 : les différents bords de la céramique des trois sites d'habitat majoritaires sur le site et se retrouvent dans tous les niveaux stratigraphiques. A -40 cm, nous avons découvert la majorité de ces tessons sans col.

Les récipients à cols découverts aussi à -40 cm se caractérisent par une inversion de courbure vers l'extérieur. Mais ils sont minoritaires sur le site. On a des bords incurvés épaissis, avec arête interne et des bords incurvés anguleux avec arêtes internes et extérieures, les tranches des bords sont rondes à ce niveau.

Mensuration et étude de la pâte :

Le site n'ayant fourni que des tessons, l'élément de base pour les mesures des épaisseurs, du diamètre à l'ouverture est le fragment de céramique. L'épaisseur est calculée à partir des cassures des fragments de col et de panse. Nous avons en majorité des fragments de marmites, de bols et de terrines de très petites dimensions, dont le plus grand a au plus 20 cm de diamètre à l'ouverture. Les épaisseurs au niveau des cols, des bords et des panses varient entre 0,8 cm à 1,10 cm.

La céramique est à base de pâte fine avec des dégraissants minéraux (chamotte et petits nodules ferrugineux). Certaines pâtes sont grossières, avec exclusivement des dégraissants qui sont de petits nodules ferrugineux. Les tessons faits de pâtes grossières, renfermant de petits nodules ferrugineux, ont été prélevés en majorité dans les niveaux stratigraphiques inférieurs, à partir de -40, comprenant la couche datée à 895-1030 de notre ère. Les couches supérieures abritent des tessons avec des dégraissants à base de chamotte. Quelques rares tessons à base de dégraissants de nodules ferrugineux cohabitent avec ces dernières. Cette différence peut s'expliquer par une évolution dans l'industrie céramique. Les artisans ont dû abandonner progressivement les nodules ferrugineux qui donnent des pâtes grossières au profit de la chamotte. Les potières actuelles utilisent la chamotte qu'elles préparent. Cela leur permet de contrôler les grains de chamotte utilisés pour dégraisser la pâte. Les cuissons sont le plus souvent homogènes et la pâte moins grossière.

Les formes des céramiques n'ont pas évolué. Elles ont gardé une certaine homogénéité tout au long des niveaux stratigraphiques. Le changement de dégraissant marque une évolution technologique, d'autant plus qu'elle permet d'avoir des pâtes moins grossières, donnant ainsi une céramique plus fine.

b. La céramique de Taagoogo

Etude morphologique

Le site de Taagoogo a fourni le plus de vestiges céramiques, 55 fragments et 32 poteries entières. La majorité des fragments a été prélevée à -25 cm.

Les poteries entières quant à elles, proviennent des dernières couches inférieures à -50 cm. A cette même altitude, nous avons prélevé quelques morceaux de céramiques, qui sont en fait des tessons du pavement. La bonne conservation de ces poteries a peut-être été favorisée par une chute progressive d'un mur de la concession qui a protégé ces dernières de toute destruction.

Tant au niveau des fragments que des poteries, les formes sont sphériques (fig.47, p225 n° 1 à 12), avec des plans d'ouverture hauts, sauf quatre terrines qui ont un plan d'ouverture bas (fig.48, p226 n°1 à 5). Elles sont probablement utilisées pour servir le repas. La position du plan d'ouverture permet d'introduire facilement la main dans le plat. Actuellement, les mêmes couverts (qui cohabitent avec les plats modernes) sont utilisés pour le repas.

Une forme inconnue de deux poteries est apparue dans cette fouille à -50 cm. Elles

Fig. 47 : les types de poterie et les décors du site de Taagoogo

Fig. 48 : les types de poterie et les décors du site de Taagoogo ont la forme d'un long col (fig.48 n°7 et 8) et sont toutes engobées de noir. Elles ont été prélevées au même niveau et dans le même carré. La même forme de poteries, engobée de rouge, se perçoit à la surface du site d'habitat qui se situe à 7 km au sud-est de Taagoogo (fig.48 n°9).

Sur les 87 éléments céramiques récoltés, 30 d'entre eux avaient des bords simples. Avec des divergences au niveau des côtés (parallèles, divergents ou convergents) et des formes de la tranche des bords (bords arrondis simple ou à renflement interne, bords plats à renflement externe et interne). Quarante ont des bords incurvés épaissis avec des arêtes internes. Les 17 autres éléments céramiques ont des bords incurvés anguleux avec arêtes internes et / ou externes. Toutes ces formes de bords se retrouvent dans les différents niveaux stratigraphiques. Nous n'avons remarqué aucune interruption particulière.

Mensuration et étude de la pâte

La céramique de Taagoogo se compose de petits récipients avec des hauteurs et des diamètres au bord qui varient respectivement entre 18 cm et 20 cm au maximum. Les épaisseurs sont comprises entre 0,7 à 1,2 cm. Par l'étude des fragments de céramique, nous avons identifié une majorité de cuisson homogène à pâte fine. Les cuissons hétérogènes présentent de petits filets de cœur noir. Les dégraissants utilisés sont, en grande partie, des grains de quartz et de la chamotte. Les nodules ferrugineux utilisés en majorité sur le site de Sondomtengyir sont ici extrêmement rares. Ils ont été identifiés sur quelques morceaux de céramique à -60 cm. Le quartz et la chamotte existent dans la céramique de tous les niveaux stratigraphiques du site. L'absence de nodules ferrugineux dans les niveaux stratigraphiques supérieurs s'explique-t-elle par un abandon au profit du quartz et de la chamotte ? Au niveau de Sondomtengyir, les nodules ferrugineux étaient en majorité utilisés sur le site, mais se trouvaient sur la céramique des couches inférieures datées de 895-1030 de notre ère. Les niveaux stratigraphiques supérieurs, postérieurs à cette date, renfermaient des céramiques (en nombre réduit) dont les dégraissants étaient uniquement de la chamotte, avec quelques rares fragments à base de nodules ferrugineux.

Ce site est-il contemporain ou antérieur au site de Taagoogo, si l'on tient compte de la répartition des dégraissants dans les niveaux stratigraphiques ? Le site de Sondomtengyir pourrait être antérieur à celui de Taagoogo, puisque à ce niveau, les nodules ferrugineux ne se trouvent que sur quelques tessons, alors que sur le site de Sondomtengyir ils ont été utilisés en majorité. Les niveaux supérieurs ne renferment que quelques tessons dont les dégraissants sont en chamotte.

c. La céramique de surface des buttes anthropiques du village de Ralo

Ralo est un village situé dans le département de Poa, à environ 30 km au sud-ouest de Wologteng-Gooden. La céramique de Ralo est constituée de ramassage de surface, une fouille n'ayant pas pu être faite sur ces buttes, antérieures au XVIème siècle selon les traditions orales. Nous avons tenu à présenter cette étude afin d'avoir des éléments de comparaison au niveau de la céramique, d'autant plus que les différents sites sont attribués au même groupe humain, les *Nînsi*, par les traditions orales.

Etude morphologique

Des fragments de bord et de corps de marmite, de terrine et de jarre funéraire ont été enregistrés. La forme sphérique est la plus répandue. Un seul récipient caréné a été mis au jour. Au niveau des encolures, deux types de céramique sont présents. Les récipients sans cols, les plus nombreux, se caractérisent par des lèvres régulièrement incurvées vers l'intérieur, avec des bords parallèles, divergents, convergents, parfois plats, ronds à renflement externe et interne ou interne uniquement. La deuxième catégorie, moins représentée, est constituée de récipients à cols, avec une inversion de courbure vers l'extérieur. Les bords sont le plus souvent incurvés, épaissis sans ressaut. Les bords incurvés anguleux, avec arête interne, sont identifiés sur deux récipients.

Deux types de moyens de préhension ont pu être relevés. Une anse horizontale sur une marmite et un tenon en forme de bouton hémisphérique ramassé sans attache particulière.

Mensuration et étude de la pâte

Les diamètres au bord et à la panse des petits récipients varient entre 10 et 15 cm. Les grands récipients (diamètre à la panse 50 cm environ) sont des jarres funéraires. Les épaisseurs des tessons de marmites, de bols varient entre 5 et 10 mm. Les plus épais sont les fragments de terrines et de jarres funéraires (10 à 50 mm). La céramique de Ralo se rapproche beaucoup appartenant aux *Nînsi.*[223]

Des pâtes grossières sont utilisées avec des dégraissants de chamotte, quartz et de plus de celle de Buku, décrite par Halpougdou et considérée comme nodules ferrugineux. Les cuissons sont homogènes

d. Les décors de la céramique de Sondomtengyir, de Taagoogo et de Ralo

Pour étudier les décors céramiques de ces différents sites nous avons choisi après une première approche, des échantillons pouvant nous donner les décors de l'ensemble de l'objet.

Le haut de la panse, par rapport à l'équateur, présente la plus grande diversité décorative. Les motifs décoratifs identifiés sont très nombreux et se composent de moulures (disposées horizontalement au niveau de la panse, obtenues par de la pâte rapportée en saillie), de cannelures, d'incisions (se présentant le plus souvent en chevron groupées en lignes simples, parallèles, horizontales, verticales ou obliques), de décors composites et de quelques décors impressionnés.

Les décors de la céramique de Sondomtengyir

Plusieurs décors impressionnés avec des motifs divers sont représentés. La figure 49 n°1, p229 montre un décor impressionné en relief avec des motifs en frise entrecroisés. La matrice utilisée est probablement une cordelette tressée.

Les décors impressionnés en creux donnant des motifs en carreaux sont moins nombreux et sont le plus souvent dessinés sur les fragments de jarres et de grands récipients (fig.50, n°1, p230) découverts à -60 cm. Nous avons aussi des décors impressionnés composites, très peu représentés. La figure 50, n°3, p230 présente une impression en creux, avec des motifs en carreau, des nervures verticales et des oculis. La figure 51, n°1, p231 présente une impression en relief, faisant ressortir deux motifs différents. Le premier motif est composé de formes rondes, séparées de traits verticaux. Au bas de celui-ci, se présente un décor en losange disposé horizontalement. La figure 52, n°3, p232 présente aussi un décor impressionné avec des traits verticaux et des oculis.

Les décors composites non impressionnés sont des nervures, des moulures et des incisions. La figure 49, n°2, p229 présente de grosses moulures et des incisions, tandis que la photo 33, p220 a un décor fait uniquement de plusieurs moulures. Les artisans ont utilisé de l'engobe noir dans le décor des petits récipients.

[223] HALPOUGDOU, M.: *Approche du peuplement prédagomba du Burkina Faso. Les Yônyôosé et les Nînsi du Wubrtênga.* Mémoire de maîtrise, 1984-1985

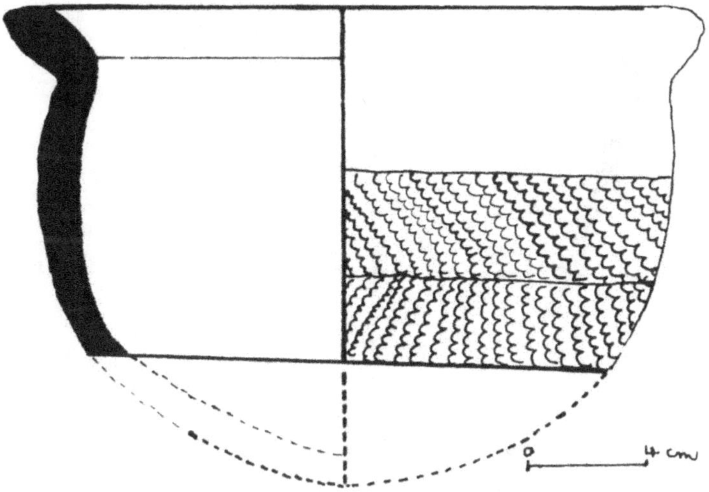

1

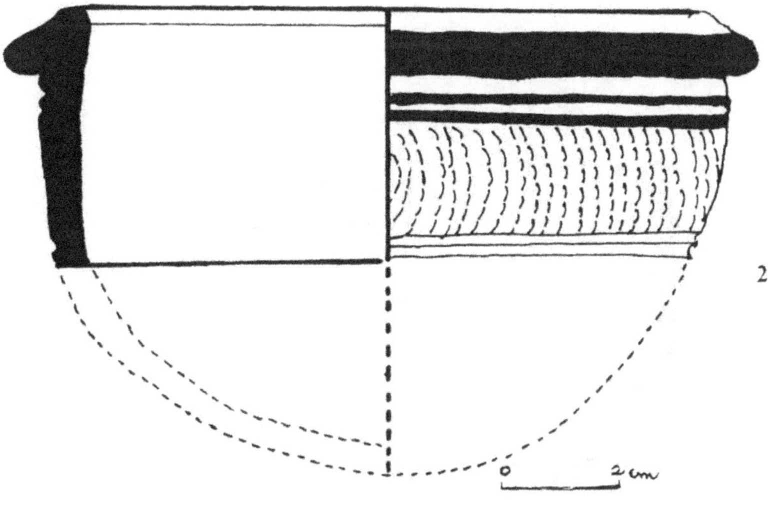

2

Fig. 49 : la céramique de Sondomtengyir et de Taagoogo

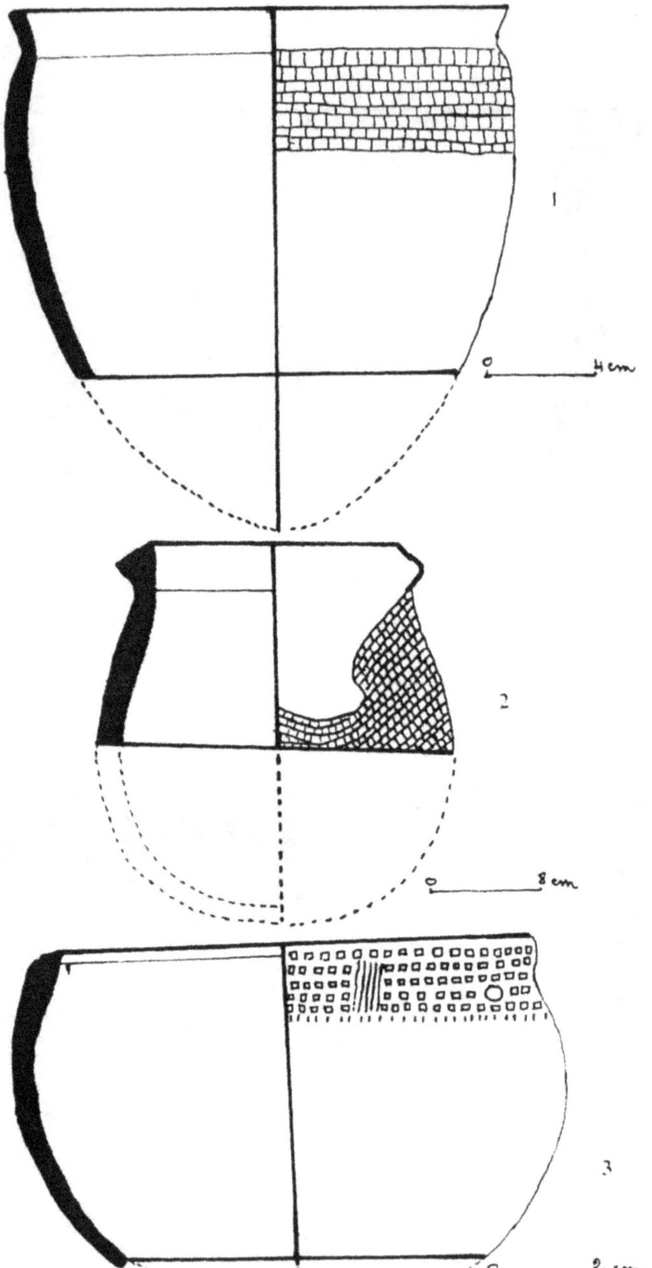

Fig. 50 : la céramique de Sondomtengyir

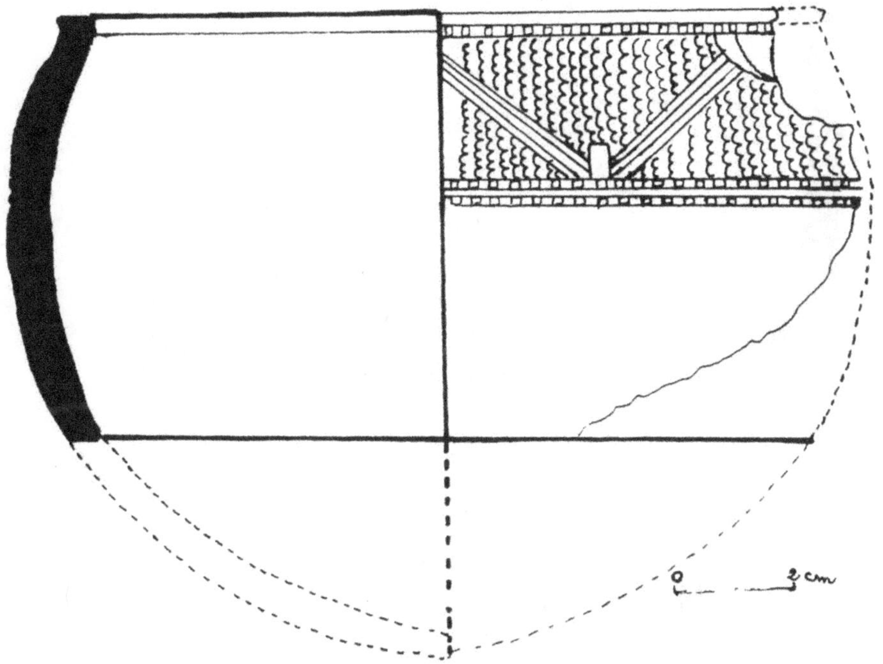

1

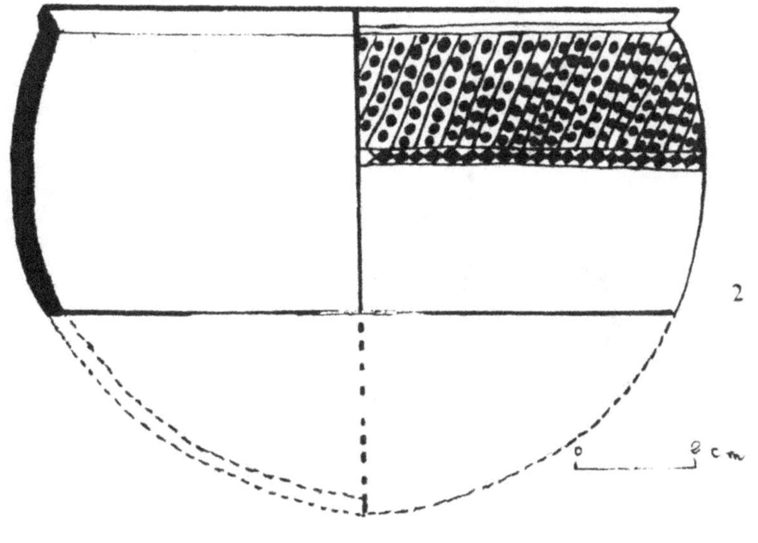

2

Fig. 51 : la céramique de Taagoogo et de Sondomtengyir

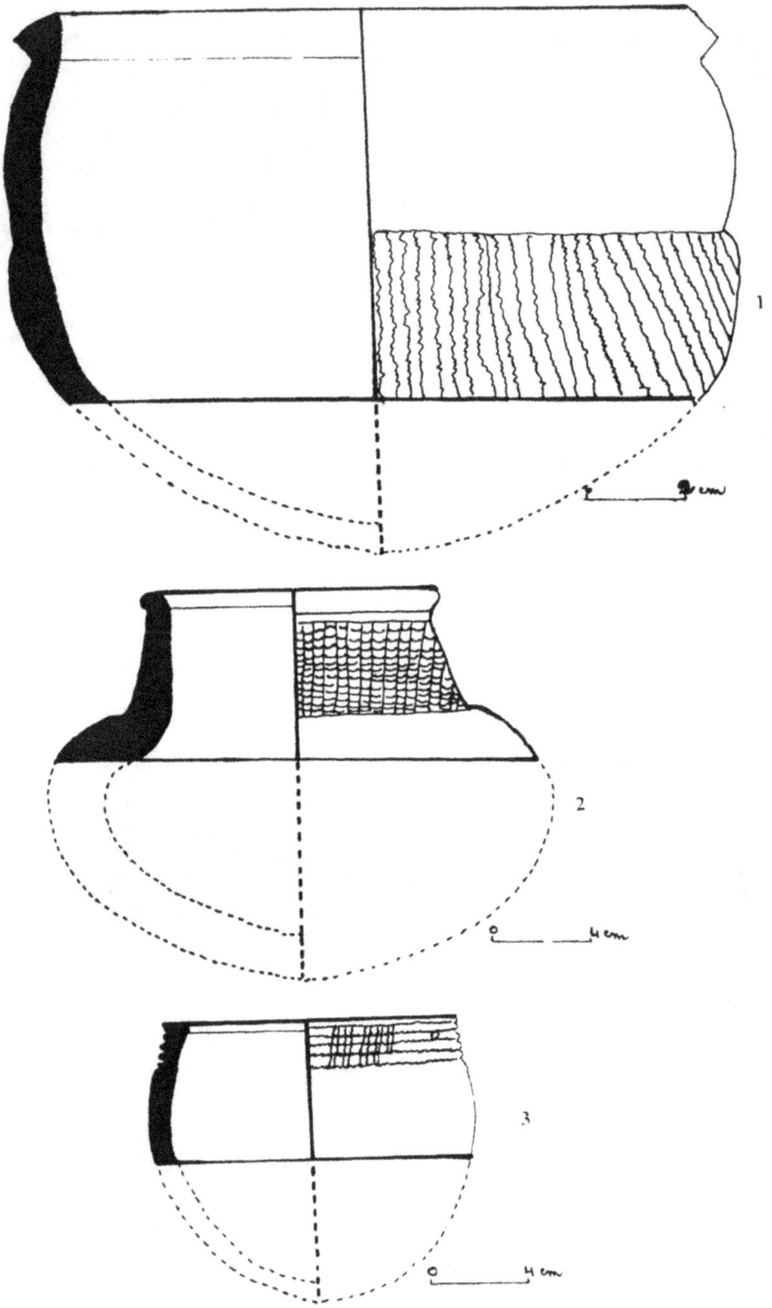

Fig. 52 : la céramique de Taagoogo et de Sondomtengyir

. Les décors de la céramique de Sondomtengyir sont diversifiés avec, en majorité, des décors impressionnés qui se répartissent sur l'ensemble de la céramique des différents niveaux stratigraphiques. Ils sont le plus souvent localisés sur les bords et panses des récipients.

Les décors de la céramique de Taagoogo

Les récipients sont enduits, en majorité, d'engobe noir et rouge (fig.47 et 48, p225, 226). Les décors sont localisés, sur certaines poteries entières, sur tout le corps. Les fragments prélevés à -25 et les poteries entières à -50 cm ont en majorité des décors impressionnés, avec quelques rares décors composites. La figure 47 n°1 et 6 présente des décors impressionnés en creux, dont les motifs s'entrecroisent en chevrons. La figure 48, n°5 montre un décor impressionné en relief laissant apparaître des demi-cercles concentriques. La figure 47 n°2 et 9 présente aussi des motifs décoratifs impressionnés, la matrice peut être une cordelette tressée. Des moulures et nervures séparent certaines parties décorées (fig.47, n°5 et 6). Un seul fragment découvert à -25 cm révèle un décor composite (51, n°1, page231). Certains fragments ont des décors incisés mais sont minoritaires (fig.53, p234).

La céramique de Taagoogo est caractérisée par un décor impressionné. Nous remarquons cependant que ce décor conserve une certaine originalité sur chaque récipient. En effet, les poteries trouvées ensemble et utilisées en même temps par les habitants ont des formes, des couleurs et des décorations différentes.

Les décors de la céramique de Ralo

Les décors de la céramique de Ralo sont en grande partie des décors composites, dont la majorité est impressionnée. La figure 54, p235 présente des motifs de petits carreaux, obtenus par incisions faites entre de petites nervures horizontales très fines.

La figure 55, p236 est un décor dont les motifs présentent des losanges sur fond d'incisions horizontales très fines.

La figure 56, n°1, p237 montre des nervures et moulures sur lesquelles sont faites de petites incisions verticales.

A la figure 56, n°2, p237, on voit apparaître des incisions disposées en chevrons, avec des nervures et oculis.

La figure 57, n°1, p238 présente un décor estampé, donnant un motif en creux et en relief, suivi d'un décor incisé en losange.

La figure 57, n°2, p238 est un décor incisé, laissant apparaître des groupes de traits verticaux, suivi d'un décor impressionné horizontal.

La figure 58, n°1, p239 présente des nervures sur un fond de décor impressionné en relief.

Sur la figure 58, n°2, p239 on voit deux moulures suivies d'un décor impressionné de deux motifs différents, disposés en registres.

A la figure 59, n°1, p240, on a aussi un décor impressionné de deux motifs différents disposés en bandes. Le haut de la panse est décoré probablement par une matrice en cordelette tressée, tandis que celui impressionné du bas de la panse est peut-être fait par une cordelette nouée donnant l'impression en relief. La figure 59, n°2, p240 présente aussi un décor composite de trois motifs différents, disposés en registres. Nous avons des nervures disposées de façon horizontale, traversées par des nervures verticales et obliques, suivies d'une deuxième tranche de décor impressionné, laissant apparaître de petits points

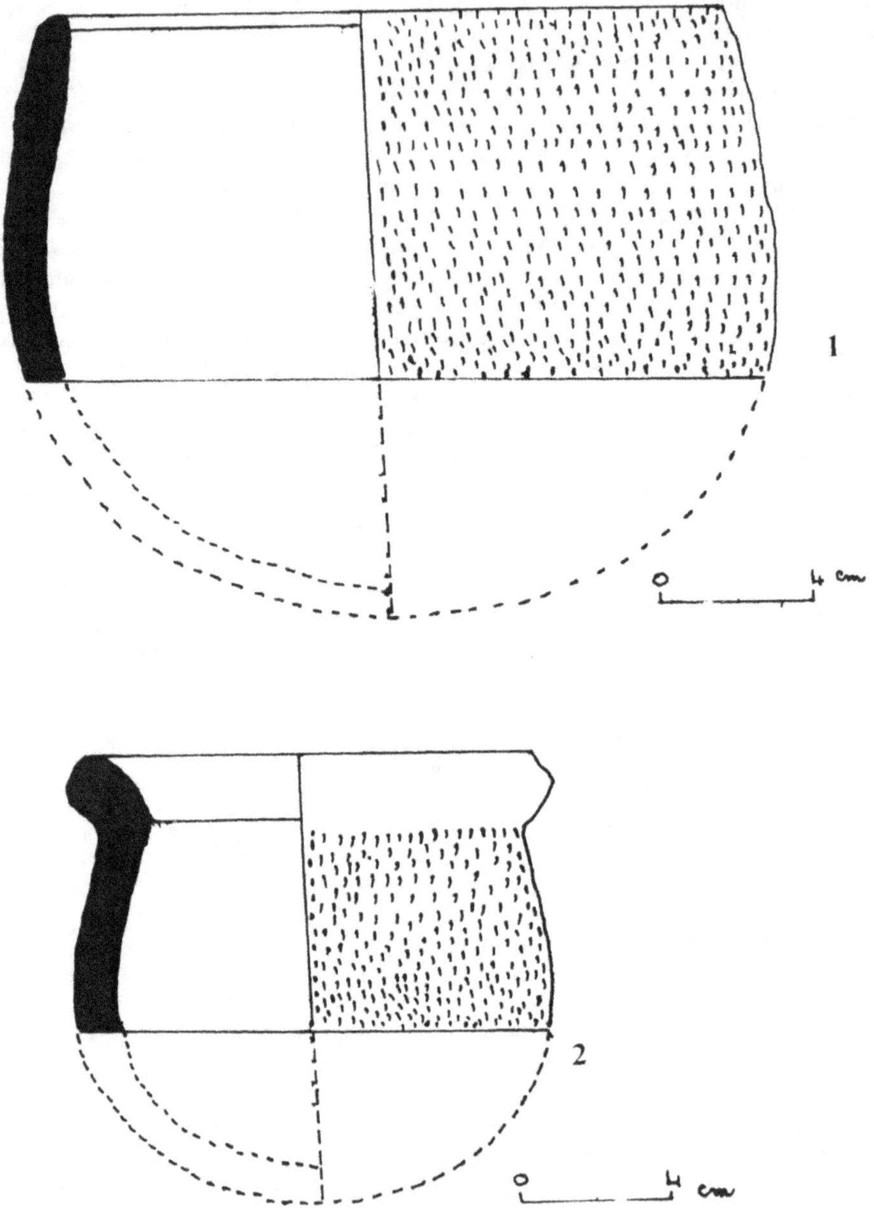

Fig. 53 : la céramique de Taagoogo

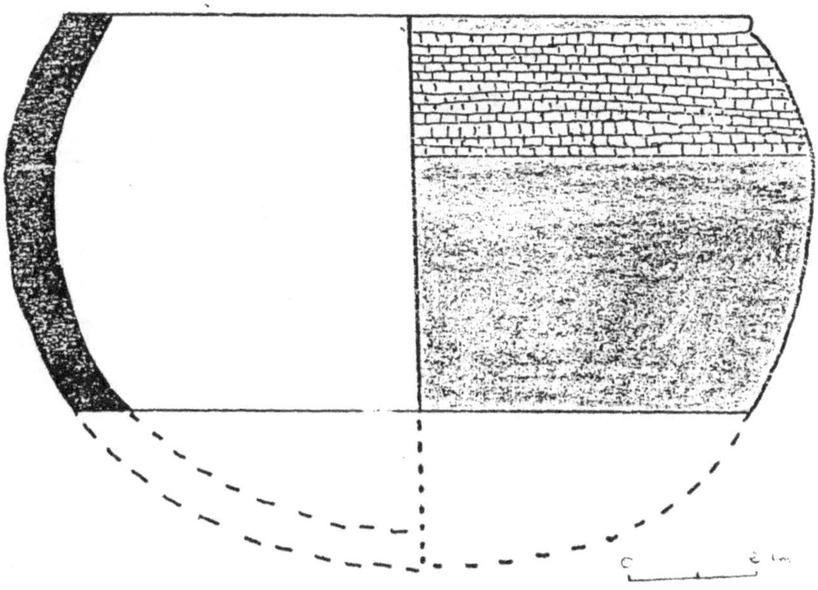

Fig. 54 : la céramique de Ralo

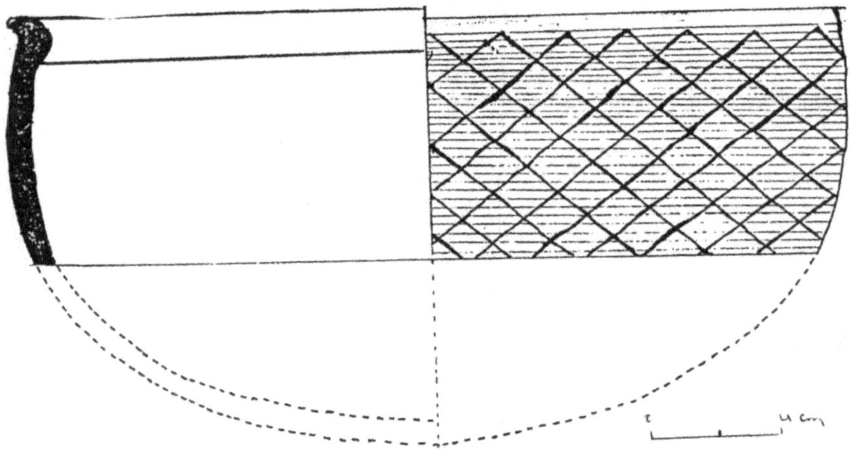

Fig. 55 : la céramique de Ralo

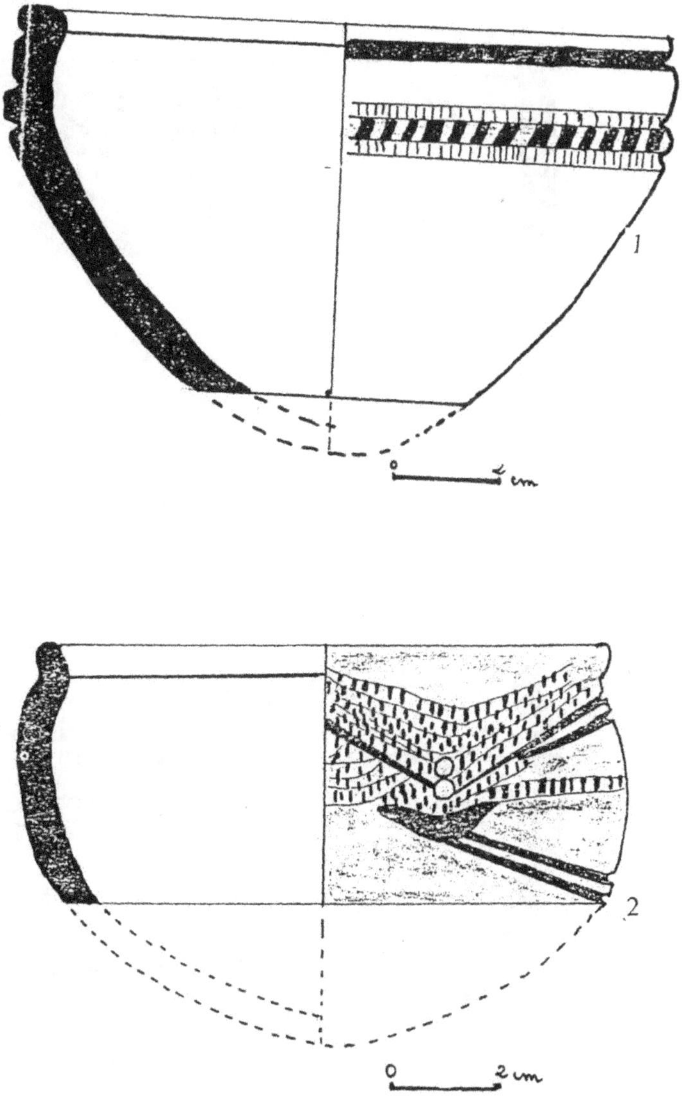

Fig. 56 : la céramique de Ralo

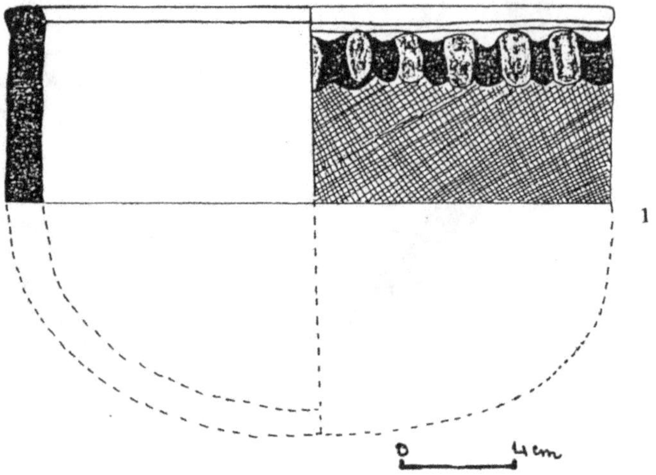

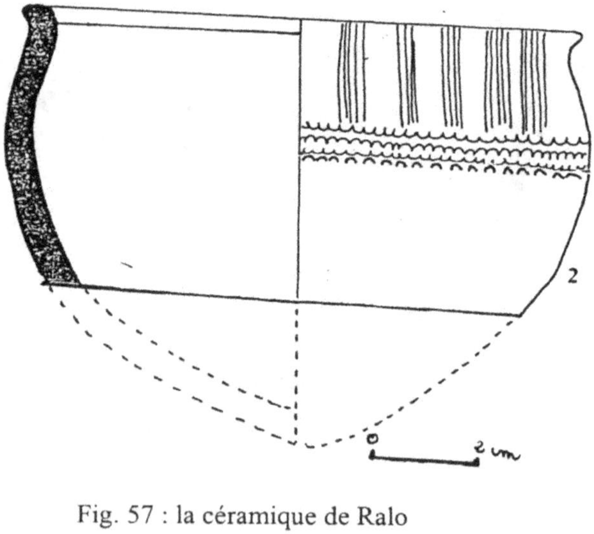

Fig. 57 : la céramique de Ralo

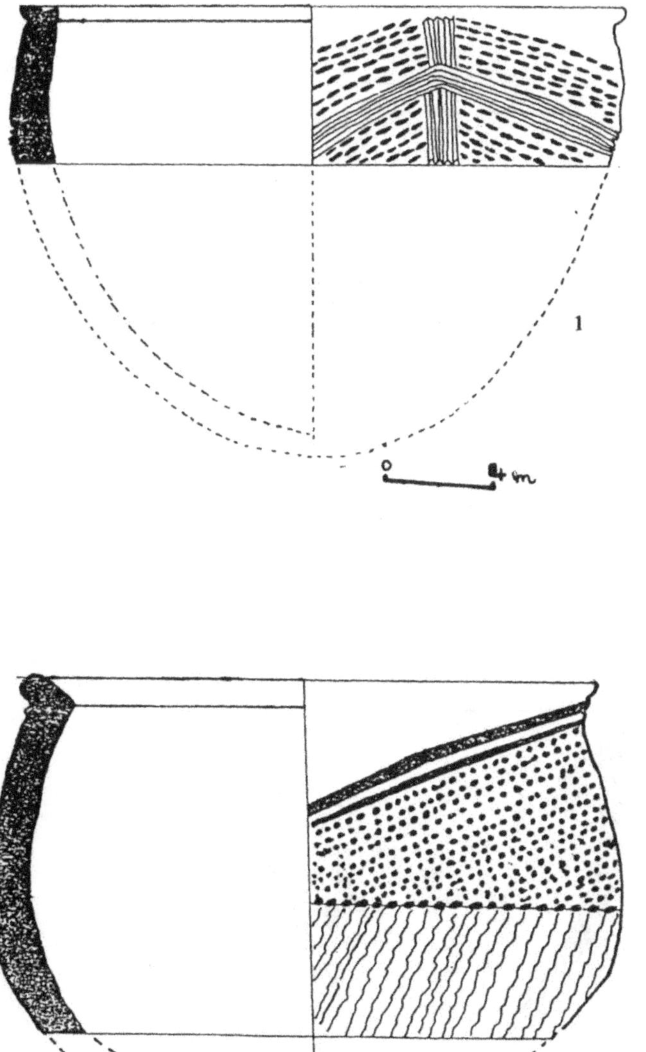

Fig. 58 : la céramique de Ralo

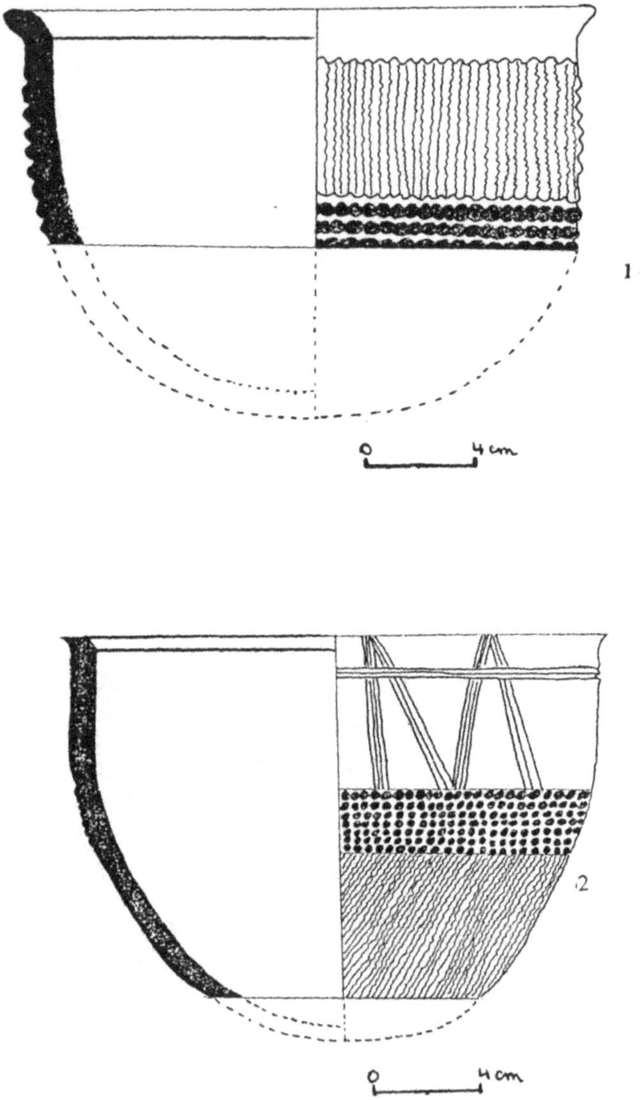

Fig. 59 : la céramique de Ralo

en relief de forme ronde. La dernière bande de décor est aussi impressionnée par une matrice en cordelette tressée.

La figure 60, n°1, p242 est faite de nervures disposées en chevrons, avec des oculis sur un fond de décor impressionné suivi d'un décor incisé disposé en deux couches horizontales. La figure 60, n°2, p242 présente aussi un décor composite de plusieurs motifs, avec des figures géométriques intégrées. Le bord n'est pas décoré. La partie supérieure du corps est divisée en registre par des lignes obliques d'oculis jointifs. Chaque registre comporte des lignes parallèles incisées, parfois piquetées.

Un bandeau formé d'oculis horizontaux et d'impressions de motifs triangulaires et carrés marque la ligne de rupture du profil. Au-dessous, la panse porte un décor impressionné en chevrons dans sa partie supérieure.

Les décors de la surface des buttes de Ralo sont très riches et variés. Ils sont dominés par les décors composites. Ceux-ci sont très distincts des décors de la céramique de Sondomtengyir et de Taagoogo.

Les céramiques des trois sites présentent des points communs et des divergences. Les formes sont sphériques et sont composées en majorité de petits récipients. Les divergences sont accentuées au niveau des décors, qui sont différents sur les trois sites. Les décors de Sondomtengyir sont plus variés que ceux de Taagoogo, où domine le décor impressionné. La céramique de Ralo est la plus riche des trois sites, au niveau décoratif. Elle est faite de décor composite et présente des motifs décoratifs variés.

CONCLUSION PARTIELLE :

Les fouilles archéologiques sur le site de réduction ont permis de découvrir deux types de fourneaux datés entre le milieu du XVème et le milieu du XVIème siècle de notre ère. Ils n'ont pas été auparavant signalés par les traditions orales du Bulkiemdé. En effet, celles-ci ont donné des descriptions des fourneaux que les ancêtres des forgerons actuels ont utilisés. Quand il s'agit des techniques métallurgiques des anciens occupants, les informations sont d'ordre général et très vaques. Les structures des vestiges de réduction prouvent qu'ils n'appartiennent pas aux ancêtres des habitants actuels. Les forgerons du village de Gooden venus contempler les découvertes sur le site, étaient bien surpris de voir ces fourneaux. Les plus âgés ont même soutenu qu'ils n'avaient jamais vu ces types de fourneaux chez leur voisin au cours des voyages à la recherche du minerai. Les structures de ces différents fourneaux, l'organisation de l'aire de réduction et les récits des traditions orales, permettent de conclure que les techniques de réduction de ces peuples anciens étaient très différentes de celles des forgerons actuels du Bulkiemdé.

Les résultats des fouilles des sites d'habitat, que les traditions orales associent aux sites de réduction, ont fourni de la céramique et des objets en fer. Seul le site de Sondomtengyir a pu être daté à 895-1030 de notre ère. Les anciens habitants connaissaient bien le fer et savaient travailler le minerai de fer. Les études métallographiques des scories du site d'habitat de Taagoogo ont montré que ces habitants savaient épurer la loupe et la transformer à la forge en objets finis. En effet plusieurs d'entre eux ont été retrouvés en fouille. Nous étudierons leur structure métallographique dans le dernier chapitre.

La céramique des deux sites d'habitat présente des ressemblances dans les formes, la qualité de confection et des divergences au niveau des décors. Cette céramique est carac-

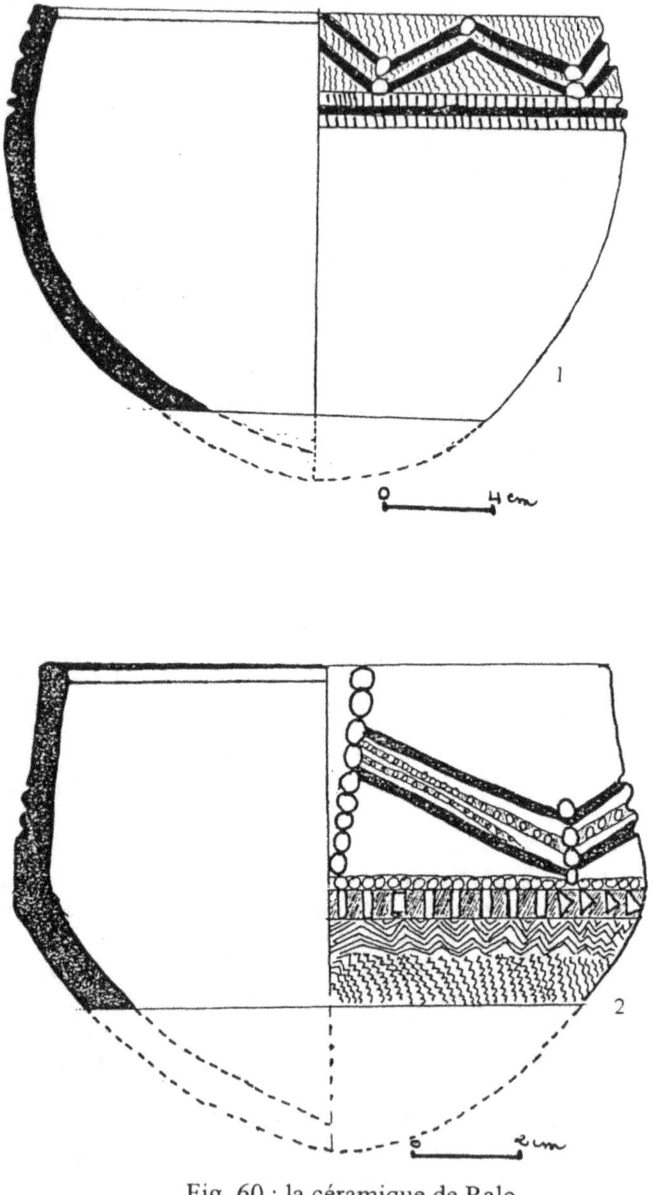

Fig. 60 : la céramique de Ralo

térisée par une excellente qualité sur le plan de la cuisson, de la robustesse des tessons, des formes et des décors. La céramique du village de Ralo, situé à environ 30 km au sud-ouest de Gooden, présente des caractéristiques différentes de celle du village de Wologteng-Gooden. Les décors sont très riches et présentent une certaine finesse dans leur élaboration. La céramique contemporaine que nous avons observée pendant nos enquêtes orales à Ralo, Poa et Tiogo est totalement différente de la céramique ancienne. Elle est de mauvaise facture et très légère. La grande majorité est dépourvue de motifs décoratifs. Les décors impressionnés à base de cordelette sont rares, si bien qu'on différencie facilement ces deux types de technologie.

Il est certain que le Bulkiemdé a été jadis habité par des populations anciennes connaissant la technique de réduction du fer et la céramique. Les traditions orales les assimilent toutes à des *Nînsi*, qu'ils considèrent comme les habitants de ces sites. Les résultats des études archéologiques, à travers l'étude de la céramique des sites d'habitat, montrent une différence de faciès culturel. Dans le même village, les sites d'habitat de Sondomtengyir et Taagoogo renferment des céramiques différentes. On peut supposer que le village a été occupé à des périodes distinctes, ou encore, qu'il a été habité à la même période par des peuples de cultures différentes. Les peuples appelés abusivement *Nînsi* sont certainement des populations anciennement installées au Bulkiemdé, mais ne constituent pas une population avec une identité unique. Ils sont probablement constitués de mosaïques de peuples différents sur le plan culturel. La migration des artisans est peut-être due à une conquête brutale ou à la recherche d'autres espaces de vie. Dans ces cas, les nouveaux arrivants se sont installés après leur départ, avec leur propre savoir-faire, expliquant ainsi cette rupture au niveau de la métallurgie et de la céramique. Seules plusieurs études approfondies sur l'histoire du peuplement ancien, basées sur les vestiges d'habitat pourront répondre à certaines questions restées souvent sans réponses précises. Elles viendront ainsi compléter les études sur la métallurgie archéologique.

Après l'approche des éléments céramiques provenant des différents sites d'habitat, il a paru important de faire une approche métallographique des objets en fer trouvés lors des fouilles. Ces études nous permettent de connaître, par le biais de la métallographie structurale, les compétences techniques des métallurgistes.

Chapitre VIII

ETUDE METALLOGRAPHIQUE DES OBJETS EN FER DES FOUILLES ARCHEOLOGIQUES

Les objets en fer issus des fouilles archéologiques sont au nombre de douze. Un seul provient du site de Sondomtengyir, les onze autres sont de Taagoogo. Sur les onze objets en fer de Taagoogo six ont finalement pu être objet d'approche métallographique. Les autres n'ont pas été préservés de la corrosion, ils ne comportaient pas assez de métal non oxydé permettant une étude significative. L'objectif premier de cette étude métallographique est de connaître le degré de technicité des artisans forgerons installés avant l'arrivée des *Nakomsé*. Sont-ils d'excellents métallurgistes comme l'affirment les traditions orales ? Nous voulons aussi comparer les techniques anciennes de transformation de la loupe en produits finis, à celles des forgerons actuels de la province du Bulkiemdé. En effet, les traditions orales prétendent que ces anciens occupants sont les diffuseurs des techniques sidérurgiques. Ont-ils vraiment eu une influence directe ou indirecte sur ces techniques de transformation des habitants ? L'idéal serait d'avoir les mêmes objets tant au niveau des fouilles que des forges actuelles. Nous savons que cette approche est un peu ambitieuse par rapport au nombre de sites étudiés, mais nous espérons que l'analyse de ces objets pourrait fournir des éléments d'une réponse qu'il faudra compléter par d'autres études de cas.

Dans le cadre de la méthodologie générale d'approche, pour ne pas revenir sur les précisions que nous avons données aux chapitres précédents, traitant des différentes étapes de préparation de l'objet avant l'étude métallographique, nous tenons à insister sur quelques indications importantes.

La structure du métal est conditionnée par les traitements thermomécaniques qu'il subit. Pour extraire une partie de son histoire par l'étude métallographique, il faut pouvoir sectionner les parties significatives. Chaque objet présente des parties différentes et intéressantes au niveau desquelles les sections peuvent être pratiquées afin de ne pas perdre des informations intéressantes. Par exemple, une lame et un briquet anciens auront des parties sectionnées selon l'information que l'on attend. Sur la lame, le chercheur sectionnera verticalement l'objet, partant du dos à la partie tranchante, pour observer une évolution de la structure, tandis qu'au niveau du briquet, il s'intéresserait à la partie traitée en contact, avec le silex[224].

VIII-1.Etude d'une pointe d'objet GOD KI II 94 (64)

A. *Présentation et contexte de l'objet*

Il s'agit d'une partie d'un objet dont l'extrémité est pointue. C'est le seul objet en fer récolté à -40 cm, sur le site de Sondomtengyir dans le même niveau stratigraphique que le charbon daté au C14 à 895-1030 de notre ère.

C'est un objet simple que nous avons pris, au début, pour l'extrémité d'une flèche, à cause de sa morphologie. Il mesure 7 cm de long, pour une largeur maximale au niveau de

[224] Nous avons déjà étudié ces cas dans l'approche métallographique des objets des habitants actuels.

la base de 0,7 cm. L'extrémité de l'objet est pointue et la base s'élargit comme s'il y avait eu des barbelures, à l'image des flèches anciennes du Bulkiemdé. Sur ce plan morphologique nous n'avons pas pu avoir plus de détails compte tenu de l'importance de la corrosion (fig. 61, p247).

L'objet a été sectionné à l'extrémité du bout pointu. Il a été inséré dans la résine de manière à pouvoir le polir dans le sens de la verticale et de l'horizontale. Ceci permettrait de suivre l'évolution structurale dans les deux sens. Le polissage dans le sens de l'horizontale n'a pas été concluant à cause de la corrosion. Une charge de 200g a été utilisée pour la mesure de dureté.

B. Examen macrographique

La macrographie met en évidence une zone d'oxydation très prononcée et une partie claire qui constitue le métal non corrodé. On remarque la présence de quelques taches noires au centre de l'objet.

C. Examen micrographique

Les micrographies P1 et P2 (p. 248) présentent une structure homogène essentiellement ferritique équiaxe à 0,02 % de carbone, avec des traces de nombreuses petites inclusions. On a un léger écrouissage vers les bords et un grossissement des grains au centre, dû probablement à une recristallisation primaire, où de nouveaux grains se forment par germination et croissance aux dépens du métal écroui.

D. Interprétation et hypothèse de mise en forme

A partir du moment où les grains sont recristallisés, cela suppose que l'objet a d'abord subi une déformation plastique, donc qu'il a été écroui. Sa structure est altérée et ses propriétés physiques et mécaniques sont modifiées. Certains artisans utilisent cette technique comme moyen de durcissement des métaux. Pour la mise en forme de l'objet qui semble avoir été relativement simple, la pièce support a été martelée jusqu'à écrouissage des grains. Et par la suite, le forgeron a dû réchauffer le métal pour restaurer les propriétés et la structure qu'il avait au début. Il devient ainsi moins dur (Δ HV_{200}= 115).

Conclusion

Cette pointe d'objet se caractérise par l'homogénéité de sa structure et la simplicité de sa mise en forme. Sa microdureté est très faible et n'a pas un pouvoir pénétrant très fort. Il ne s'agit probablement pas d'une pointe de flèche comme nous l'avons supposé, mais vraisemblablement de l'extrémité d'un objet commun destiné à un usage non spécialisé. En effet pour une pointe de flèche, on aurait une extrémité de pointe très dure pour permettre une pénétration plus facile dans la chair de l'animal s'il s'agit de chasse ou de l'adversaire pour une arme de guerre.

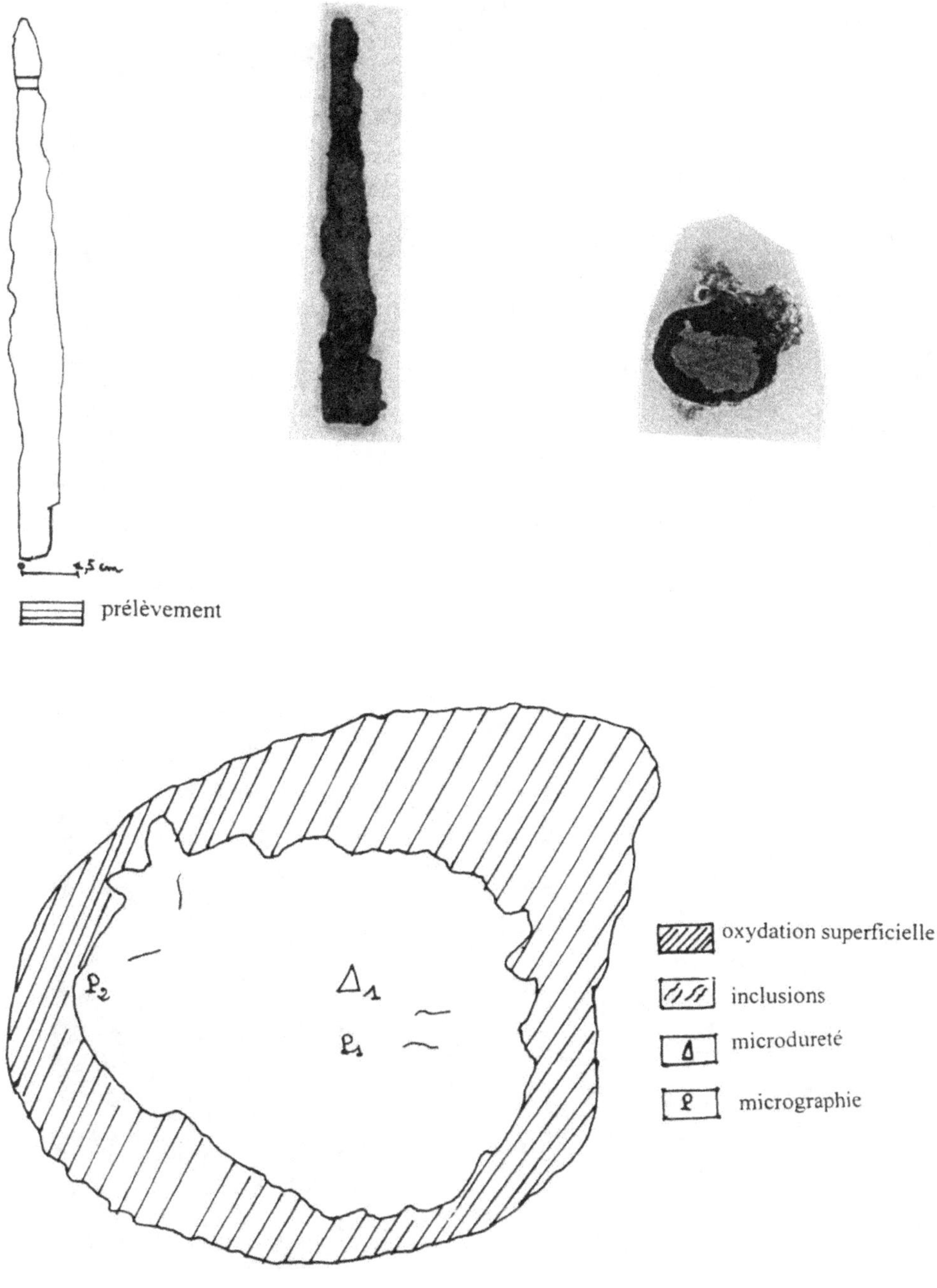

Fig. 61 : une pointe d'objet de Sondomtengyir

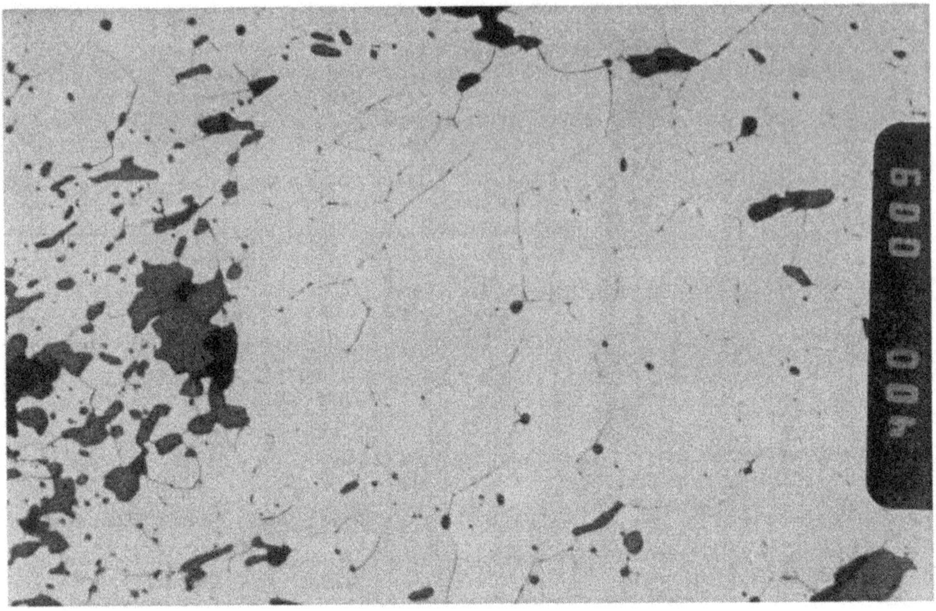

P1 : structure ferritique au centre de l'objet

P2 : structure ferritique équiaxe à 0,02% de carbone

VIII-2 Etude d'une aiguille GOD KI III 3 94 (23)

Tous les objets que nous allons étudier maintenant proviennent du site de Taagoogo. Selon les traditions orales du village de Wologteng-Gooden, le site est antérieur au XVIème siècle, période à laquelle se sont installées les populations actuelles, trouvant sur place les restes des anciens occupants.

A. Présentation et contexte de l'objet

C'est une aiguille récoltée aux fouilles du site de Taagoogo, à - 25cm de profondeur. De prime à bord, elle présente la forme d'un objet dont l'élaboration est simple. Elle mesure 5 cm de long et 3 mm de large (pour la mesure de la largeur, il faut prendre en compte l'épaisseur de la rouille) (fig. 62, p250).

Deux prélèvements ont été faits à la pointe de l'objet. Le premier est poli dans le sens horizontal et le second de façon verticale pour suivre l'évolution des structures.

La charge utilisée dans la mesure des microduretés est de 500g.

B. Examen macrographique

- Présentation horizontale

La macrographie (fig.62, p250) présente des traces de corroyage primaire, qui se manifestent surtout par l'existence de parties corrodées associées à d'anciennes soudures au niveau de la pointe. On a ainsi un feuilletage qui est inhérent à l'élaboration de l'objet.

-Présentation verticale

On a une structure homogène avec la présence de nombreuses inclusions (fig. 63, p251).

C. Examen micrographique

En observant la coupe dans le sens de la longueur de l'aiguille, elle révèle une structure correspondant à un acier à 0,4 % de carbone, mêlant à la fois une ferrite parfois aciculaire avec de la perlite. De plus près, on perçoit deux zones.

La première, au niveau de la pointe, est très fine et composée de ferrite-perlite globulaire (P3, p252) et de petits grains de ferrite aciculaire (P4, p252et P5, p253). La microdureté est de $\Delta\ HV_{500}$=174.

Une deuxième zone se localise au corps de l'aiguille avec des grains plus gros de perlite et ferrite aciculaire (P1 et P2, p252) avec une microdureté $\Delta\ HV_{500}$=226.

La micrographie P5 de la zone I correspond à la partie feuilletée qui révèle le travail d'épuration du métal de base. Elle présente une légère décarburation en pointe de l'objet (0,3 % de carbone), ce qui explique la dureté plus faible.

La coupe verticale présente des grains très fins avec un acier de 0,5 % de carbone (P6, p253).

Fig. 62 : Aiguille God ki III 3 94 (23)

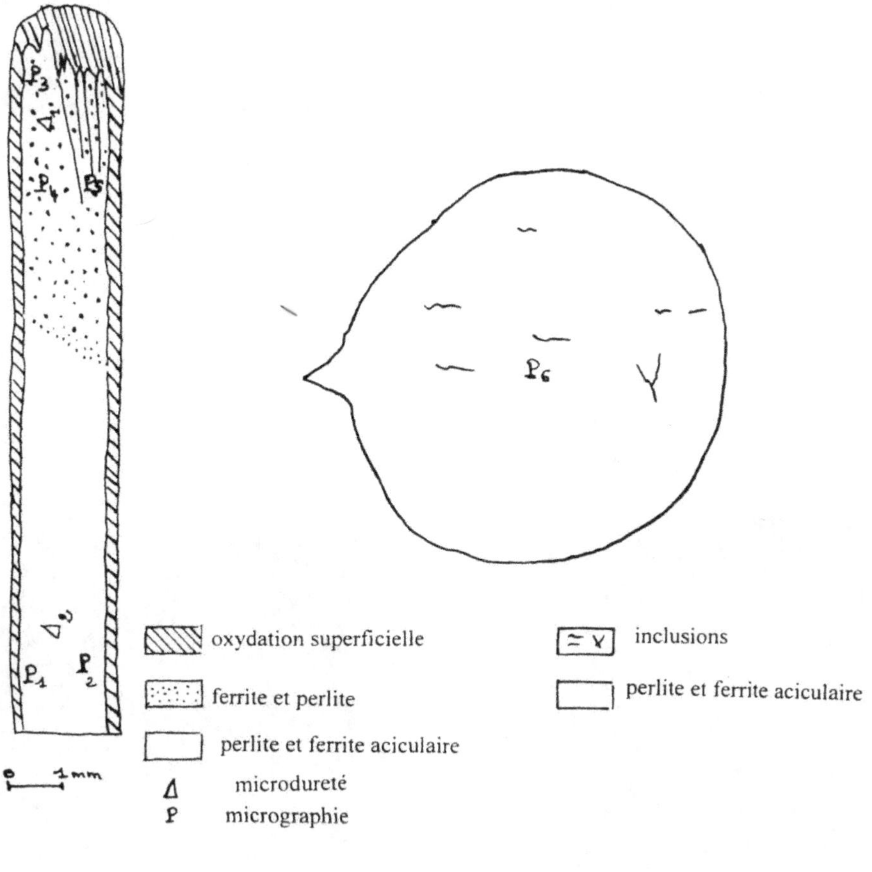

Fig. 63 : schéma des deux sections de l'aiguille

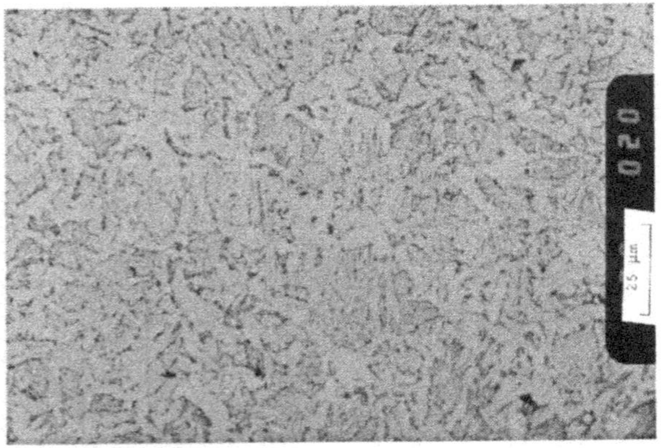

P 1 : gros grains de ferrite aciculaire et de perlite

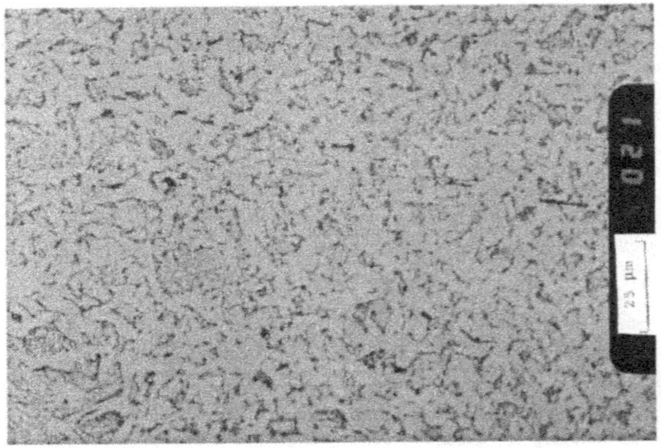

P 2 : gros grains de ferrite légèrement aciculaire associés à de la perlite

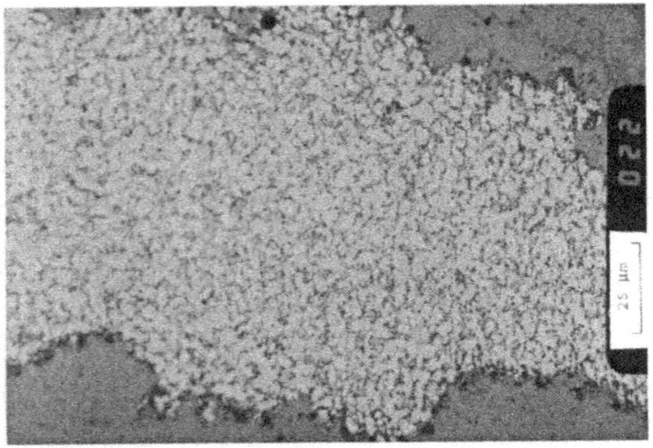

P 3 : grains fins de ferrite-perlite globulaire

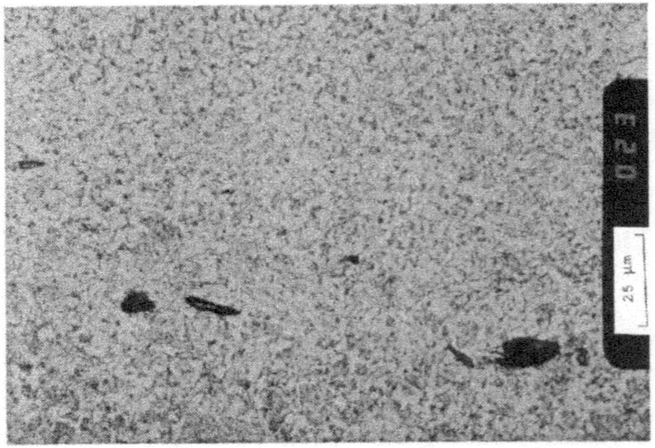

P 4 : grains fins de ferrite et perlite aciculaire

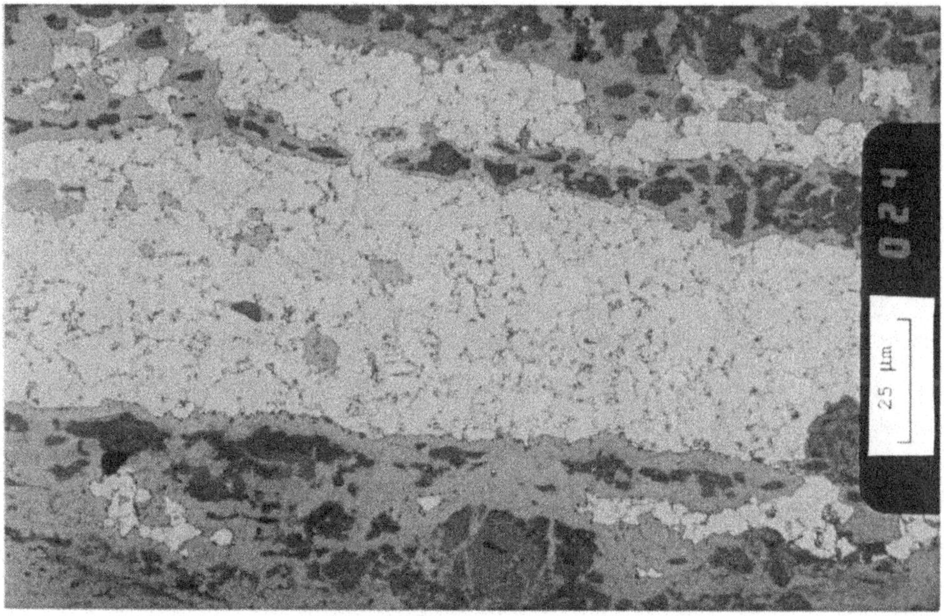

P 5 : partie feuilletée révelant le sens du corroyage

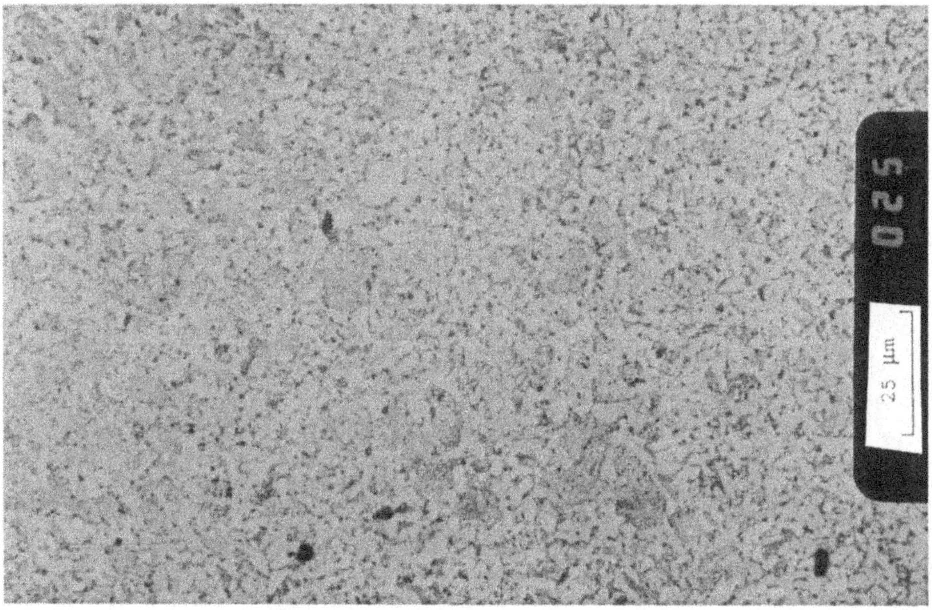

P 6 : grains fins de ferrite et perlite de la coupe vericale

D. Interprétation et hypothèse de mise en forme

Les structures sont hypoeutectoïdes (c < à 0,8 %) et hétérogènes, se traduisant par une distribution locale de plages carburées et de plages ferritiques.

Les deux phases ferritiques et perlitiques peuvent être le résultat d'un recuit ayant entraîné une homogénéisation de la structure à grains fins (P3) à la pointe de l'aiguille. L'objet étant de ramener la structure en équilibre, peut être après une surchauffe pendant le forgeage à chaud au cours du corroyage.

Le support de la fabrication est obtenu par un assemblage de replis successifs (P5). Ainsi, avec le temps, la corrosion s'est installée au niveau des replis.

Conclusion

Cette aiguille devait être pointue avec une dureté relativement faible en pointe. On se servait sûrement pour coudre où percer des matériaux pas très durs.

La confection de certains objets fins nécessite le plus souvent beaucoup plus d'attention que les objets volumineux[225].

VIII -3 Etude d'une bague GOD KI_1 III94(17)

A. Présentation et contexte de l'objet

C'est une bague en spirale de la fouille de Taagoogo, découverte à-25 cm. Son diamètre intérieur est de 2 cm, celui de l'extérieur de 2,5 cm (fig.64, p255).

L'extrémité de la spirale a été sectionnée. Ce qui nous donne une coupe rectangulaire, permettant ainsi d'examiner le métal sur toute sa surface. Les microduretés ont été prises sous une charge de 200g.

B. Examen macrographique

La macrographie présente une zone d'oxydation profonde et une zone métallique, laissant voir les bandes de corroyage.

C. Examen micrographique

L'examen micrographique nous a révélé deux zones distinctes dans la partie métallique.

La zone I comporte de gros grains de ferrite légèrement écrouis. Les microduretés sont de $\Delta_{1\ HV200=}$ 109 et $\Delta_{2\ HV200=}$ 110.

Les microduretés montrent bien qu'il s'agit d'une zone ferritique avec des valeurs de dureté très faibles d'autant plus que la fonction de l'objet ne nécessite pas une très grande valeur de dureté.

---

[225] ZONGO Y et al , Sept 94 à Nandjèla

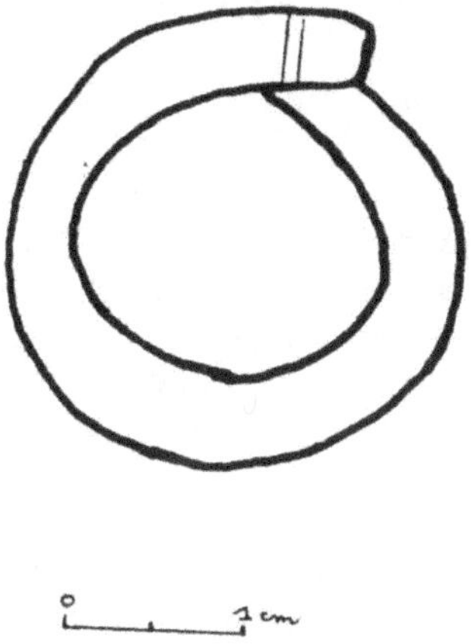

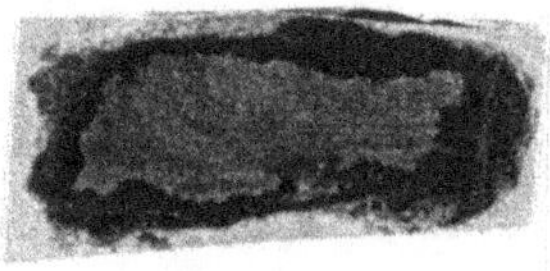

sens du prélèvement

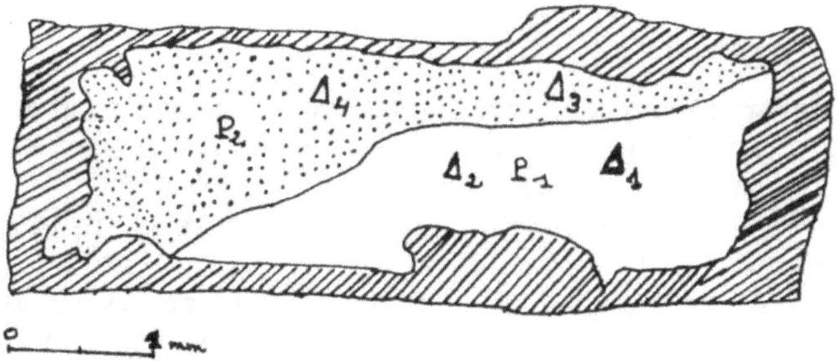

zone aciérée

oxydation superficielle

zone ferritique

Δ

ρ

Fig. 64 : bague God ki 1 III 94.

La zone II montre une zone à petits grains de ferrite carburée à 0,2 % de carbone. Les microduretés varient entre $\Delta_{3HV200=}$ 118 et $\Delta_{4HV200=}$ 119.(P1, zone I et P2 zone II, p257).

D. Interprétation et hypothèse de mise en forme

L'hétérogénéité de la structure peut s'expliquer par l'utilisation de la technique de corroyage, qui consiste à réunir, en les soudant, plusieurs feuilles métalliques, plus ou moins carburées, provenant de récupération. Cette hétérogénéité peut provenir aussi du cinglage de la loupe, inhérent à la réduction directe. La pièce support de la bague martelée à chaud pour obtenir une forme plate rectangulaire allongée, a été ensuite mise en spirale.

Conclusion

La bague est de structure ferritique en majorité. Sa mise en forme est simple. Aucun traitement thermique en vu de lui donner des conditions mécaniques spécifiques, n'a été décelé; ce qui répond à sa fonction qui consiste à être portée simplement au doigt.

VIII-4 Etude d'une herminette GOD KI 1 III 94 (7)

A. Présentation et contexte de l'objet

Il s'agit en fait de la partie distale d'une herminette de 7 cm de long, 3 cm de large et d'une épaisseur de 1 cm, avec un tranchant recourbé; certainement en rapport avec son utilisation. C'est un objet simple que nous avons sectionné sur toute sa longueur, de façon longitudinale, pour suivre l'évolution structurale et les traitements effectués. La charge pour la mesure de la microdureté est de 500g.

B. Examen macrographique

L'examen macrographique met en évidence deux zones sur tout l'ensemble de l'échantillon. Des lignes d'impuretés traversent longitudinalement certaine parties, donnant ainsi le sens du corroyage (fig.65, p258).

La zone I constitue l'essentiel de l'objet. Elle est résistante à l'attaque au nital et est de couleur gris-sombre.

La zone II, de couleur gris-clair, se trouve dans des parties localisées au centre et à une partie du dos de l'herminette. Elle s'attaque plus facilement au nital, certainement parce qu'elle est plus carburée que la zone I.

C. Examen micrographique

A l'examen micrographique, la zone I révèle une structure ferritique de microdureté $\Delta_{1\ HV500=}137$, $\Delta_{2\ HV500=}115$, $\Delta_{3\ HV500=}128$, $\Delta_{4\ HV500=}112$, $\Delta_{5\ HV500=}131$. Les micrographies P1, P2 et P3, p259 sont toutes de la zone I. La micrographie P1 présente la zone qui se rapproche de la pointe ; l'on voit une transition, matérialisée par des inclusions silicatés de fayalite, assez grandes , entre une zone de gros grains de ferrite et une zone de

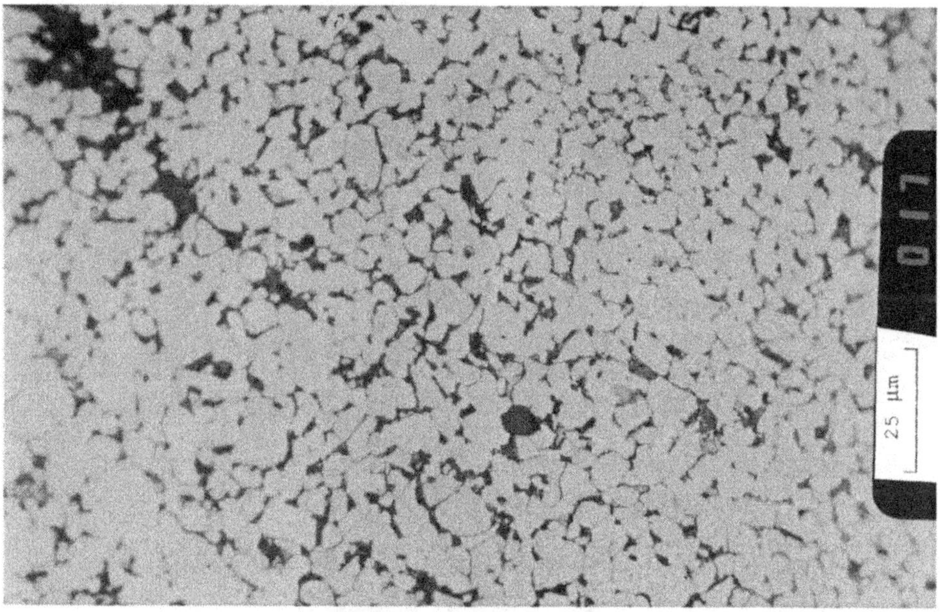

P1 : grains de ferrite légèrement écrouis

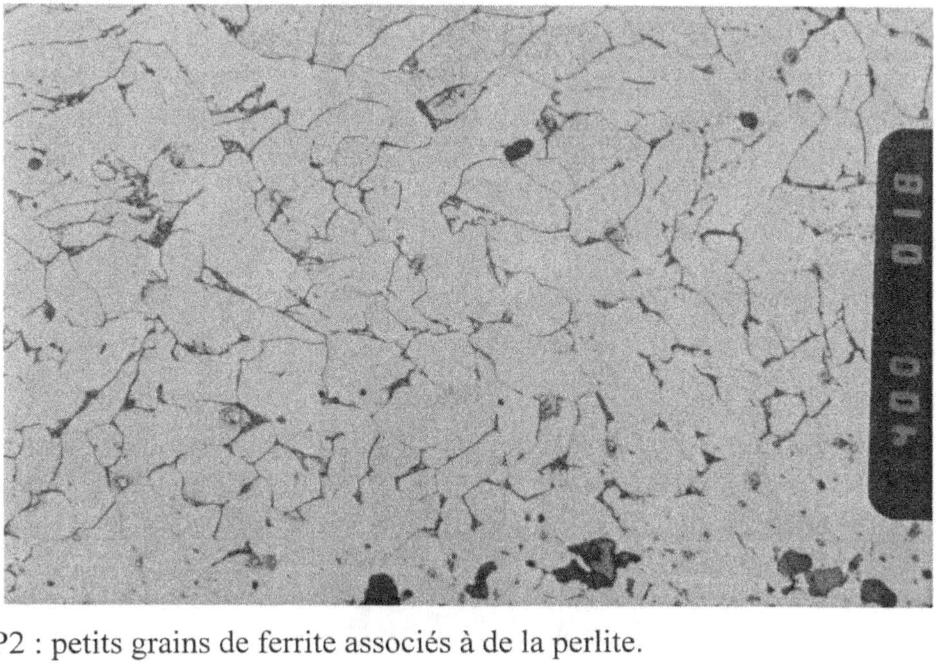

P2 : petits grains de ferrite associés à de la perlite.

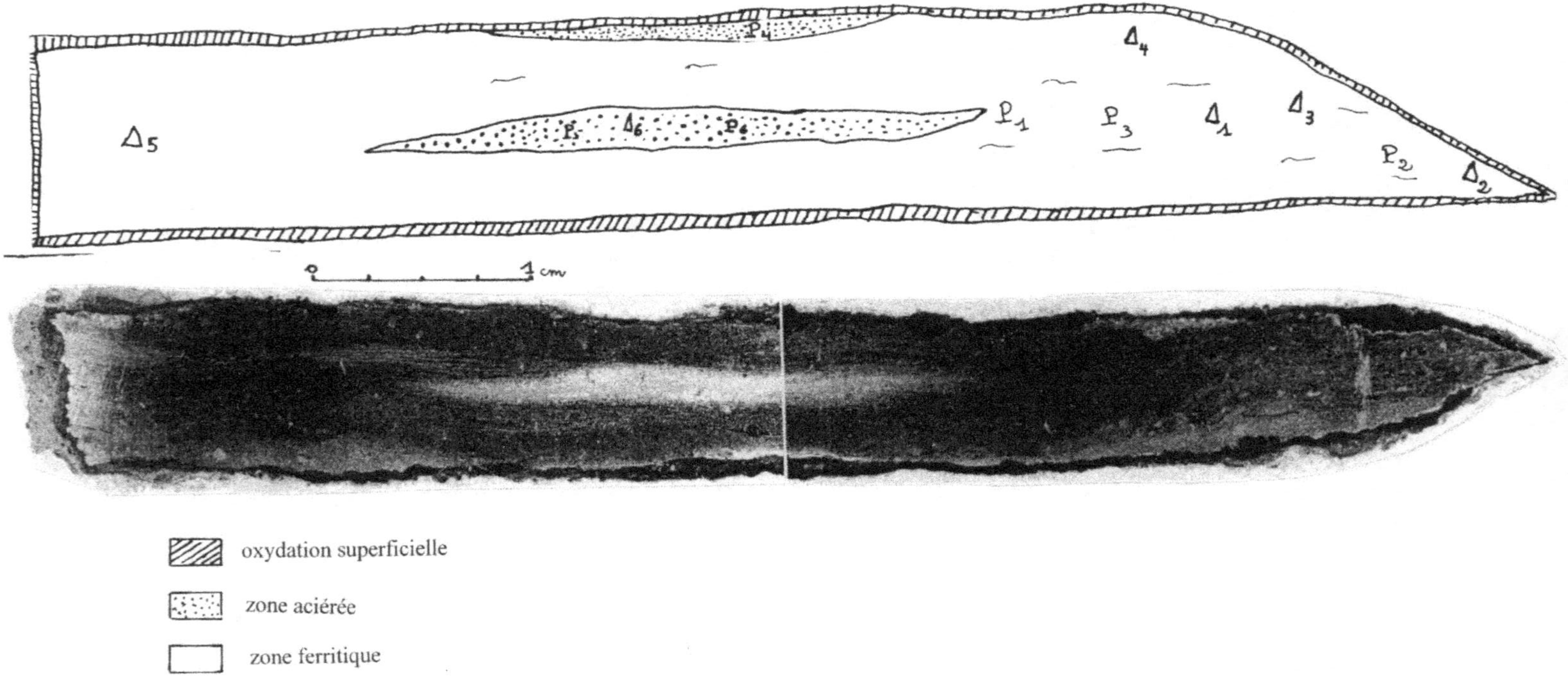

Fig. 65 : section longitudinale de l'herminette

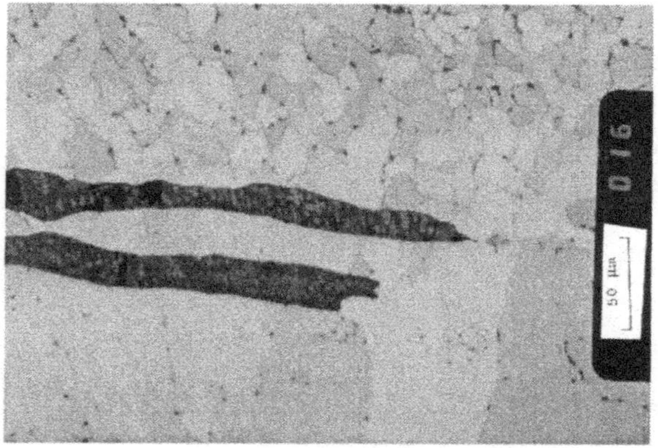

P 1 : zone de transition entre les zones I et II

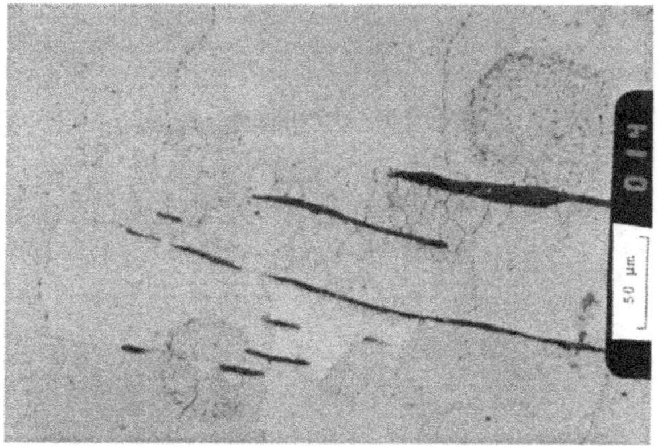

P 2 : structure ferritique hétérogène de la pointe

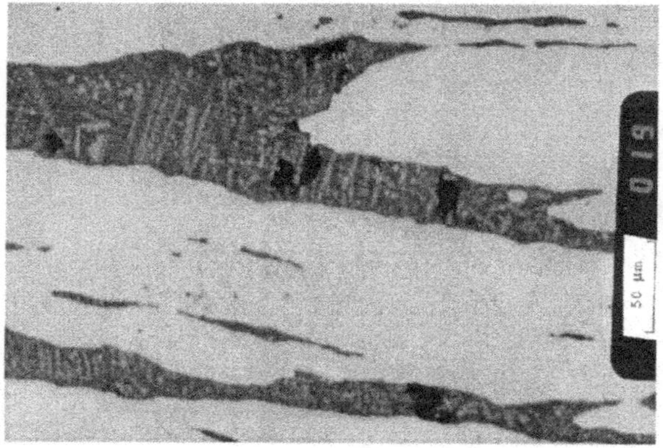

P 3 : inclusion silicatées de fayalite

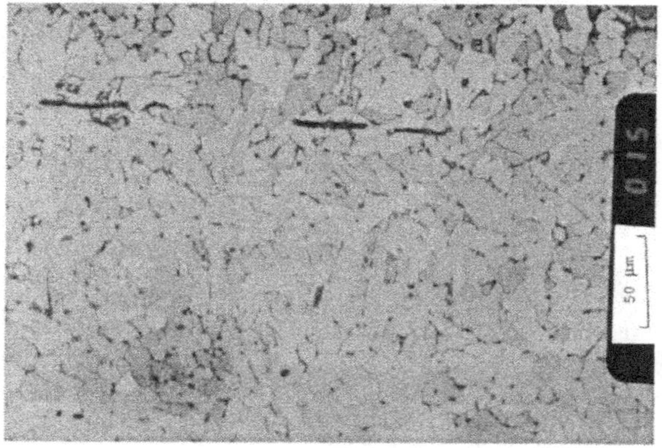

P 4 : zone aciérée au dos de l'herminette (0,2% c)

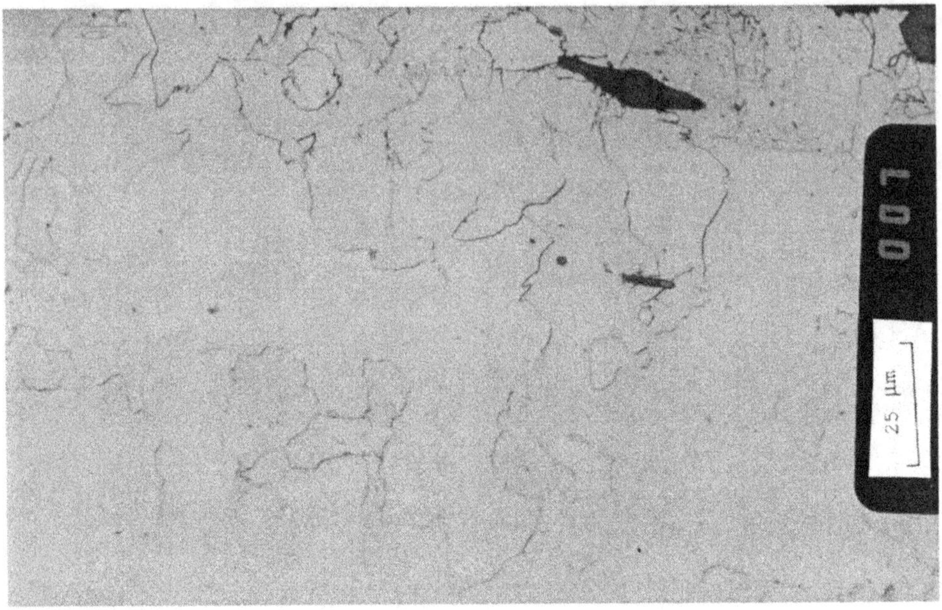

P 5 : zone ferritique associée à de la perlite

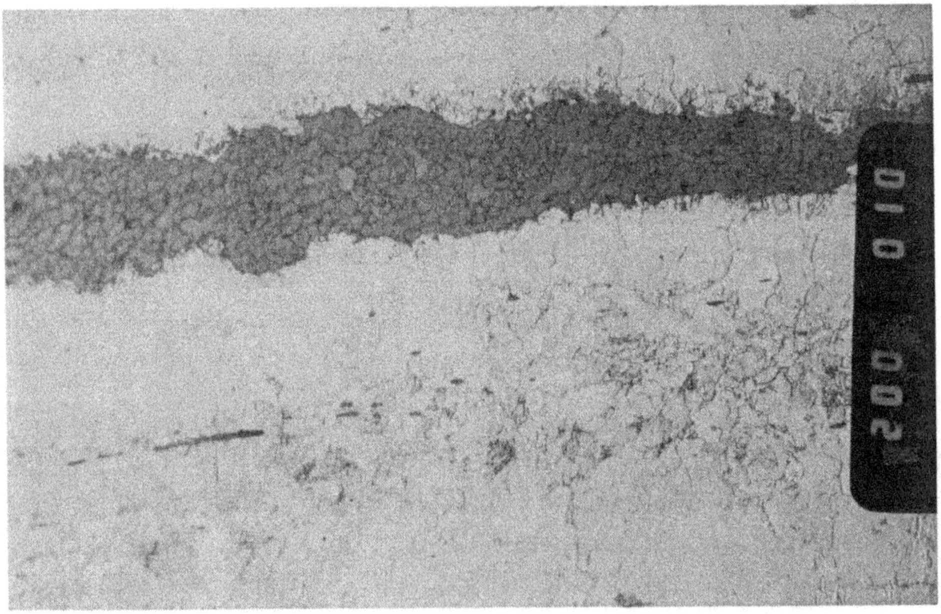

P 6 : zone de soudures intermédiaires

de petits grains. Il est probable qu'on soit dans le cas d'une zone de soudure intermédiaire, avec la présence de ces silicates, qui pourraient indiquer qu'une soudure a été faite en utilisant la technique de jet de sable pour favoriser le contact intermétallique. Mais compte tenu de la grande hétérogénéité, de la disposition des structures et de la fonction de l'objet, il pourrait s'agir d'une soudure inhérente au corroyage primaire, liée à l'élaboration du "lingot" de base. La micrographie P2, prise dans la pointe de l'objet, montre une structure essentiellement ferritique, de gros et de petits grains, avec une dureté faible $\Delta_2\ _{HV500}=115$. Il y a là une incohérence avec la fonction de l'objet

Les micrographies P4, p259 P5, et P6, p260 de la zone II révèlent en plein centre et au dos de l'objet, un nodule relativement aciéré à 0,4% de carbone, avec des grains assez petits de perlite lamellaire. La dureté est assez élevée à ce niveau, $\Delta_6\ _{HV500}=206$.

D. Interprétation et hypothèse de mise en forme

L'objet est relativement hétérogène et ne dénote pas un travail soigné. La zone aciérée se retrouve dans la partie centrale et au dos de l'herminette. Il n'y a pas d'adéquation entre le type d'objet, la structure et la fonction. On devrait s'attendre à trouver la partie aciérée au niveau du tranchant. Il ne peut s'agir que d'un objet élaboré à partir d'une récupération, dont le support a été assemblé par corroyage sans grand soin, mais en affinant la partie tranchante.

Conclusion

Mis à part la zone aciérée, l'herminette est constituée en majorité de structure ferritique. Vu sa fonction, les caractéristiques mécaniques de la pointe sont assez faibles et médiocres. C'est une herminette qui devait probablement être utilisée uniquement pour les semences des grains et autres tâches ne nécessitant pas une dureté élevée en pointe.

VIII-5: Etude d'un fer torsadé GOD KI 5 III 94 (122)

A. Présentation et contexte de l'objet

Cet objet en fer issu des fouilles de Taagoogo à -50 cm est très complexe. Nous ne sommes pas arrivée à fixer une fonction en rapport avec sa morphologie.
Compte tenu de la disposition des torsions, il peut s'agir d'une matrice utilisée dans les décors impressionnés de certaines poteries (fig.47 n°7 et 9, page 225). Il a une longueur de 18,5 cm et une épaisseur de 0,5 cm. A la tête, il esquisse une courbure et s'aplatit à son extrémité sur une longueur de 1,5 cm. (fig.66, p262). Deux sections sont faites dans la partie torsadée, à la base de l'objet, puis polies de façon longitudinale et transversale. La charge pour la mesure de la microdureté est de 200g.

B. Examen macrographique

Les sections longitudinales et transversales présentent des structures relativement similaires. Elles sont en bande sur la coupe longitudinale et on constate, dans la partie

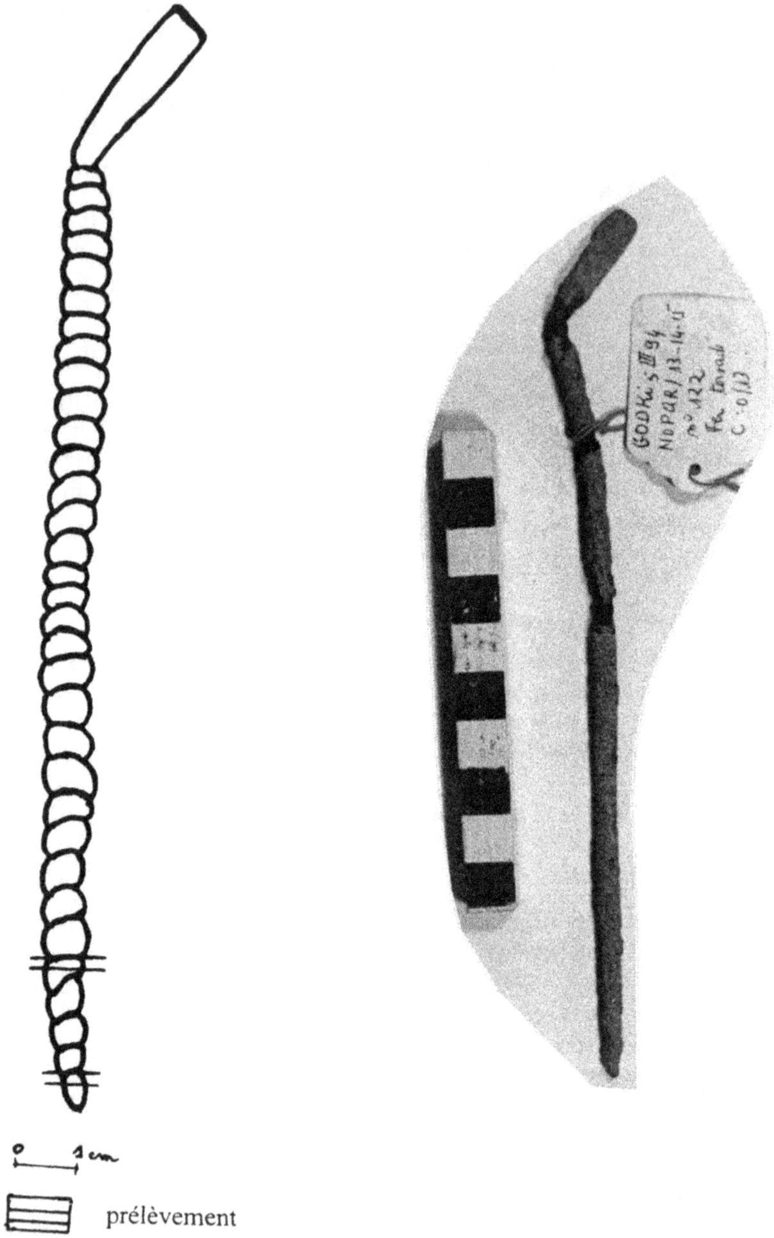

Fig. 66 : fer torsadé God ki 5 III 94 (122)

métallique non corrodée, deux couleurs distinctes : une couleur gris-clair au niveau du coeur de l'objet et une couleur gris-foncé dans les zones torsadées (fig.67, p264) .

C. Examen micrographique

Il confirme les différentes zones observées sur la macrographie. Il s'agit d'un acier faiblement carburé (0,2 % de carbone) selon les zones. Au cœur de l'objet, on a de gros grains de ferrite (P1, p265), tandis qu'en surface, où l'on distingue les zones torsadées, ce sont des grains fins de ferrite associés à de la perlite globulaire (P2, p265). Ces irrégularités au niveau de la grosseur des grains de ferrite doivent correspondre à des zones de martelage avec des intensités différentes (conditions thermomécaniques différentes).

La présence de quelques inclusions donne le sens du corroyage en bande (P3, 265).

D. Interprétation et hypothèse de mise en forme

Par rapport à la structure de la macrographie et des grains de la ferrite, on peut supposer que le support a été corroyé en bande, à une température très élevée jusqu'à obtenir la forme voulue, ce qui donne de gros grains de ferrite. Ensuite, avant de pratiquer les torsions, le forgeron a fait un traitement thermique de recuit de régénération en surface, pour réduire le diamètre des grains, occasionné par la surchauffe du forgeage à chaud. Le but était peut-être de réduire la malléabilité de l'acier en surface afin de maintenir les torsions.

En effet, ce type d'acier est très malléable, ce qui explique qu'on a pu le torsader à la main. Les microduretés au coeur de l'objet sont de Δ_1 $_{HV200}$=110 et au bord de Δ_2 $_{HV200}$=142. Ce qui est conforme à la taille de la ferrite.

Conclusion

Ce fer torsadé est un objet dont l'utilisation ne nécessite pas l'acquisition d'une certaine dureté. Il devait être d'usage domestique spécialisé, compte tenu de sa morphologie. Mais sa mise en forme est relativement simple, avec des traitements thermiques en vue d'obtenir des propriétés spécifiques.

VIII-6.Etude d'un objet dont la forme ressemble à l'extrémité d'une spatule GOD KI 7 III 94 (134)

A. Présentation et contexte de l'objet

Il s'agit d'un objet de la fouille de Taagoogo découvert à -52 cm, de forme rectangulaire (5 cm de long 1 cm de large et une épaisseur de 0,4 cm), avec une partie tranchante qui s'élargit à son extrémité distale (fig.68, p266).

C'est un objet complexe, que nous avons sectionné dans le sens longitudinal, pour suivre l'évolution structurale et les traitements subis par le tranchant. Une charge de 500g est utilisée pour les mesures de microdureté.

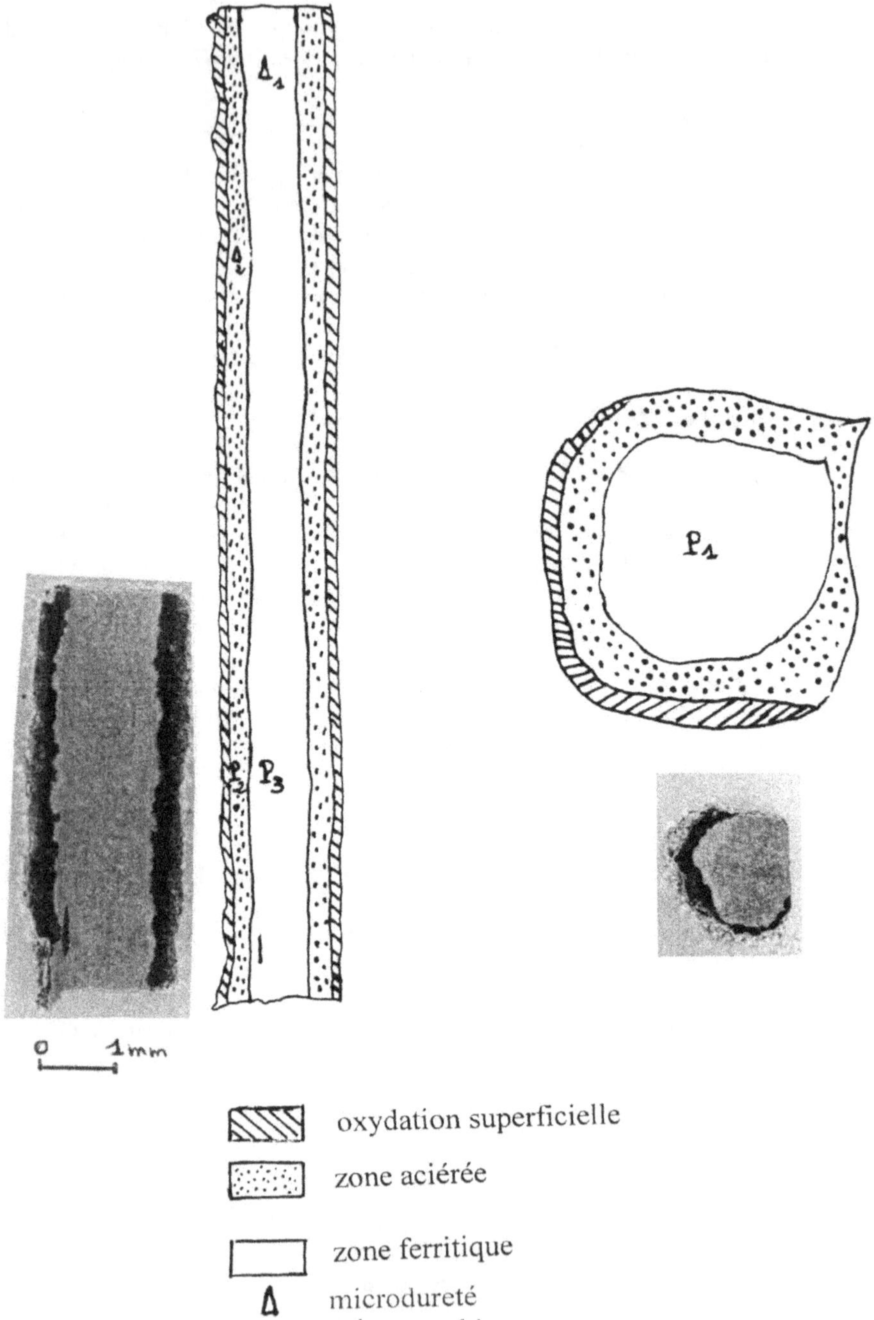

Fig. 67 : sections longitudinale et transversale du fer torsadé

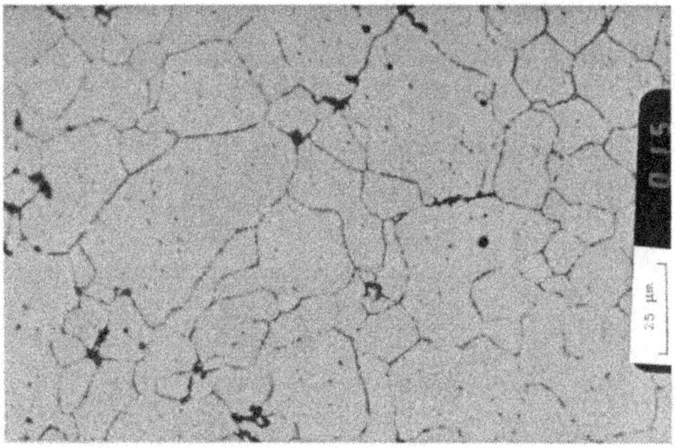

P 1 : gros grains de ferrite au coeur du fer torsadé

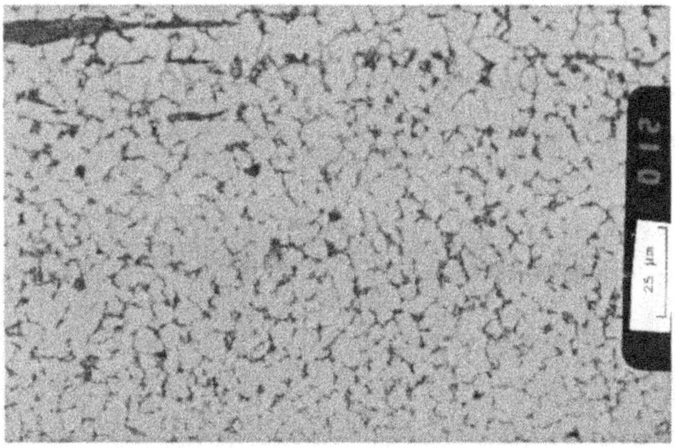

P 2 : grains fins de ferrite associés à de la perlite globulaire en surface au niveau des torsades

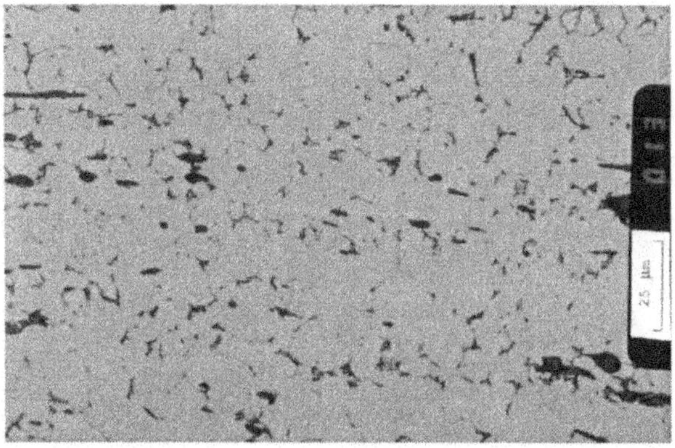

P 3 : présence d'inclusions dans le sens du corroyage

Fig. 68 : Objet God ki 7 III 94 (134)

B. Examen macrographique

L'examen macrographique permet une lecture de deux zones.

Une zone I de couleur gris-clair qui s'attaque facilement au nital et constituant l'ossature principale de l'objet. Elle s'étend de l'extrémité de la partie tranchante à l'arrière de l'objet.

La zone II, quant à elle, de couleur gris-foncé, s'insère dans la partie gris-clair à l'arrière de l'objet. On voit, à ce niveau, une sorte de soudure en gueule de loup (fig69, p268).

C. Examen micrographique

L'examen micrographique confirme l'observation macrographique.

Dans la zone I, les micrographies P1, P2, P3, p269 montrent une martensite très fine, évoluant vers de la bainite. Ce qui expliquerait les duretés élevées ($\Delta_{1\ HV500=}$ 1291, $\Delta_{2\ HV500=}$ 813, $\Delta_{3\ HV500=}$ 422 $\Delta_{4\ HV500=}$ 419). Les duretés sont très importantes dans la partie tranchante ($\Delta_{1=\ HV500}$1292, $\Delta_{2\ HV500=}$ 813) par rapport à la martensite et pourtant il n'y a pas d'indice de nitruration. La finesse des aiguilles de martensite décroît (P3) quand on va vers la soudure, bien réalisée au niveau de l'insert. On voit aussi des alignements d'impuretés de silicate dans cette zone.

La zone II (P4, p269, P5 , P6, p270) est ferritique et associée à de la perlite en proportion variable, de microduretés qui s'échelonnent entre $\Delta_{5HV500=}$475 $\Delta_{6\ HV500=}$577 $\Delta_{7\ HV500=}$587. La micrographie P6 présente des soudures intermédiaires de moins bonne qualité, probablement des soudures issues du corroyage du lingot. Les micrographies P5 et P6 témoignent d'une certaine décarburation. Elles sont prises de part et d'autre de la soudure centrale. Au niveau de la P4, prise au bout du début de l'insert, on observe une structure plus homogène avec un acier à 0,2%. de carbone.

D. Interprétation et hypothèse de mise en forme

L'artisan forgeron a utilisé un lingot de fer qu'il a assemblé par corroyage. En effet, on aperçoit dans la macrographie les bandes et les soudures intermédiaires marquées par la présence des alignements d'impuretés entre ces derniers. Mais il faut noter qu'il a réalisé l'objet en deux étapes. D'abord, la partie distale a été martelée à chaud, à une température pas très élevée, pour avoir la forme voulue. La deuxième étape a consisté à souder la partie ferritique (avec la présence de quelques zones plus ou moins aciérées à certains endroits) à la zone en acier par la technique de la gueule de loup. La trempe a été réalisée après l'assemblage.

Conclusion

C'est un objet complexe, composé de deux parties, d'une mise en forme particulièrement délicate et soignée ; puisqu'on observe, dans la pointe, un insert soudé par la technique de la gueule de loup, d'un corps aciéré dans un matériau ferritique. Il y a manifestement une conception fonctionnelle bien particulière, étant donné qu'on atteint des duretés extrêmes dans la partie tranchante, inhérentes à un traitement thermique de trempe.

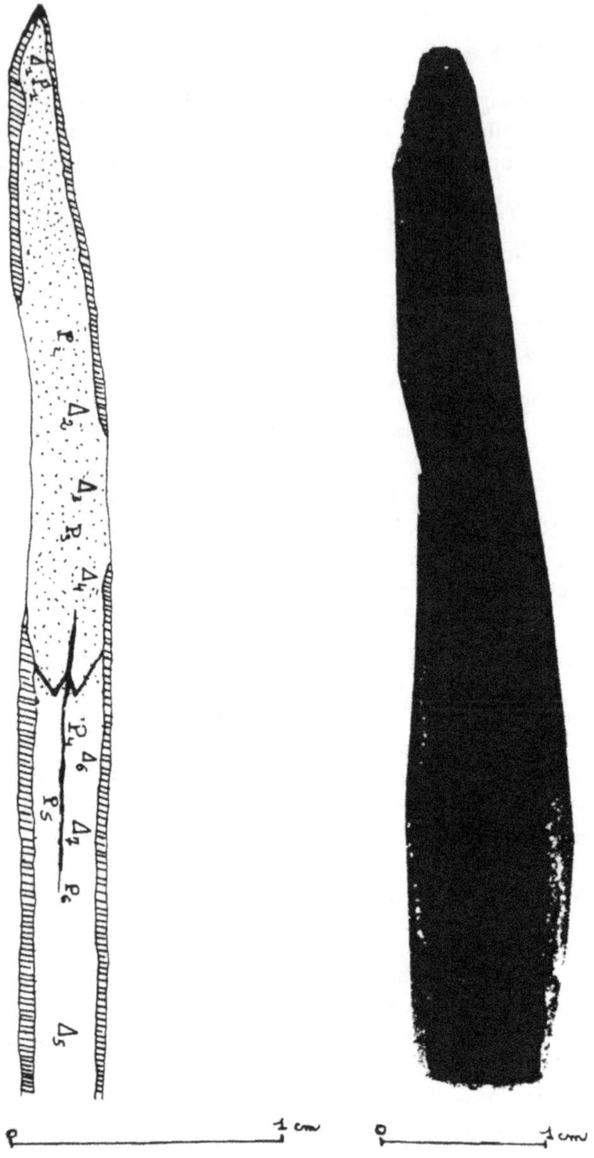

oxydation superficielle
zone aciérée
zone ferritique
Δ microdureté
P micrographie

Fig. 69 : section de God ki 7 III 94 (134)

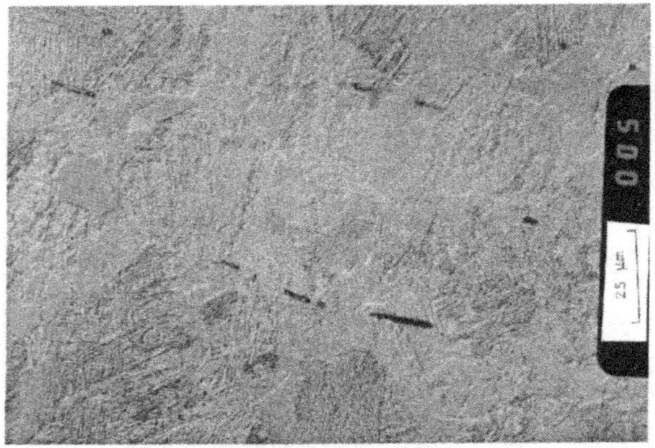

P 1 : martensite fine à l'extrémité de l'objet

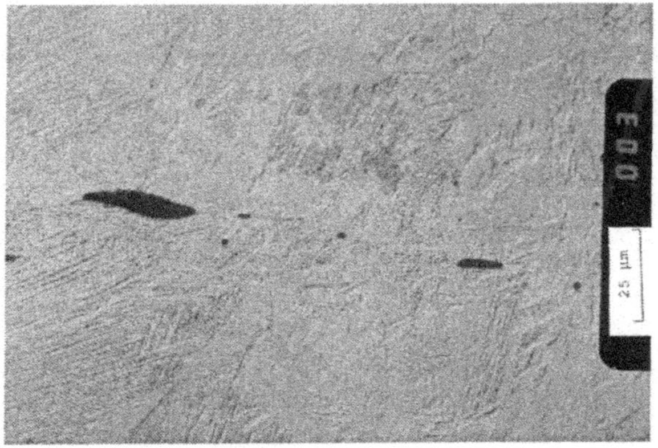

P 2 : martensite au coeur de l'objet

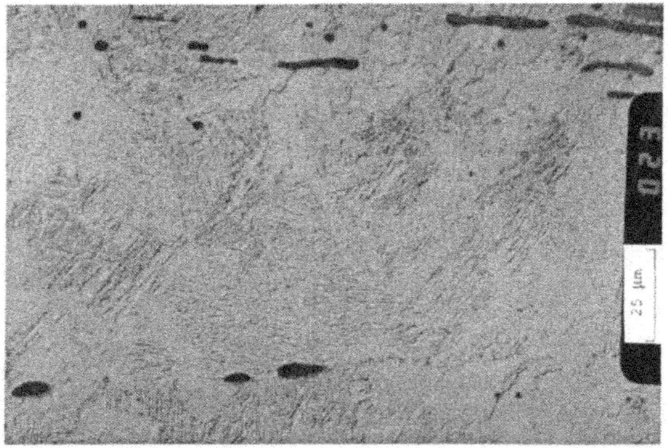

P 3 : martensite, zone de transition entre la martensite et la zone ferritique

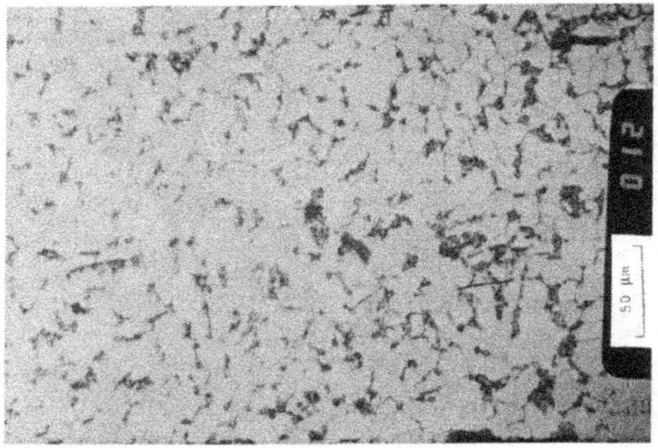

P 4 : ferrite associée à de la perlite

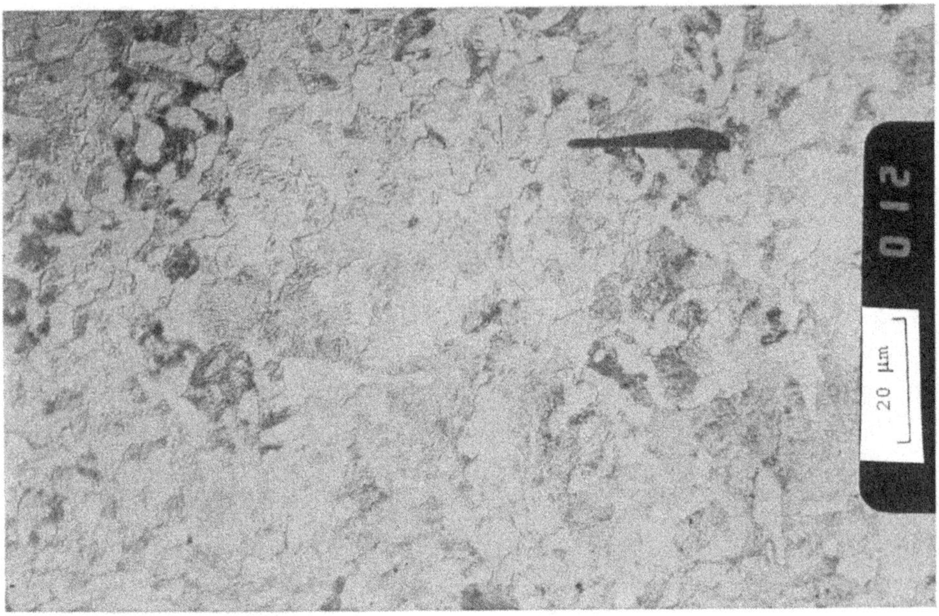

P 5 : zone aciérée au centre, perlite lamellaire

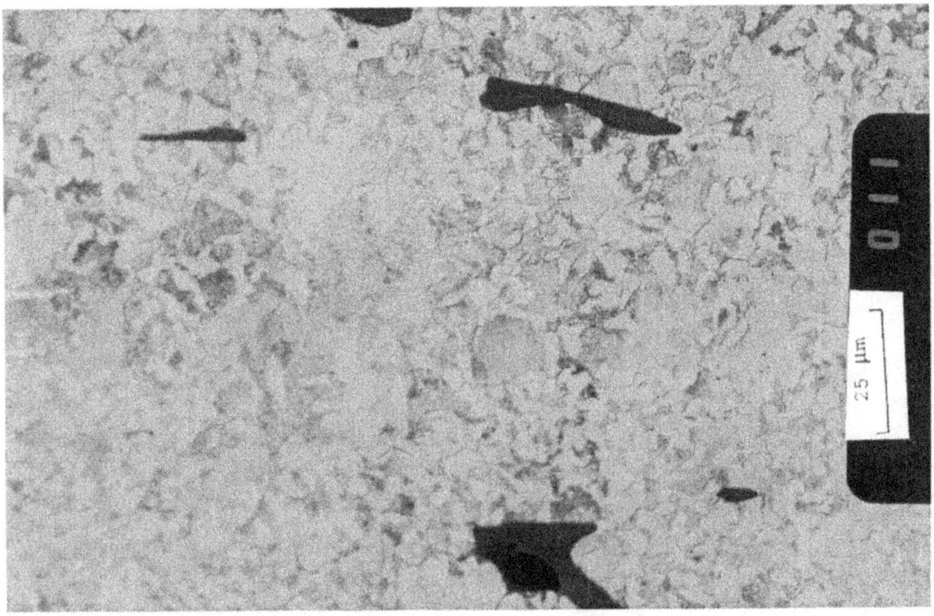

P 6 : zone aciérée au centre, perlite lamellaire

Il devait être utilisé pour travailler des matériaux nécessitant un tranchant particulièrement fort, comme la taille du bois dur, pour la confection des masques et autres.

VIII-7 Etude d'une lance à soie GOD KI 5 III 94 (121)

A. Présentation et contexte de l'objet

C'est une lance à soie entière issue de la fouille de Taagoogo, découverte à -40 cm de profondeur. Elle mesure 33 cm dans sa longueur totale. La partie d'emmanchement (la soie) fait 9 cm de long et la flamme 24 cm. La lance possède une nervure centrale régulière qui s'estompe au fur et à mesure que l'on s'approche de la partie distale pointue. Mesurée dans le sens de la largeur, la lance dans sa partie centrale fait de chaque côté de la nervure 2 cm, soit 4 cm au total. Quant à la soie, elle fait 1,5 cm (fig.70, p272). Morphologiquement, la lance est d'une originalité technologique à cause de sa méthode d'emmanchement. L'extrémité supérieure, en forme de bourrelet, sert à être enfoncée dans le bois et à l'empêcher de sortir. Pour une bonne approche métallographique, nous avons fait une section au milieu de la lance, dans le sens de la largeur, afin de savoir si la nervure est bien centrée. Deux autres prélèvements sont faits dans la partie distale. L'un, à la pointe pour voir d'éventuels traitements et l'autre juste avant la pointe de la lance. La charge pour la mesure de la microdureté est de 200g.

B. Examen macrographique

Les deux sections de la partie distale présentent une seule zone chacune de couleur grise (fig.71, p273), avec quelques impuretés à peine visibles.

La section du milieu est aussi constituée d'une seule zone, mais l'on décèle un fibrage (entre des grains de ferrite) pratiquement horizontal, qui montre une mise en forme thermomécanique symétrique au niveau des deux côtés de la nervure.

C. Examen micrographique

-Partie médiane du prélèvement

Les micrographies P1 et P2, p274 prises dans la flamme, présentent une structure globalement ferritique à 0,02 % de carbone. Les grains sont irréguliers. Mais, en majorité, ils sont assez gros. Le métal a été probablement travaillé à des températures très élevées. Il pourrait y avoir eu un réchauffement ultérieur, avec une certaine recristallisation des grains. On voit localement des zones de soudure liées au travail d'épuration du lingot. Les microduretés sont conformes à la structure ferritique, $\Delta_{2\ HV200=}$ 208, $\Delta_{3\ HV200=}$ 160, $\Delta_{4\ HV200=}$ 197.

Les micrographies P3 et P4, p274 dans la zone de la nervure, montrent une prépondérance de gros grains de ferrite, avec une microdureté de $\Delta_{1\ HV200=}$ 180. Celle (P4) plus proche du bord de la nervure présente une hétérogénéité de grains (un mélange de gros et de petits grains).

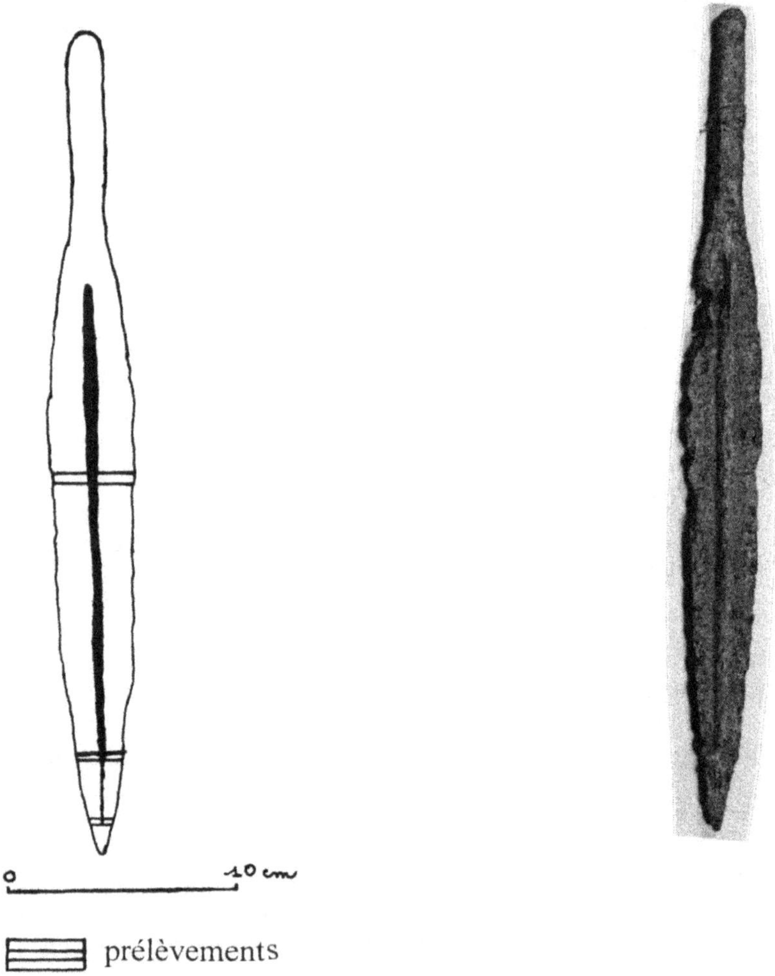

Fig. 70 : lance à soie

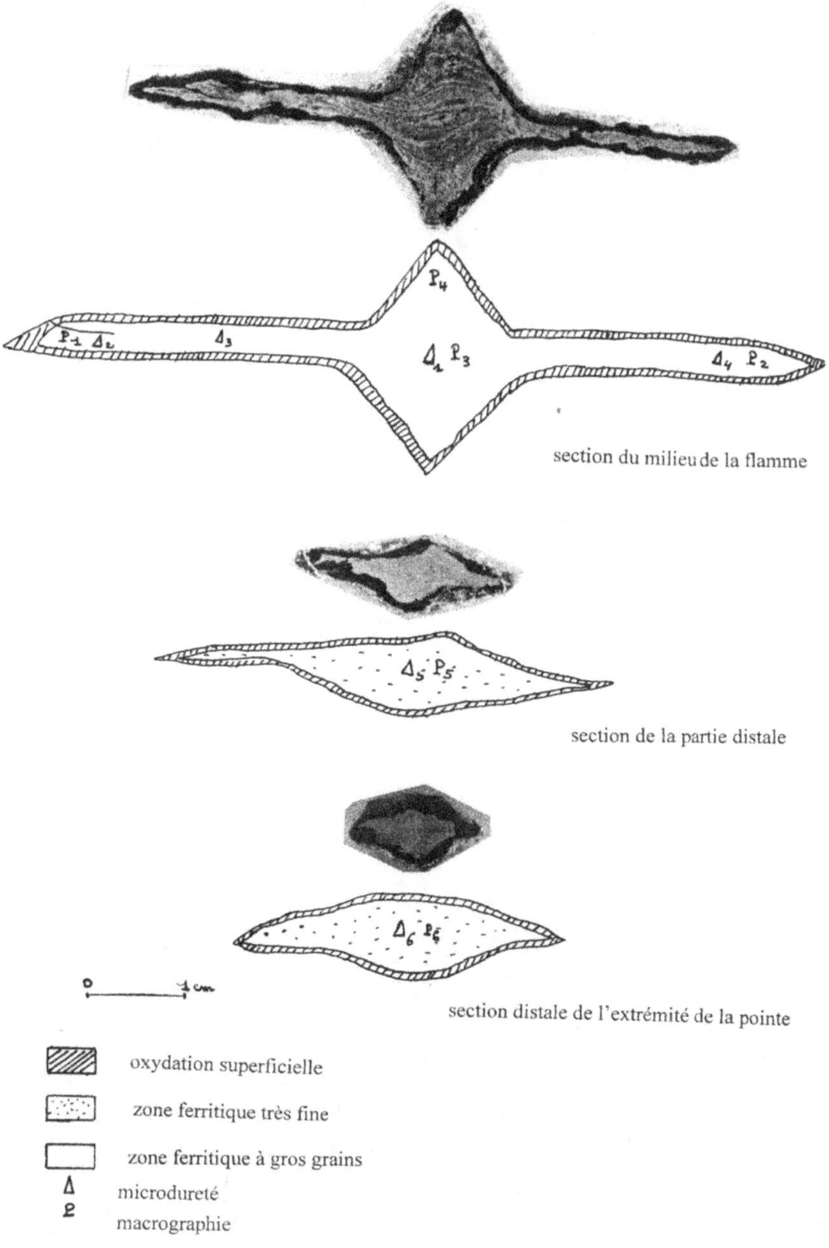

Fig. 71 : sections de la lance à soie

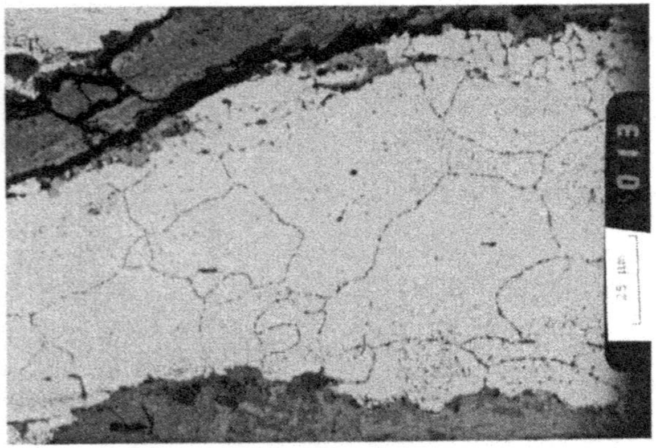

P 1 : structure ferritique à gros grains
et zone de soudures intermédiaires au niveau de la flamme

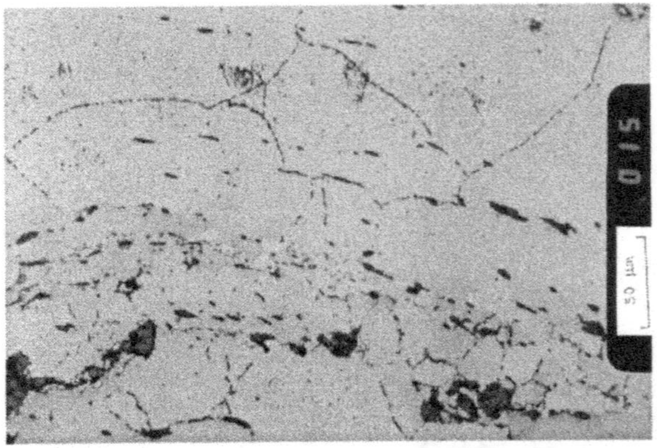

P 2 : grains irréguliers de ferrite au niveau de la flamme

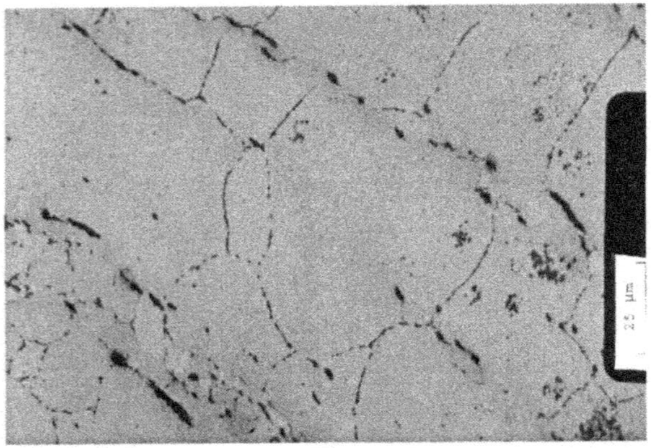

P 3 : prépondérance des gros grains de ferrite au niveau de la nervure

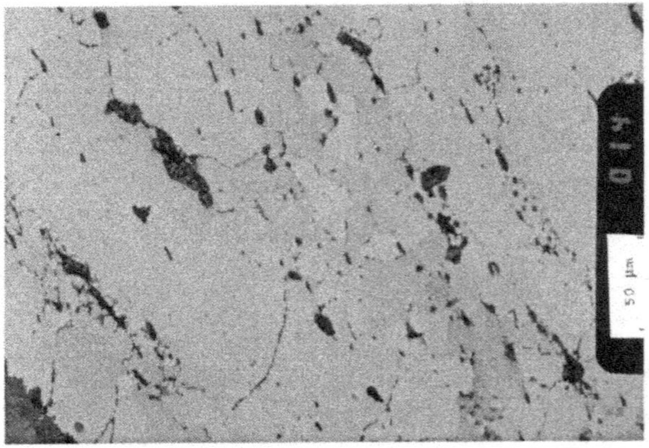

P 4 : hétérogénéité des grains de ferrite au bord de la nervure

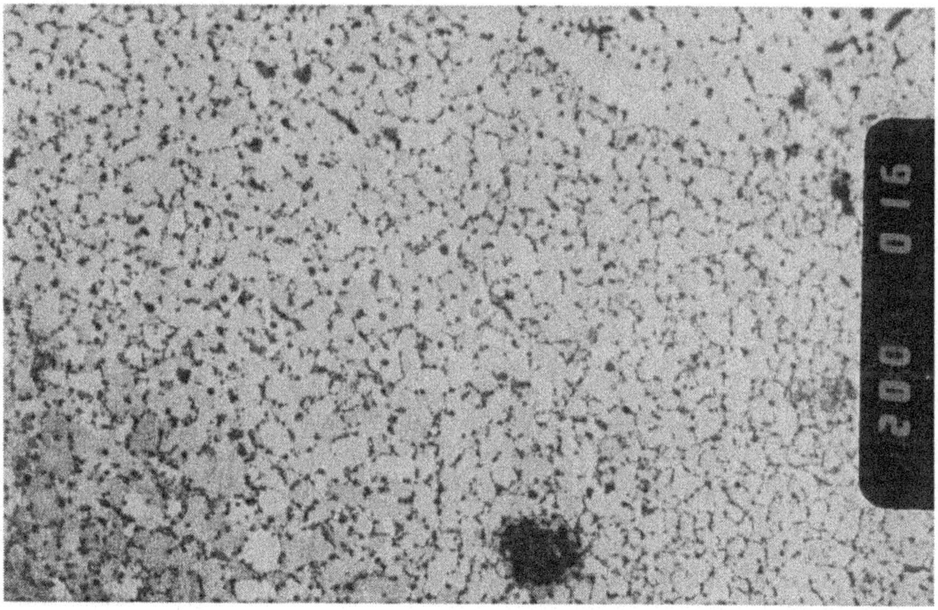

P 5 : grains très fins de ferrite situés juste avant l'extrémité de la pointe

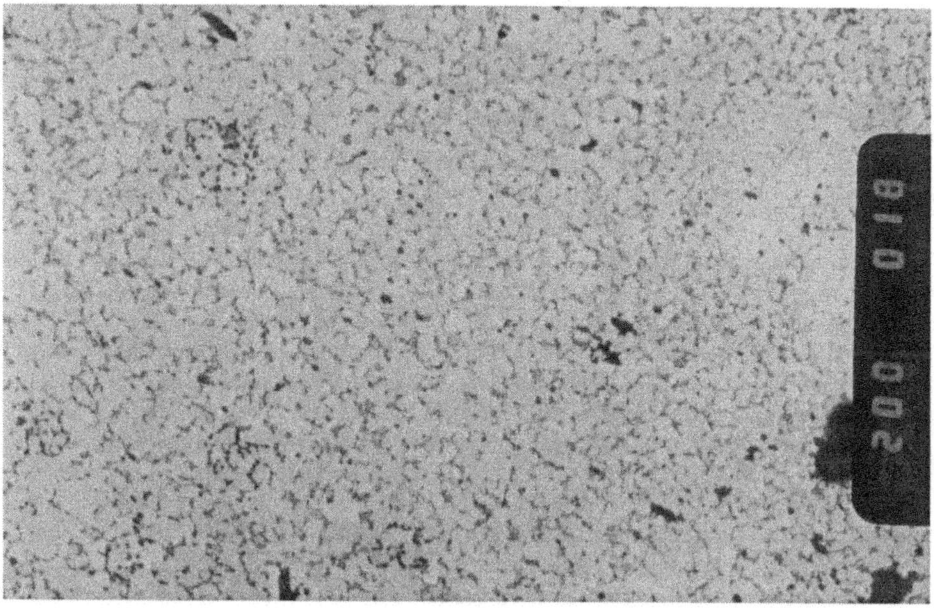

P 6 : grains très fins de ferrite à l'extrémité de la pointe

-Les parties distales du prélèvement

Les micrographies P5 et P6, p275 des deux prélèvements présentent des grains de ferrite d'une grande finesse, due probablement à un martelage beaucoup plus intense. Elles ont des microduretés qui vont de $\Delta_{5\ HV200}=$ 148 et $\Delta_{6\ HV200}=$ 210 pour l'extrémité de la partie distale de la pointe.

D. Interprétation et hypothèse de mise en forme

L'artisan forgeron a dû utiliser la technique du corroyage. La lance est confectionnée à base d'un support fait de replis successifs de feuilles de métal. Il a martelé à haute température, ce qui donne les gros grains de ferrite dans la majorité de la structure. La régularité de la nervure mise en évidence sur la section médiane dénote une bonne maîtrise technique. Deux hypothèses sont possibles. Premièrement, le forgeron a une bonne maîtrise des techniques et arrive à réaliser cette nervure au niveau du centrage des flans et de l'axe, en martelant soigneusement après l'ébauche de la forme. Ou, par contre, en deuxième hypothèse, il utilise une matrice pour réaliser son arme. Cette deuxième technique n'a pas été relevée dans les données ethnologiques.

Conclusion

La lance est particulièrement remarquable et témoigne d'une bonne maîtrise technique pour la réalisation de la nervure. En effet, la confection d'une nervure centrale prononcée, aussi symétrique qu'on le voit sur cette lance, est très difficile à mettre en forme au niveau de la forge. Par contre, le nombre important d'inclusions prouve que l'épuration du lingot n'a pas été bien faite. Au niveau fonctionnel, la finesse des grains de la partie distale est associée à une plus grande dureté, mais étant donné qu'on n'est pas dans le cas d'un acier, la dureté est faible pour une efficacité dans la pointe de la lance.

CONCLUSION PARTIELLE : DES CULTURES METALLURGIQUES

L'étude métallographique des objets en fer des sites archéologiques laisse apparaître, en général, une bonne maîtrise des techniques de transformation des objets. Elles sont surtout fonction de l'utilisation de l'objet. L'extrémité de la pointe d'objet de Sondomtengyir que nous avons pris au début pour le bout d'une flèche, a finalement révélé que nous sommes en face d'un objet commun sans usage spécialisé. L'aiguille et la bague issues des couches supérieures (-25) de Taagoogo ont des structures simples, répondant aux fonctions auxquelles elles sont dévolues. Les objets complexes bénéficiant d'une très bonne maîtrise technique comme l'objet en forme de spatule, la lance à soie et le fer torsadé, sont issus des niveaux stratigraphiques inférieurs. La lance à soie a un aspect feuilleté comme le scramasaxe mérovingien, fait aussi de feuilles martelées[226].

---

[226] FLAHAUT, P., DEMOLON, P., HOCH, P: " Armes et objets métalliques mérovingiens: aspect métallographique et phénomène de corrosion "*Journées de paléométallurgie*. Université de Technologie de Compiègne. 22-23 fev 1983

Les approches métallographiques des objets archéologiques et récents montrent une certaine évolution dans les techniques de transformation de la loupe en produits finis. On note cependant des points de similitudes et des différences.

Les objets archéologiques dont les structures sont faites en majorité de ferrite associée quelquefois à de l'acier, ont été réalisés par la technique du corroyage, laissant tous apparaître des aspects feuilletés. Les structures feuilletées sont surtout accentuées au niveau de l'objet en forme de spatule et de la lance à soie, ce qui laisse supposer la mise en forme à partir de feuilles recourbées et martelées. Parmi les objets des habitants actuels, l'aspect feuilleté n'apparaît sur aucun. Les objets en fer des sites archéologiques ont tous des structures marquées par le nombre élevé d'inclusions, dues à de mauvaises épurations des métaux de base. Les structures métallographiques sont aussi très hétérogènes.

On remarque à partir des structures des objets récents qu'il y a une certaine amélioration dans les techniques de confection. Les artisans ont acquis une maîtrise des techniques de transformation. Le métal de base de chaque objet est assez bien épuré et les structures métallographiques sont très homogènes. Cette bonne épuration est surtout marquée dans la structure de la lame de Doulou, homogène et essentiellement ferritique.

Certaines techniques de transformation ont été utilisées par les artisans des périodes anciennes et récentes. Les structures micrographiques de l'aiguille, constituées de ferrite aciculaire et perlite à 0,4% de carbone se rapprochent de celles de la lance à douille de Réo (ferrite aciculaire et perlite lamellaire). La technique de traitement de recristallisation est connue des populations des deux périodes. Elle a été attestée sur l'objet issu de la fouille de Sondomtengyir, sur le fer torsadé et la lance à soie de Taagoogo, ainsi que sur la lame de Doulou. Les forgerons des deux périodes connaissaient la technique de soudure utilisée dans la confection de l'objet en forme de spatule de Taagoogo et l'enclume de Nandjèla. La technique de trempe pour durcir des parties de certains objets, est utilisée sur les briquets récents et l'objet en forme de spatule des anciens occupants.

Même si les deux techniques de confection des objets en fer ont certaines dissemblances, il faut noter qu'elles conservent des points communs essentiels sur les techniques de base. Cependant il serait hasardeux de confirmer que les anciens habitants ont influencé de manière indirecte (puisqu'ils n'ont pas vécu sur le même espace à Wologteng-Gooden) les techniques de transformation des peuples actuels. Il faudra encore attendre plusieurs études de cas pour savoir si ces peuples que l'on appelle abusivement *Nînsi* ont été les diffuseurs du travail de la métallurgie du fer au Bulkiemdé en particulier et dans le *Moogo* en général, comme le prétendent les traditions orales.

CONCLUSION GENERALE

ETUDES HISTORIQUES, ARCHEOLOGIQUES ET PALEOMETALLURGIQUES : QUELS APPORTS A LA CONNAISSANCE DE LA SIDERURGIE DIRECTE DU FER DANS LE BULKIEMDE ?

Au terme de notre approche, il est important de faire ressortir les apports de l'étude à la connaissance de cette technique ancienne qu'est la sidérurgie directe du fer. Nous essayons ici de résumer les résultats auxquels nous sommes parvenue et de faire ressortir les faiblesses et les limites. Sur le plan paléométallurgique et surtout métallographique, ce travail est un premier jet de recherche, qui permet d'étudier les techniques de réduction et de forge des forgerons anciens et actuels de cette région. Ainsi, une histoire définitive de la métallurgie du fer au Bulkiemdé est très loin d'être réalisée. Cependant, à travers cette synthèse, nous avons tenté de donner quelques réponses, de poser des hypothèses et d'ouvrir la voie pour des futures recherches sur des nouveaux thèmes rattachés à la métallurgie du fer, comme la métallographie, l'étude approfondie des essences végétales...

Sur le plan de la complémentarité des sources : Sans revenir sur la question des sources, il est opportun de souligner l'apport inestimable et capital de la recherche archéologique, des sources orales à l'écriture de l'histoire de la sidérurgie directe du fer. Pour nous, il ne s'agissait pas de faire une utilisation séparée de ces différentes données, mais de les confronter, afin de faire ressortir le maximum d'informations et de répondre à des questions posées. Cette approche nous a appris que toutes les sources sont valables, il suffit de savoir les utiliser en fonction des résultats attendus.

Nous avons pu ainsi saisir, par les traditions orales, l'étape de production du fer, de la prospection du minerai de fer à la transformation de la loupe en produits finis jusqu'à la vente de ceux-ci. Ces informations ne concernent que la métallurgie des habitants actuels du Bulkiemdé. Concernants les techniques des peuples anciennement installés sur le bulkiemdé, les traditions orales n'ont pas pu nous renseigner de façon précise. Elles restent impuissantes et ne peuvent servir, à ce niveau, qu'à une comparaison ethnoarchéologique.

Les recherches archéologiques, quant à elles, ont permis de savoir, par les vestiges découverts et la comparaison avec les données des traditions orales, que nous avons bien deux types de métallurgie du fer (ancienne et récente) différentes l'une de l'autre, mais qui ont bien évolué sur le même espace. L'étude métallographique a été d'un grand apport pour l'archéologie car, elle a permis, en l'absence de témoins et de données des traditions orales, de connaître les techniques de réduction et de transformation du fer des anciens occupants du Bulkiemdé.

Au niveau du milieu naturel : Avant d'entamer l'étude des techniques sidérurgiques directes du fer, nous nous sommes intéressée au milieu naturel.

La présence d'une nappe d'eau souterraine, très importante, a pu maintenir cette population dense sur un territoire très pauvre en eau de surface. Cette donnée a favorisé la sédentarisation des populations, qui se sont souvent installées près des cours d'eau.

Les cuirasses ferrugineuses, présentes dans la province du Bulkiemdé, ont été un élément déterminant dans le développement de la technique sidérurgique du fer. Des familles de forgerons s'y sont souvent installées à cause du minerai.

La dégradation du couvert végétal est souvent due à une forte densité de population qui utilise à l'excès les sols. Il faut donc rester prudent lorsqu'on lie la dégradation de la végétation à une forte activité métallurgique. Certes, elle peut avoir joué un rôle, mais de là à affirmer qu'elle est le vecteur principal de cette désertification serait aller trop vite en besogne. D'autres causes sont à chercher dans l'histoire et le comportement des différentes populations vis-à-vis de leur milieu naturel.

Sur le plan historique : Le problème ethnique dans l'écriture de l'histoire des populations est assez complexe dans son ensemble au Bulkiemdé, comme partout ailleurs sur le plateau central *Moaga*. Qu'il s'agisse des habitants actuels ou anciens, le problème reste le même. Il existe une confusion énorme qui apparaît non seulement dans les écrits historiques, mais aussi au sein des données des traditions orales.

Les *Moosé,* qui se présentent à première vue comme un ensemble homogène, sont en réalité un conglomérat de populations qui ont des coutumes et des cultures différentes. Ils affirment tous être de l'ethnie *Moaga*, cependant ils sont conscients de leur différence culturelle, qu'ils revendiquent. Le seul élément unificateur de ces peuples est la conquête des *Nakomsé* qui ont tout fait pour rassembler et assimiler tous ceux qui ont été dominés. Dans notre thèse, nous avons essayé de présenter cette mosaïque de population *Moaga* qui renferme les *Nakomsé*, les *Yônyôosé*, les *Sikomsé* et les *Yarsé*. Chacune de ces composantes de l'ethnie Moaga a une fonction bien déterminée.

Cette stratification socio-culturelle est quelquefois l'oeuvre des conquérants. Nous avons montré que l'un des fondements du système politique *Moaga* est l'opposition entre les détenteurs de l'autorité politique les *Nakomsé,* qui ont statut de conquérants et les détenteurs de la maîtrise de la terre, les *Yônyôosé,* qui ont statut d'autochtones. Ce sont les *Tengbiisi*, c'est-à-dire les maîtres de la terre qui ont pour fonction ultime de faire des sacrifices aux divinités de la terre. Il s'est avéré au cours de notre étude que les détenteurs des divinités de la terre ne sont pas toujours des autochtones. Ils ont le plus souvent immigré avec les détenteurs du pouvoir politique, les *Nakomsé*, qui les utilisent pour la légitimation de leur pouvoir politique. Dans ce contexte de « mossification » des peuples autochtones du plateau central *Moaga* en général, il est difficile d'établir l'histoire des *Nînsi* et des *Yôoyôosé* longtemps occultée par l'historiographie officielle de l'État *Moaga*.

Compte tenu de ces confusions relatives au peuplement ancien, il est plus intéressant pour l'archéologue d'étudier de plus près les vestiges archéologiques qui leur sont attribués, afin de connaître leur mode de vie et leur donner une identité ethnique et culturelle.

Les recherches historiques sur la métallurgie du fer au Bulkiemdé ont été d'un grand apport à la connaissance des techniques sidérurgiques directes du fer. Nous avons signalé, au début de notre approche, l'inexistence de documents écrits sur ce sujet. Les traditions orales ont été la base de ces recherches historiques. Dans l'approche méthodologique, il s'est avéré qu'il ne faut pas négliger ou privilégier une tradition orale donnée par rapport à une autre, car les plus âgés ne sont pas toujours les plus informés, ni les plus jeunes les moins informés. Tout dépend de la place et de la fonction de chacun au sein de la société. Le recueil des traditions orales a permis de connaître la chaîne opératoire complète de la sidérurgie directe du fer des forgerons actuels.

Ainsi, les systèmes de prospection basés sur l'observation des éléments de la nature ont montré que certaines plantes comme le *Guera senegalensis, le Saba senegalensis, le Cassia sieberiana* sont des indices d'existence de minerai sous certaines formations ferrugineuses. Cette pratique reposant sur l'observation du milieu naturel est à approfondir dans les recherches prochaines.

Certaines espèces végétales jouent un rôle primordial dans la réduction du minerai de fer et le forgeage des objets. *Le Burkea africana* est considéré comme la meilleure espèce en réduction et en forge. Le *Terminolia macroptera* a la réputation de faciliter l'épuration de la loupe et de donner une meilleure qualité au fer. *Le Cassia sieberiana,* les racines du *Guiera senegalensis* et le *Kaya senegalensis* carbonisés ensemble comme charbon de bois faciliteraient la réduction de fer au fourneau. Toutes ces plantes doivent, pour les recherches futures, être objet d'études approfondies. On connaîtra ainsi les compositions de ces espèces qui jouent en faveur de la réduction, de l'épuration et de la transformation du fer en produits finis. L'approche historique a permis aussi de déterminer les types de fourneau utilisés au Bulkiemdé. Le fênêga et le Bõaaga tous deux à tirage forcé par utilisation de souffleries, sont cités par les forgerons. Le premier n'est pas très connu par les forgerons plus jeunes. Le second, le plus répandu, a été utilisé par tous les forgerons. Malgré sa difficulté d'utilisation et son rendement peu élevé, il a résisté aux fourneaux gigantesques à tirage naturel d'air du nord du Burkina Faso, dont l'utilisation était plus facile, avec des rendements plus élevés. La raison de cette résistance est à rechercher dans la qualité de fer obtenu dans les fourneaux à tirage forcé d'air. Les forgerons du Bulkiemdé ont probablement favorisé la qualité par rapport à la quantité. Cela est peut-être aussi dû au fait que leur commerce était limité à un cercle réduit, par rapport aux forgerons du Yatenga qui, se déplaçant dans des contrées éloignées, avaient ainsi besoin de grandes quantités de fer.

Sur le plan socio-culturel, la forge n'est pas seulement l'atelier de transformation de la loupe en produits finis, mais elle a des fonctions plus élargies, entraînant la naissance de plusieurs types de forges sanctuaires. L'absence de «castes» au sein de ces sociétés du Bulkiemdé a établi d'autres types de relations entre les forgerons et les non forgerons. Il n'y a pas à proprement parlé de quartiers de forgerons isolés, comme au Yatenga. En plus des quartiers de forgerons, qui se réclament être des forgerons de naissance, on a, dans des quartiers non forgerons, des ateliers de forge remplissant les mêmes fonctions techniques et cultuelles.

Le rôle de la femme forgeronne est primordial dans cette diffusion de la technique de la sidérurgie directe du fer au Bulkiemdé. Ne pouvant pas exercer le métier de forgeron à cause de sa condition de femme, elle peut, en se mariant à des familles non forgeronnes, transmettre le statut de forgeron à ses enfants mâles et leur descendance. Les relations matrimoniales constituent une source essentielle dans la recherche des origines immédiates du métier de forgeron. De prime à bord, on pourrait croire que les femmes ne jouent aucun rôle au sein de la société forgeronne, mais, en réalité, elles constituent la base de ce métier, compte tenu des fonctions cultuelles qu'elles remplissent. Ce sont elles qui portent toujours l'eau de sacrifice à la forge pour leur mari forgeron. Un chef forgeron célibataire ne peut pas remplir ses fonctions d'autant plus qu'il doit s'appuyer sur l'aide cultuelle de son épouse.

Sur le plan archéologique : Quatre fouilles ont été faites sur trois sites du village de Gooden-Wologteng ; deux fouilles sur un site de réduction du quartier de Lilbouré et deux autres sur deux sites d'habitat de Sondomtengyir et Taagoogo. Par rapport aux éléments archéologiques et aux informations qu'ils nous ont apportées, nous pouvons affirmer que le bilan est intéressant.

Un des principaux résultats est l'établissement d'une chronologie absolue obtenue par la datation des échantillons de charbon de bois du site de réduction de Lilbouré (1440-1635 de notre ère) et du site d'habitat de Sondomtengyir (895-1030 de notre ère). Un recoupement des datations absolues aux datations relatives données par les traditions orales, a permis de constater que les affirmations des traditions orales ne sont pas très éloignées des datations absolues. En effet, la chefferie de Gooden-Wologtenga, la chronologie de Michel Izard et les traditions orales des autres populations du village donnent comme date approximative de leur installation le XVIème siècle. Pour eux ils ont trouvé sur place les sites archéologiques. Cette date constitue donc, approximativement, la fin de la sidérurgie des peuples anciens du Bulkiemdé qui ne s'éloigne pas beaucoup de +1440-1635.

Les résultats ont été très satisfaisants pour les fouilles du site de réduction. Nous avons pu mettre en évidence deux types de fourneaux complémentaires, jamais cités par les traditions orales de la province du Bulkiemdé. Le premier bas-fourneau de grande dimension à tirage naturel d'air par l'utilisation de grosses tuyères, sert pour la réduction du minerai de fer. Le second bas-fourneau de très petite taille, dont plus de huit ont été découverts sur le même espace, est utilisé pour épurer les loupes des grands bas-fourneaux. La disposition de ceux-ci ferait croire à un fonctionnement en batterie. Sur le plan structural et fonctionnel, ils diffèrent de ceux des forgerons actuels. Ils ont affirmé que le bas-fourneau à tirage naturel d'air n'a jamais été utilisé au Bulkiemdé. Ce qui n'est pas le cas, si nous considérons les résultats des fouilles. Il a bien existé une métallurgie ancienne qui est l'oeuvre d'anciennes populations. Mais celle-ci, sur le plan des structures et de la réduction, est très différente de celle des populations actuelles. Cependant, les habitants actuels qui désignent les auteurs par le terme *Nînsi*, les considèrent comme les diffuseurs de la technique métallurgique du fer sur le plateau central *Moaga*. Il a peut-être existé plusieurs centres de diffusion au Bulkiemdé selon les origines des forgerons. Le terme *Nînsi* peut aussi avoir désigné (sur l'espace du Bulkiemdé) des populations anciennes diverses, qui n'ont aucun lien ethnique entre elles, mais quelques ressemblances sur le plan des cultures matérielles à cause des échanges commerciaux et des multiples déplacements fréquents à l'époque. Mais il faudra encore être prudent pour ne pas donner des résultats définitifs. Seules d'autres fouilles de sites de réduction du minerai de fer pourraient faire avancer les connaissances sur les deux types de sidérurgie directe du fer.

Les sites de réduction ont été associés à des sites d'habitat qui ne sont pas très éloignés les uns des autres. Les deux fouilles menées sur deux sites d'habitat afin d'étudier les techniques de transformation d'éléments en fer de ces anciens habitants et d'établir leur contemporanéité avec les sites de réduction, ont aussi fourni des résultats satisfaisants.

L'abondant matériel céramique issu des fouilles de sites stratifiés présente des céramiques différentes par les formes, les décors et les dégraissants. La céramique de Ralo s'éloigne encore plus de celle des deux premiers sites. Son décor est plus riche. Le site de Sondomtengyir daté de 895-1030 de notre ère avec un seul objet en fer et celui de Taagoogo daté approximativement à une limite supérieure au XVIème siècle, avec près de onze objets en fer, ont des céramiques d'un faciès culturel différent. Quant à savoir si ces peuples sont auteurs des sites anciens de réduction du fer, nous ne pouvons poser que des hypothèses. Les deux types de site sont sur un même espace et pas très distants les uns des autres. Des objets en fer, des scories de forge (confirmées par les résultats des études métallographiques) ont été trouvés sur ces sites d'habitat. Ce qui signifie que les habitants connaissaient le fer. Si nous considérons la datation du site de Sondomtengyir, il y a huit siècles entre ce site et le site de réduction. L'occupation des sites d'habitat n'a pas été l'oeuvre d'un seul peuple, ce qui signifierait qu'il a existé différentes populations ; déterminer les auteurs serait assez difficile. Une analyse des composants chimiques des éléments métalliques des sites d'habitat et des scories du site de réduction, aurait pu nous éclairer sur l'origine du fer qui a servi à la confection des objets. On saurait ainsi si les objets en fer sont issus des loupes du site de réduction.

Au niveau de l'organisation de cette société ancienne, on peut penser, par rapport aux éléments découverts, (os d'animaux, herminette, lance, céramique, pavement céramique...) qu'elle connaissait la métallurgie du fer, la chasse, peut-être les guerres et vivait de l'agriculture et de l'élevage. La proximité de l'eau a été un élément moteur à leur installation, où tous les sites sont proches du cours d'eau M'bigsi. Le minerai était réduit et épuré à l'écart des habitations, puis le fer transporté à la forge qui devait être juste à côté de chaque habitat. Les études métallographiques des scories trouvées sur les sites d'habitat ont montré qu'elles étaient des scories de forge.

Plusieurs questions restent cependant posées. Où sont parties ces populations et quelles sont les causes de leur départ ? Pourquoi cette rupture brutale dans les technologies métallurgiques et céramiques ? Cette population n'apparaît aucunement (en l'état actuel des recherches) dans les populations actuelles du Bulkiemdé, comme si elle avait été assimilée par une conquête ou était partie avant l'arrivée des conquérants *Nakomsé,* qui soumettaient déjà les anciens occupants de la région de l'est du plateau central *Moaga.*

Les analyses chimiques et les études métallographiques ont permis de répondre à certaines questions archéologiques qui étaient restées en suspens. Les résultats confirment bien qu'elles sont indispensables à l'étude métallurgique du fer. Le lien entre les grands bas-fourneaux de réduction et les petits bas-fourneaux a pu être établi grâces aux études de laboratoire. Elles ont permis de comprendre que les deux types étaient en fait complémentaires. L'approche métallographique des scories de sites d'habitat et de réduction a établi l'organisation de cette activité métallurgique, mais aussi la bonne qualité de sa réduction.

Les études métallographiques des objets en fer issus des fouilles archéologiques et de ceux des populations actuelles révèlent les techniques de transformations dans les forges anciennes et récentes. Notre objectif dans cette approche étant de comparer ces différentes techniques de forge, nous avons constaté que les forgerons des deux périodes connaissaient tous la technique du corroyage, de la trempe et de la soudure. Les techniques de transformation des deux périodes sont de très haute performance. Les objets des fouilles comme la lance à soie et l'objet en forme de spatule montrent une grande maîtrise technique des anciens forgerons. Il est très difficile, à partir de ces échantillons, de tirer des conclusions quant à l'influence des anciennes techniques sur celles des forgerons actuels. D'autres études d'objets en fer issus de plusieurs sites d'habitat anciens, comparés avec des objets des forgerons actuels de même type, pourraient apporter d'autres éléments de réponse et faire connaître les différentes techniques. Nous voulons aussi attirer l'attention sur la disparition de ces techniques sidérurgiques et sur l'urgence des études métallographiques. Par l'étude de ces objets en fer, nous voulons aussi ouvrir le débat sur la connaissance des sciences, des techniques anciennes (comme la médecine ancienne, l'utilisation des plantes dans les différentes sciences et techniques africaines...) et le retour à certaines valeurs culturelles anciennes, qui, pour nous, constituent la base d'un nouveau départ des sociétés africaines.

Les recherches et les nouvelles perspectives d'approches sur la sidérurgie directe du fer ne peuvent être faites que dans une vision globale. En effet, les recherches menées au laboratoire d'archéologie sur l'histoire du fer au Burkina Faso sont à prendre en compte. Les Mémoires de Maîtrise et les Doctorats de MM. Jean-Baptiste Kiéthéga et Coulibaly Elysée montrent les richesses de cette sidérurgie directe. Les perspectives archéologiques doivent se baser sur l'ensemble de ces différentes études. La thèse de doctorat de M. Kiéthéga met en évidence quatre provinces métallurgiques. L'ensemble des chercheurs devrait en tenir compte pour les recherches futures au Burkina Faso. On pourrait ainsi, au sein de ces provinces, mettre en place un programme d'étude archéologique et métallographique des minerais, des mines, des scories, des loupes, des fourneaux et des essences végétales utilisées pour la réduction et le travail à la forge. Ces études aideraient à comprendre l'utilisation des fourneaux et leur mode de fonctionnement.

Un autre aspect à prendre en compte est la coopération sous-régionale avec les pays frontaliers du Burkina Faso. Il est important de ne pas limiter les recherches à l'intérieur du pays, car l'évolution des techniques ignore les frontières.

QUESTIONNAIRE D'ENQUETES ORALES

Date de l'enquête

I Localisation et identification

-Nom, prénom, âge, profession de l'informateur

-Nom du village, toponymie

-Localisation du village

-Coordonnées géographiques

-Quartiers de forgerons – nombre - nom

II Volet historique

-Histoire du village, origine, date de création, date d'installation des forgerons, causes d'installation.

-Origine du fer dans le village

. Mythe d'origine

.Autodécouverte

.Origine extérieure

.Forme de diffusion à partir du village, par migration externe ou interne

.Autres modes

-Comment devient-on forgeron ?

-Les types de forgerons

.Ferrier

.Forgerons fabricants d'objets

.Forgerons fossoyeurs

.forgerons puisatiers

.forgerons bijoutiers

III. Les aspects techniques de la production du fer

-Prospection

.Rites et coutumes

.Méthodes de prospection, les voyants, les plantes

. Périodes de prospection, déterminer la saison et le moment de la journée

.Le prospecteur

-La mine

.Rites et coutumes

.Organisation du travail

.Situation géographique

.Mode d'exploitation de la mine

ramassage de surface

Décapage

Types de puits

Puits à section circulaire

Puits à section carrée

Puits à section rectangulaire

Autres Types

.Circulation dans les puits : encoches, escaliers, échelles, galeries

.Outils d'extraction

.Système de sécurité

-Le minerai

.Types de minerai

.Fondants

.Traitement du minerai : concassage, calibrage, lavage

-Le fourneau

.Fourneaux solitaires ou par batterie

.Fourneaux à soufflet

Bas foyer

Bas-fourneau

Autres types

.Les fourneaux à tuyères

Type dogon

Type Bwa (souterrain)

Type Samo

Type Tourni

Type Salla koulé

Autres types

-Matériaux et mode de construction des fourneaux

-Ouvertures et pieds à la base

-Les dimensions (hauteur diamètre capacité)

-Etat de conservation

-Les soufflets

.à outre

.à poterie

.en bois

.autres types

-Les tuyères

.Matériaux

.Forme

.Dimension

.Mode d'utilisation

-Système de contrôle de la température

-Organisation du travail

-Les combustibles

Nature (bois, charbon, paille)

.Essences végétales employées

.Mode d'obtention du combustible

-La réduction

.Organisation du travail

.Mode de chargement du fourneau

.Quantité de minerai

.Quantité de combustible

.La mise à feu (quand et comment)

.Contrôle de la réduction (moyens)

.Durée de la réduction

.Méthodes et moment de la récupération de la loupe du fourneau

.Rythmes d'utilisation des fourneaux

.Présentation des produits de la réduction

.Traitement de la loupe, transport

-Transformation de la loupe en produits finis

.La forge

.Description de la forge, atelier et outils

.Le personnel, hiérarchie, division du travail, l'apprentissage

.les aspects sociaux de la forge

Culte

Soins

.La production de la forge

.Technique de transformation

.Qualités obtenues

.Usages : nomenclature des articles fabriqués

IV. Les aspects socio-économiques

-Les aspects économiques

.La métallurgie est-elle une activité unique et permanente ?

Si non, déterminer les autres activités et les périodes d'exécution.

.Destination du métal brut : consommation locale ou commerce

.Consommation locale du métal brut : suffisante ? insuffisante ? importation ?

.Destination des produits finis, consommation locale ou commerce ?

.Consommation locale des produits finis suffisante ? Insuffisante ? importation ?

.Le commerce

Echange au niveau du village

Types de produits

Quantité

Mode d'échange (troc, monnaie, prestation)

La clientèle

Fer importé : origine, mode d'acquisition

.commerce extérieur au village

Types de produits

Quantités

Modes d'échange

Modes de transport

Marchés

La clientèle

Types de marchands

Taxations

Cadeaux

Autres productions liées à la métallurgie (poterie, cordonnerie...)

-Les aspects sociaux

.Place du forgeron dans la société

.Casté ?

Position du forgeron dans la hiérarchie sociale

Relations matrimoniales

Hiérarchie entre types de forgerons

Pouvoir économique des forgerons

-Attitude de la société vis-à-vis des forgerons

.Mépris

.Crainte

.Respect

-Attitude du forgeron vis-à-vis de la société

-Obligation des forgerons en cas de guerre

-Les forgerons pendant la période coloniale

-Les autres fonctions des forgerons

.Politiques

.Religieux

.Judiciaires

.Etc...

-Titre et fonction du chef des forgerons

-Autels, sanctuaires, objets cultuels des forgerons

GLOSSAIRE

Barga	lame ancienne
Bõaaga	fourneau à souffle
Fêfêbga	petit fourneau de 50 cm de diamètre ne fonctionnant qu'avec un seul soufflet
Guidga	instrument utilisé pour la réfection des calebasses cassées
Guruskandé	instrument servant à filer le coton
Gyébre	briquet ancien
Kikirbaga	devin
Kisigré	enclume
Kitga	burin
Kiyugu	loupe de fer
Kiyodgo	instrument utilisé pour détacher le minerai en montagne
Konré	racloir
Kudyir	maison de forge
Kudkansanga	grande forge
Kudugu	forge
Kudkutgu	atelier de forge
Kug	minerai
Kugbogdo	puits de minerai de fer
Laré	hache
Mwêndg	pointeau
Moogo	pays des Moosé

Moaga (Moosé)	nom donné aux conquérants Dagomba venus du nord Ghana
Nakomga (Nakomsé)	descendants des conquérants Dagomba
Nînsi	nom donné aux anciens habitants du plateau Moaga avant l'arrivée des Nakomsé.
Nyônyôaga (Nyônyôosé)	considérés comme anciens habitants du plateau central Moaga. Ils sont détenteurs du culte du nyônyônré, sorte de magie qui sert à la maîtrise des forces atmosphériques et éoliennes
Pêbga (pêbsé)	tuyère principale
Pongo	désigne deux objets différents. Ustensile de cuisine et objet servant à couper le cuir
Sabtologo	hémorroïde
Sambtenga	quartier de forgeron
San	forgeron
Sangobré	forgeron qui dirige le travail à la forge
Sanlwêda	l'aide forgeron (apprenti)
Sanyir	la cour du forgeron
Sikomsé	porteur de masque
Sisowaga	travaux d'entraide
Songvug	instrument utilisé pour la confection des nattes
Sutoaga	herminette
Tênga	Terre
Tengsoaba	chef de terre
Tengsobdamba	gens de la terre, détenteurs des autels de la terre.

Tigsigué	instrument utilisé pour décorer le cuir
Wên	Scorie
Wanka	daba
Yaaga	panier en osier
Yiwgo	tenaille
Zanbila	petit marteau
Zanr	grand marteau
Zuglaga (zuglasé)	pot des soufflets
Zuglanwên	tuyères secondaires, placées entre les pots et la tuyère principale

LISTE DES PRINCIPAUX INFORMATEURS

Nous donnons la liste des principaux informateurs

NOM, PRENOM	PROFESSION	AGE	VILLAGE	DATE
Bagré Kudugu	Forgeron	55 ans	Kindi	25 08.1994
Kaboré Mathias	Cultivateur	40 ans	Wologteng-Gooden	11.11.1994
Kiendrébéogo Kudu	Ancien forgeron Cultivateur Tradipraticien	108 ans + 1996	Tiogo	27.09.1988 28.09.1988 23.12.1988 25.12.1988 26.01.1991 22.12.1995
Kiendrébéogo Kudu	Cultivateur	50 ans	Tiogo	20.01.1993 Nov 1994 20.9.1996
Kiendrébéogo Noaga et ses fils	Ancien forgeron	70 ans	Doulou	Sept. 1994
Kiendrébéogo Règma	Ancien forgeron	60 ans + 1994	Tiogo	Sept.1988
Kiendrébéogo Tanga	Cultivateur	60 ans	Doulou	Sept.1994
Kiendrébéogo Sotissi	Cultivateur	50 ans	Doulou	Sept.1988 Sept. 1994
Kiénon Yembi	Porteur de masque Cultivateur	53 ans +1994	Tiogo	22.12.1988 03.01.1990
Kiénon Wago	Cultivateur	35 ans	Tiogo	Nov.1996
Kinda adama	Forgeron	39 ans	Réo	23.12.1988 Sept.1994
Kinda Olivier	Ancien forgeron	105 ans + 1995	Réo	23.12.1988 Août 1993 01.11.1994
Koala Yamba	Forgeron	62 ans	Koudougou	Sept 1988
Naaba	Chef de village	50 ans	Wologteng-Gooden	30 .11. 1994
Nikiéma Lallé	Ménagère	50 ans	Ralo	03.01.1990
Nikiéma Kombasé	Forgeron	57 ans	Ralo	22.12.1988
Nikiéma Komênêmmoogo	Forgeron	65 ans	Ralo	22.12.1988 09.11.1989 29.11.1989

Nikiéma Gangr	Forgeron	75 ans	Ralo	24.12.1988
Nikiéma Sondongo	Forgeron	55 ans	Ralo	29.12.1988
Nikiéma Noaga	Forgeron	55 ans	Poa (Loaga)	20.12.1996
Nikiéma Wogo	Forgeron	85 ans	Poa (Loaga)	25.01.1998
Ouédraogo Awa	Epouse d'ancien chef forgeron	90 ans	Ralo	29.12.1989
Sakandé Mamadou	Commerçant	50 ans	Ralo	29.12.1989 04.01.1990
Sakandé Omar	Commerçant	40 ans	Ralo	29.12.1989 04.01.1990
Zongo Bangba	Forgeron	60 ans	Nandjèla	25.08.1994 20.09.1994 30.08.1993
Zongo Konyib	Forgeron	72 ans	Nandjèla	06.01.1990
Zongo Règma	Ancien forgeron	100 ans	Ralo	11.11.1989 29.11.1989 22.12.1988 29.08.1993
Zongo Yamba	Forgeron	60 ans	Siguogin	28.09.1988 11.01.1991 22.09.1994
Zongo Yamba	Chef coutumier	80 ans	Ralo	03.01.1990
Zongo Kuka	Chef coutumier	80 ans	Ralo	03.01.1990
Zoundi Tenga	Cultivateur	60 ans	Wologteng-Gooden	sept 1994
Yaméogo Songbzanga	Chef coutumier	60 ans	Ralo	03.12.1990
Yaméogo Yubi	Forgeron	60 ans	Péyir	29.09.1998 22.09.1994 30.12.1995

BIBLIOGRAPHIE

AGRICOLA, G., : *De Re Metallica* Traduction A. France-Lanord, Edition Gérard Klopp, déc. 1987

AGUICAH, D. : *1982 Etude préliminaire du site de Notsé par le ramassage des tessons de céramique*, Mémoire de D.E.A, Paris I

AGUIGA D..A. *1995*, : *Pavement et terres damées dans les régions du Golfe du Bénin : enquête archéologique et historique*. Thèse doctorat, Université de Paris I Sorbonne.

ANDRIEUX, J.Y. *1987*: *Forges et hauts fourneaux en Bretagne du XVIIème et XIXème siècle* Cid édition, Nantes.

ANDRIEUX, Ph. 1983: « Esquisse d'une réflexion expérimentale sur l'identification des structures métallurgiques » *Journées de paléométallurgie* Université Technologique de Compiègne, 22-23 février, P 51-66.

ANDRIEUX, Ph., 1983: « Quelques aspects des fours expérimentaux de réduction de minerai de fer » *Colloque le fer à Madagascar, En Europe, en Afrique avant l'adoption du procédé indirect*. Paris.

ANDRIEUX, Ph. 1987: « Dix ans d'expérimentation : le feu entre terre et métal » *Archeometallurgy of Iron 1967-1987* Symposium Liblèce, R. Pleiner éd., Prague, 1989, P 77-90

ANDRIEUX, Ph. *1990*: *Prolégomènes à une étude tracéologique sur les structures d'élaboration thermique et les parois argilo-sableuses. Application à la paléométallurgie du fer*.3 Vol, thèse, Université de Franche-Comté, 599 P.

ARCHINARD, L. *1885* : « La fabrication du fer au Soudan ». *Revue ethnographique*. Vol 3, P 249-255

ARDOUIN, CL. 1978 : « La caste des forgerons et son importance au Soudan Occidental ». *Etudes maliennes* N°24, ISHM

APPIA, B. « Les forgerons du Fouta-Djallon ». *Journal de la société des Africanistes* P 317-351. Publié avec le concours du C.N.R.S. XXV

BA, H..A., 1979, « En Afrique cet art où la main écoute » *Le courrier de l'UNESCO*, février

BADOLO, I *1991*: *L'exploitation traditionnelle du fer à Dassa, Province du Sanguié (Burkina Faso)*. Mémoire de maîtrise, université de Ouagadougou, 119p.

BARLET, P. *1962*: « Essai de présentation géographique de Haute-Volta. » *Recherches Voltaïques*, Nouvelles série, Mémoire N°3,Ouagadougou

BAYILI, E., 1983: *Les populations Nord-Nuna (Haute-Volta) des origines à 1920*, Thèse de 3ème cycle Paris I

BENOIT, P. GUILLOT, I. 1987 : « Scories de réduction et scories de forge: approche analytique et archéologique » *Archeometallurgy of Iron, 1967-1987 Symposium Liblice*, Pliner Ed., Prague, 1989, P.53-64

BENOIT, P., 1988: « Les techniques minières en France et dans l'empire au XVème et XVIème siècle », *Journal des savants*, Janvier-Juin, P 76-94

BENOIT, P., 1993 : *Les mutations techniques et scientifiques de la fin du moyen âge et de la renaissance*. Mémoire de synthèse des travaux effectués en vue de l'obtention d'un doctorat d'Etat, Paris I-Panthéon Sorbonne.

BERNUS, E, 1983, « Place et rôle du forgeron dans la société touareg » Métallurgies Africaines. Nouvelles contributions, *Mémoire de la société des Africanistes*, 9, P 225-236.

BERNUS, E. ECHARD, N., 1985, « Metalworking in the Agadez région (Niger): an Ethno-archeological approach », *Furnaces and Smelting technology* in *Antiquity British Museum Research laboratory*

BERTHO, J., 1946, « Notes sur le haut fourneau et la forge des Bobos-Oulé (Bobo rouge) de Dédougou », Dakar, IFAN, *Notes Africaines*, N° 30

BLONDEL, F.,1934, « Les recherches minières en Afrique Française » C.M.C N° 33 Paris.

BOCOUM, H., 1986, *La métallurgie du fer au Sénégal: approche archéologique, technologique et historique*, Thèse de 3ème cycle. Université de Paris I, 333 P

BOCOUM, H., I. GUILLOT et P. FLUZIN, 1988, « Apport de la métallographie structurale à l'interprétation fonctionnelle de trois objets en fer du Sénégal.» *Revue d'archéométrie* N° 12 P 57-70

BOUDA, B, 1989, *L'exploitation traditionnelle du fer dans la région de Pabré (Burkina Faso)*, Mémoire de maîtrise 1988/89, 246p

BRAUNSTEIN, Ph.,1986, « Mines et métallurgie dans la France ancienne. » *Dossiers histoire et archéologie* N°107, P 18-22 BRUNAUX, J. L. et B.

CELIS, G., 1990, « Introduction à la métallurgie traditionnelle chez les Songhaï du Niger » *Anthropos*

CELIS, G., 1991, *Les fonderies africaines. Un grand métier disparu.* Museum für völkerkunde, Frankfurt.

CHIEZE, V., 1987. *La métallurgie du fer dans la zone lacustre :archéologie-archéométrie* D.E.A Paris I Sorbonne

CHIEZE, V. P. BENOIT, 1990. « Images de la forge dans les manuscrits de la bibliothèque nationale, XIIIème – XVIème siècle, l'image des mines de la métallurgie du Moyen Age à nos jours », *Actes de la table ronde du Groupe d'histoire des Mines et de la Métallurgie*, Paris 1987, Pierre et Terre N° 33 mai 1990, P 11-20

CHILDS, S. T., 1986. *Style in technology a view of African Early Iron Age iron smelting through its refractory ceramics*, Ph. D. thesis, Boston University.

CLEMENT, P.,1948, « Le forgeron en Afrique noire. Quelques attitudes du groupe à son égard. ». Extrait de *la revue de Géographie humaine et d'ethnologie* N° 2, avril- juin 1948

CLINE, W., 1937, « Mining and metallurgy in negro africa ». Gen. *Séries in Anthropology* N°5

COULIBALY, E, 1989, *La métallurgie du fer dans la région de Sanaba (province de la Kossi. Burkina Faso),* Mémoire de maîtrise, Université de Ouagadougou.

COULIBALY, E., 1990, *La métallurgie ancienne du fer dans le Bwamu (Burkina Faso). Problématique de recherche et méthodologie d'approche,* Mémoire de D.E.A. Paris I Sorbonne.

COULIBALY, E., 1997, *Savoir et savoir-faire des anciens métallurgistes : Recherches interdisciplinaires sur les procédés en sidérurgie directe du fer dans le bwamu (Burkina faso-Mali),* TI et TII, Université de Paris I Panthéon Sorbonne.

DELAFOSSE, M., 1972, *Haut Sénégal Niger, le pays, les peuples, les langues.* Nouvelles éditions Paris Larose, 248 P.

DEVISSE, J., 1975, « Une enquête à développer : le problème de la propriété des mines en Afrique de l'ouest du VIIIe au XVIe siècle ». In *Miscellanea* offerts à Charles Verlinden à l'occasion de ses 30 ans de professorat, Gent 1975, 1 vol P 201-219

1981, «La recherche archéologique et sa contribution à l'histoire de l'Afrique ». *Recherche pédagogique et culture* sept 1981, P2-7, 85

1982, « L'apport de l'archéologie à l'histoire de l'Afrique occidentale entre le Ve et le XIIe siècle. »

1983, Académie des inscriptions et belles-lettres. Comptes rendus des séances de l'année janvier-mars P 156-175

D.E.P, 1993, (Direction des Etudes et de la Planification). *Carte hydrogéologique du Burkina Faso*. Ministère de l'eau, Feuille de Ouagadougou. Sept, 45 P

DEZERT, B., 1972, *Minerais métalliques et métallurgie de base dans le monde.* Paris, centre de documentation universitaire. 309 P

DIETERLEN, G., 1965, *Contribution à l'étude des forgerons en Afrique Occidentale.* Paris. Ecole des Hautes Etudes. Section des sciences religieuses.

DIGARD, J.P., 1979, « La technologie en anthropologie: fin de parcours ou nouveau souffle » ? Extrait de *l'homme*, janviers-mars P 73-104

DOMERGUE, Cl. REBISCOUL, A. TOLLON, F., 1982, « Les fours de réduction du fer dans la montagne noire (Aude) à l'époque Gallo Romaine et leur production ». P 216-236. Mines et fonderies antiques de la Gaule. Toulouse – Le Mirail. Nov. 1980 329 P *Table ronde* du C.N.R.S éd. CNRS, Paris.

DUPRE, G. GUILLAUD, D., 1986, « Archéologie et tradition orale : Contribution à l'histoire des espaces des pays d'Aribinda » Province du Soum, Burkina Faso. Géoarchéologie régionale en milieux tropicaux, *Cahier Sc. Hum.* (ORSTOM) 22 (1) P5-48

ECHARD, N, 1981, « Ateliers touareg ».CNRS-RCP *Opération métallurgie.* Document 02.

1981, « Notes et questions sur la métallurgie du fer », Ader, Koni et Kurfy, République du Niger. CNRS-RCP *Opération métallurgie.* Document 02.

1983, « Scories et symboles. Remarques sur la métallurgie haussa du fer au Niger ». In Echard, N.(Ed). *Métallurgies africaines.* Nouvelles contributions, p 209-224. Paris : Société des Africanistes, Mémoire 9.

1986, « Histoire du peuplement et histoire des techniques : l'exemple de la métallurgie haussa du fer au Niger ».*Journal de la société des Africanistes* 56. p20-32

ESSOMBA, J.M., 1977, « L'archéologie et le problème de chronologie du fer aux abords du lac Tchad ». *Africa Zamani* 6/7 :1-14

1983, « Archéologie et recherches en métallurgie du fer et âge du fer ancien au Cameroun (nécessité d'une intervention des sciences de la nature). » Archéologie Africaine et Science de la Nature appliquée à l'Archéologie. P 467-472. *1er symposium inter. Bordeaux* 1983, A.C.C.T., C.N.R.S., C.R.I.A.A. Paris, 551P.

1983, « Aperçu sur les sources orales, écrites et iconographiques relatives à la métallurgie du fer chez les fang Beti Bulu du sud du Cameroun » *Colloque sur l'histoire de la mine au métal avant l'adoption du procédé indirect.* Madagascar-Afrique– Europe. Paris 21-25 mars 1983, 113 P.

1986, « Le fer dans le développement des sociétés traditionnelles du sud du Cameroun ». *West African Journal of Archéologie 16 :1-24*

ESSOMBA, J.M., 1988, « Quelques analyses des sites de métallurgie ancienne du fer de Pan en pays Bassa (Sud du Cameroun) », *NSI* 3 :15-19

ESCHENLOHR, L et SERNEELS, V., 1991, *Les bas-fourneaux mérovingiens de Boécourt, les Boulies (Ju/Suisse)*, Cahier d'archéologie jurassienne, 10 décembre 1991 sous les presses de l'imprimerie du pays à Porventruy

FAO, O., 1990, *La production traditionnelle du fer dans la région de Béna, province de la Kossi (Burkina Faso)*, Mémoire de maîtrise, Université de Ouagadougou, 152p

FLUZIN, Ph., 1983, « Notions élémentaires de sidérurgie » *Métallurgie africaine*. Nouvelles contributions Mémoire de la société des africanistes. 9 :P13-44.

1989, « Aspect de sidérurgie du XV ème siècle ». *Université de Technologie de Compiègne*. Séminaire U.T.C.S. printemps.

1993, « Interprétation des études métallographiques des sories : recherche d'éléments discriminatoires ». *Colloque de Besançon* 10-13 nov 1993.Annales littéraires de l'Université de Besançon.536, série archéologie 40

FLUZIN P., BENOIT P., KIENON T.H.,KIETHEGA J.B., EL KEDIM, 1994, « Apports de l'archéométrie à la restitution de la chaîne opératoire des procédés sidérurgiques directs à partir des vestiges archéologiques, intérêt des comparaisons ethno-archéologiques », Norberg, conférence on May 8-13, 19 *The importance of Iron making technical innovation and social change*, p 56-64.

FORBES, R.J., 1950. « Metallurgy in Antiquity. » A note book for Archeology and technologist. Leiden, E.J.Brill.

FRANCE-LANORD, A, 1963, « Intérêt et limites des méthodes scientifiques en archéologie ». In *études archéologiques*. Recueil de travaux publiés sous la direction de Paul COURBIN, Paris SCVPEN, P 10-11

FRANCIS–BOEUF, Cl., 1937, «L'industrie autochtone du fer en Afrique Occidentale ». *Bulletin des études historiques et scientifiques de l'AOF*. Jan. fev. P 40-464

FURON, R.1961, *Les ressources minérales de l'Afrique*. Paris, Payot 248 P

GADO, B., S.D.« La métallurgie dans les systèmes de sites de Kareygorou et de Boura »

GALLEY, A., 1981, (avec la collaboration de SAUVAIN-DUGERDIE, C), « Le sarnyéré dogon archéologie d'un isola, Mali ». *Recherches sur les grandes* civilisations, mémoire N° 4 Paris 1981

GARDI, R., 1970, *Artisans africains*. Copyright, 243P

GARDIN J.D., 1976, *Code pour l'analyse des poteries* Paris CNRS, 1976

GENEST, S., 1976, *La transmission des connaissances chez les forgerons Maja (Nord Cameroun)* Thèse de 3ème cycle. Ethnologie. Ecole des hautes Etudes en Sciences Sociales.228p. Laboratoire d'Anthropologie. Université Laval Québec.

GILLES, B., 1966, *Histoire de la métallurgie.* Que sais-je ? N°96 126P

1972, « Prolégomènes à une histoire des techniques » *Revue d'histoire des mines et de la métallurgie.* N°1/2, P 3-75

1978, *Histoire des Techniques.* éd. La pléiade Paris, 164 P.

GRANDIN, G., 1976, *Aplanissements cuirassés et enrichissement des gisements de manganèse dans quelques régions d'Afrique de l'ouest* Mémoire ORSTOM 275 P, N° 82 Paris 1976.

GRIOT, P.R. et LANGOUET, L., 1984, *La datation du passé. La mesure du temps en Archéologie.* CMPCA, Copyright, 186P

GUENAIS, M.E., 1985, « Du bon usage de l'autochtonie ». *Cahier de l'ORSTOM.* Série Sciences Humaines, Vol XVI.

GUILLET, L., 1948, *Les Etapes de la Métallurgie.* Paris PUF 128P

GUILLOT, I., 1985, *Relation entre microstructure et analyses d'objets ferreux anciens et procédés d'élaboration et de mises en forme.* Mémoire de DEA Université Technologique de Compiègne.

GUILLOT, I FUZIN, P.CLAVEL, M.BERANGER, G., 1987, « Structure d'outils miniers du XV ème et du XVIII ème siècle Interprétation Thermomécanique »
Matériaux et techniques, Oct.1987.

GUILLOT, I FUZIN, P.BENOIT, P.BERANGER, C., 1989, « Mise en forme et utilisation de matériaux de mineurs du XVIè siècle: apport de la métallographie. ». *Archeometry of Iron* 1967-1987. R.Pleiner éd., Prague P.459-474

GUILLOT I, FLUZIN P., 1984, « Interprétation structurale de l'élaboration et de l'utilisation d'outils miniers ». *extrait du bulletin de la société préhistorique Française* T84, 1984 CRSM N°8, P 248-256, P 249

GUINKO, S., 1984, *Végétation de la Haute -Volta.* Thèse de 3 ème cycle Université de Bordeaux III 318 P.

HALPOUGOUDOU, M., 1985, *Approche du peuplement prédagomba du Burkina Faso. Les yônyôosé et Nînsi du Wubr-tenga*. Mémoire de maîtrise, 249p

HENRY, M.B., 1971, « Toponymie et archéologie. Sciences solidaires ? » *Société archéologique et historique de la Charente Angoulême*, p531-540.

HOLDER, G., 1992, *Le forgeron Faiseur de rois. Essai d'analyse du statut du forgeron chez les dogons (Région Tenyeka)*. Mémoire de Maîtrise de l'Université de Nanterre- Paris X Oct. 1992-133P

ILBOUDO, P., 1966, *Croyances et pratiques religieuses traditionnelles des Mossi*. Paris, CNRS ; Ouagadougou CVRS 109P.

IMBS, F., 1985, *Kumtaabo une collectivité rurale et son rapport à l'espace* Thèse de troisième cycle, Paris X, 1985, 452 P

IROKO,A.F., 1987, *Les cauris en Afrique Occidentale du Xe au XXe siècle*.2 vols. Thèse doctorat d 'Etat 1987,980P

IZARD,M., 1968, *Problème de chronologie des royaumes Mossi*. Ouagadougou *CVRS* 29 juillet-2 août

1970, Introduction à l'histoire des royaumes Mossi. T1 et T2 Recherches voltaïques, No12 et 13

1971, « Les yarsé et le commerce dans le Yatenga précolonial » Extrait de l'évolution du commerce africain de l'ouest. London, Oxford, University.

1980, « Les forgerons Mossi ». CNRS-RCP322.*Opération métallurgique*. Document zéro.

1981, « L'histoire du peuplement et la métallurgie, un instrument d'enquête. » *Opération métallurgiique* document02

1989, « Le royaume du Yatenga et ses forgerons. Une recherche d'histoire du peuplement (Haute-Volta). » *métallurgies africaines. Nouvelles contributions*. Mémoire de la société des Africanistes, 9 p253-279

KAWADA, J., 1975, *Technologie Voltaïque : rapport de mission*. Ouagadougou, Musée national, 49p

KLLICK, D.J,1987. « On the dating of African metallurgical sites. » *Nyame Akuma* 30, p39-41

KIENON, T., 1990, *L'exploitation traditionnelle du fer a Ralo (Province du Boulkiemdé, Burkina Faso)*. Mémoire de Maîtrise, Département d histoire et d'archéologie de Ouagadougou.

KIENON, T., 1992, *Esquisse d'une recherche archéologique sur la métallurgie ancienne du fer au Bulkiemdé (Burkina Faso).* Mémoire de D. E. A, Paris I Panthéon Sorbonne.

KIETHEGA, J. B., 1981, « La carte du fer en Haute Volta ».*Recherche pédagogique et culture*, No55, p83-86

1981, « Quelques aspects de la recherche archéologique sur la métallurgie du fer en Haute-Volta » CNRSRCP *opération métallurgie* Doc.02

1983, « Les bas-fourneaux des bords du lac de Sian (H.V.) » *Colloque sur l'histoire de la métallurgie de la mine au métal avant l'adoption du procédé indirect*, Paris.

KIETHEGA J.B., 1996, *La Métallurgie lourde du fer au Burkina Faso.* Doctorat Es Lettres et Sciences Humaines, nov 1996, Université de Paris I Sorbonne, TI, TII, 802P

KIETHEGA J.B, 1995, « Etudes des anciennes mines de fer au B.F. ». *Rapport* d'étape, Projet M.E.T.A.F./A.C.C. T. Ouagadougou.

KONARE, A. O., 1983, « Les Numuw du Mader.» *Séminaire sur la métallurgie du fer,* Paris. 21-26 Mars.

KOUANDA, A., 1987, *Les conditions sociologiques et historiques de l'intégration des Yarsé dans la société Mossi de Ouagadougou.* Mémoire de Maîtrise, Université de Ouagadougou.

LERATS, S., 1975, *Géographie de la métallurgie. L'élaboration des métaux.* Paris ed. M. th. Genin, Librairies techniques.

LEROI-GOURHAN, 1971, *L'homme et la matière.* Ed. Albin Michel, Paris, 1943 et 1971 347 P.

1973, *Milieu et techniques.* Ed. Albin Michel, Paris, 475P.

LEVY-LUXEREAU, A.,1983, « Métallurgie dans le Sahel nigérien. Contraintes de l'écosystème et effet de la technique. L'exemple de la région de Maradi (Niger). ». *Métallurgies africaines nouvelles contributions.*

LINGANI, Z., 1995, *Site d'anciens villages et organisation de l'espace dans le Yatenga (nord-ouest du Burkina Faso).* Thèse de Doctorat, Université de Paris I, Sorbonne.

MACINTOSH, S., K., MACINTOSH R.J, 1988, « From stone to metal: New perspectives on the later prehistory of west Africa. ». *Journal of world prehistory* 2, p89-133.

MAKARIUS, L., 1968. « Les tabous du forgeron. de l'homme du fer de sang. » Extrait de *diogène* Paris, août- juin N°62

MARECHAL.J.R., 1964, « L'évolution de la métallurgie aux temps préhistoriques. » Mémoires techniques. *Revue de la métallurgie*, avril.

1982, « Thermodynamique des scories gallo-romaines ». Mines et fonderies antiques de la Gaule –Toulouse. Le Mirail Nov.1980, 329P. *Table ronde du CNRS* Paris

1983, « La préhistoire de la métallurgie et ses prolongements » *Revue archéologique* hors série N°14, 2ème trimestre 1983, 413 p

MARTENS, I., 1978, « Some reflections on the classification of prehistoric and medieval Iron-smelting. ». *Norway archeology* review 4P.

MASSIMBO, T., 1991, *La métallurgie ancienne du fer à Gomboussougou, province du bulgu (Burkina-Faso). Mémoire de Maîtrise,* Université de Ouagadougou, 124p.

MAUNY, R., 1952, « Essai sur l'histoire des métaux en Afrique Occidentale. » *Bull. IFAN* T14 N°2, p545-595

1966, « Problèmes posés par la datation au C14 de sites ouest africain de l'âge du fer. ». *Congrès de chronologie* Londres.

1970, Les siècles obscurs de l'Afrique Noire. Histoire et archéologie. Paris A. Fayard 314P.

METUOLE-SUMDA N., 1984, *La pénétration coloniale en pays Dagara, 1896-1933.* Doctorat de troisième cycle, 1984, Paris VII

MOHEN, J.P., 1990, *Métallurgie préhistorique. Introduction à la Paléométallurgie.* Masson, Paris, Milan, Barcelone Mexico.

MOHEN, J.P., 1991, (Collection dirigée par). *Découverte du métal.* Picard, 447P.

MONINO, Y., 1983, « Accoucher du fer. La métallurgie Gbaya (Centre Afrique). ». In *Métallurgies africaines* P281-310. Mémoire de la société des Africanistes 9, Paris.

MORGAN, J. 1922, « Note sur les origines de la métallurgie. » Paris, Masson et Cie, extrait de l'*Anthropologie* TXXXII.

NOIRE (Cap), 1904, *Origine des forgerons du Yatenga.* IFAN, Dakar, Mic.1069, doc XIII O-10, 1904.PAGEARD, R., 1963. « Recherches sur les Nioniossé » *Etudes voltaïques*, N° 4, IFAN–Dakar 1963, P1-17

PELET, P.L., 1977, « L'architecte des fourneaux à fer primitifs. Evolutions autonomes et tendances générales. ». Wiss Arbeit en *BGLD ;59, Eisenstadt.* p173-270.

PERON, Y. et ALACAN, V., 1975, *Atlas de la Haute-Volta.* Les atlas jeune Afrique, 47p

PERROT, C. H.,1981, « Traditions orales et archéologie : Une migration AGNY (Côte d'ivoire). ». In *le Sol, la parole et l'écrit.* Mélanges à Raymond Mauny. Société Française d'Outre- Mer, Tl 525P.

PERROT, C.H., 1989.*Sources orales de l'histoire de l'Afrique.* Paris, CNRS, 228P.

PLEINER, R., 1980, *The coming of the age of iron.* Yale univ. press, Newhaven and London, 40P.

1985, « Problems in the standardization of metallography. Investigations of archeological objects. Furnaces and Smelting Technology in Antiquity » Occasional. Paper, N°48, *British Museum Research* Laboratory, p79-180.

PLEINER R., 1962, « La sidérurgie dans les pays tchèques au moyen âge » Revue d'histoire de la sidérurgie; T VII, 2, P 179-196

POIRIER, J., 1965, *Toponymie méthode d'enquête.* Québec, les presses de l'université Laval 165P

POLE, L. M., 1974, *Iron-Smelting in Northern Ghana. Accra* National Museums of Ghana Occasional. Paper 6

1975, « Iron-working apparatus and technique: Upper Region of Ghana. ». *West Africa journal of Archeology* 5, p11-39.

1982, « Decline or survival? Iron production in West Africa from the 17th to the 20th centuries. ». *Journal of Africa History* 23, p505-513.

PONCET, Y.1983, « Minerai et exploitation métallurgique : une réflexion géographique. ». *Métallurgies africaines mémoire de la société des africanistes* 9, p109-208.

PORTERES, R., 1938, « A propos de l'industrie du fer en Afrique Occidentale dans la zone forestière. ». *Bulletin du Comité d'études historiques et scientifiques de l'AOF* T XXI, p 463-466.

PORGO, A., 1986, *L'art funéraire Kurumba et dogon au Yatenga.* Mem. de maîtrise, Université Ouagadougou 1985-86 116P.

POSNANSKY, M., 1973, « Les sociétés de l'Afrique subsahérienne au 1er âge du fer ». *Histoire générale de l'Afrique* Vol.II. Afrique ancienne. Jeune Afrique Ancienne (UNESCO) p779-794.

RADWAN M., BIELENIN, K., 1962, « La sidérurgie en Pologne centrale au Ier millénaire de notre ère » *Revue d'histoire de la sidérurgie.* T VII, 2, P 63-86

RAMIN, J., 1977, *La technique minière et métallurgique des Anciens*. Bruxelles Latomus, 223P.

REBIERE J., REMY P. GUILLOT I, BENOIT P., 1995, « Les enclumes tas Gallo-Romaines le cas de Jouars-Ponchartrain » *Paléométallurgie et culture*, Institut Polytechnique de Sévenans, Vulcain.

ROBERT-CHALEIX, D., SOGNANE, M., 1983, « Une industrie métallurgique ancienne sur la rive mauritanienne du fleuve Sénégal. ». *Métallurgies africaines. Nouvelles contributions* 9, p45-62.

SALIN, E., 1964, « Un exemple inattendu de nitrocarburation du fer chez les primitifs. ». *Revue d'histoire de la sidérurgie*. TV, Juillet–Sept, Nancy, p267-268.

SAMTOUMA, I., 1987, *La métallurgie ancienne du fer dans la région de Kumbri (Yatenga, Burkina Faso)*. Mémoire de maîtrise 1986-1987, 119 P

SIGAUT, F., 1981, « Métallurgie et Agriculture en Europe et en Afrique. » *Colloque :le fer à Madagascar, en Europe et en Afrique, avant l'adoption du procédé indirect*. Paris.

SIRKOULON, J., 1992, « Evolution des climats et ressources en eau » *Afrique contemporaine*, N° 161,1992, P 57-76

TALL, T., 1991, « The development of cast system in West Africa » In *The Journal of African History*, vol.32, No 2.

TANDIA, B., 1989, *La répartition des sites d'habitats anciens et leurs liens avec la métallurgie ancienne du fer dans la vallée du Sénégal (Rive Mauritanienne)* D.E.A. Paris I Panthéon Sorbonne.

TAUXIER, L., 1912, *Les Noirs du Soudan. Pays Mossi et Gourounsi*. Documents et analyses. Paris, Lanse, 796P.

THIOMBIANO, E., 1991, *La production ancienne du fer dans le gulma, cas de Namungu, province du Gulma (Burkina-Faso)*, Mémoire de Maîtrise, Université de Ouagadougou, 161p.

TODD, J., 1979, « Studies of the african Iron Age. » Journal of Metals 31(11) p39-45.

TRAORE, A. 1990, *La métallurgie ancienne du fer à Toussiana, province du Houet (Burkina Faso)*, Mémoire de Maîtrise, Université de Ouagadougou.

TREIMEN-CLAUSTRE, Fr., 1982, « Sahara et Sahel à l'âge du fer. ». *Mémoire de la société des africanistes*, Paris.

TYLECOLE, R.F., 1962, *Metallurgy in archeology*. London: Ed. Arnold.

1965, « Iron smelting in pre-industrial communities. »*Journal of the Iron and steel institute.*203, p240-248.

1975, «The origin of smelting in Africa.»*West African journal of Archeology* 5, p1-9

1976, « History of Metallurgy » .*The Metals society*, London, P41-51

1982, « Early metallurgy in West Africa ». Paper read at CNRS *Conférence opération métallurgie ancienne*, Paris.

VANSINA, J., 1961, *De la tradition orale, Essai de méthode historique.* Tervuren, Musée Royal de l'Afrique Centrale.

VERRAES, G., 1982, « Evolution technologique des méthodes de creusement et d'extraction depuis l'antiquité. ». P125-130.*Table ronde du CNRS, Mines et Fonderies antiques de la Gaule.* Université de Toulouse-le Mirail 21-22 Nov.1980. Ed. C.N.R.S. Paris 1982.

VIGNATI-PAGIS, E., 1988, *La métallurgie du fer dans le centre et le sud du Burundi.* Mémoire de DEA, 1988, Paris I68 P.

VIGNATI-PAGIS, E., 1995, *Du fourneau à la fosse : Changements techniques dans la métallurgie du fer au Burundi au cours des deux derniers millenaires. Approche ethnologique, archéologique et historique.* Paris I, Panthéon Sorbonne, 406p.

VON MAYDELL H. J., 1983, *Arbres et arbustes du Sahel: leurs caractéristiques et leurs utilisations.* Eschborn, 289p

WYCKAERT, R.P., 1914, « Forgerons païens et forgerons chrétiens au Tanganyika. » *Anthropos* 9, p 371-380.

YAMEOGO, M., 1988, *Approche du peuplement du village de Godin-Ouologtenga,* Mémoire de maîtrise Université de Ouagadougou, 119p

YANDIA, F., 1988, *Métallurgie Centrafricaine: données ethnographiques et implications archéologiques.* Mémoire de Maîtrise, Université de Paris X, Nanterre. 155p.

1990, *Métallurgie centrafricaine: enquêtes orales et prospections archéologiques dans le nord-est.* Mémoire de DEA Paris I Sorbonne 51p.

1994, La métallurgie du fer en république centrafricaine du XVII ème au XXème siècle. Thèse de Doctorat, Université de Paris I, Panthéon sorbonne.

LISTE DES CARTES

Carte de situation du Bulkiemdé 14
Carte de la province du Bulkiemdé 15
Carte géologique du Burkina Faso 32
Carte géologique du Bulkiemdé 33
Carte des ressources en eau de surface du Bulkiemdé 43
Carte hydrogéologique de la province du Bulkiemdé 44
Carte géographique des Nînsi 49
Le pays des Moosé 52
Les royaumes Moosé en 1896 53
Carte géographique des Nyônyôosé 55
Carte des différents types d'exploitation du minerai de fer du Bulkiemdé 65
Carte archéologiques de Ralo 74
Carte de prospection archéologique du Bulkiemdé 160
Localisation du village de Wologteng-Gooden 162

LISTE DES FIGURES

fig 1: le complexe cuirassé 68
fig 2 : matériel utilisé dans les puits d'extraction du minerai de fer 70
fig 3 : yaaga, panier d'évacuation du minerai 71
fig 4: les types de fourneau du Bulkiemdé 82
fig 5: section de la loup I 94
fig 6: enclume et marteau de la forge 107
fig 7: tenaille et burin 108
fig 8: pointeau et racloir 110
fig 9: les outils aratoires 111
fig 10: Guidga et Pongo 112
fig 11: Songong et Guruskandé 113
fig 12: bracelets 114
fig 13 : lance à douille de Réo 116
fig 14: sections de la lance à douille de Réo 117
fig 15: briquet à base de fer ancien 120
fig 16: section du briquet à base de fer ancien 122
fig 17: briquet à base de fer de récupération 124
fig 18: représentation graphique des mesures de microduretés du briquet 128
fig 19: lame ancienne de Nandjèla 130
fig 20: section horizontale de la partie médiane 131
fig 21: lame ancienne de Doulou 135
fig 22: les deux sections de la lame de Doulou 136
fig 23: vue d'ensemble de l'enclume de Nandjèla 140
fig 24: coupe longitudinale de l'enclume de Nandjèla 141
fig 25: shéma de la coupe longitudinale de l'enclume 143
fig 26: hypothèse de mise en forme de l'enclume 147
fig 27: nouvelle forme de forge 154
fig 28: vue d'ensemble du site de réduction 164
fig 29: plan d'ensemble des carrés XVI et XXI avant les fouilles 166
fig 30: schéma de la surface du carré XVI avant la fouille 168
fig 31a: fin de la fouille du carré XVI 171
fig 31b: reconstitution du fourneau carré XVI 172
fig 32: shéma de la surface du carré XXI avant la fouille 174
fig 33: fin de la fouille du carré XXI 178
fig 34 : coupe schématique des carrés XVI et XXI 179
fig 35: coupe de la scorie du carré XVI 183
fig 36: coupe de la scorie du carré XXI 186
fig 37: courbes de terres rares des scories A-B-C 189
fig 38: surface du carré de fouille de Sondomtengyir 193
fig 39: coupe stratigraphe de Sondomtengyir 195
fig 40: levée topographique du site de Taagoogo 198
fig 41: carré de fouille de Taagoogo à –50cm de profondeur 202
fig 42: coupe stratigraphique du site de Taagoogo 204
fig 43: schéma de la coupe de la scorie God Ki 1 III94(16) 208

fig 44: schéma de la coupe de la scorie God Ki 7 III 94 (132) 211
fig 45: schéma de la coupe de la scorie God Ki 8 III 94 (147) 214
fig 46: les différents bords de la céramique des trois sites d'habitat 223
fig 47: les types de poterie et les décors du site de Taagoogo 225
fig 48: les types de poterie et les décors du site de Taagoogo 226
fig 49: la céramique de Sondomtengyir et de Taagoogo 229
fig 50: la céramique de Sondomtengyir et de Taagoogo 230
fig 51: la céramique de Taagoogo et de Sondomtengyir 231
fig 52: la céramique de Taagoogo et de Sondomtengyir 232
fig 53: la céramique de Taagoogo 234
fig 54: la céramique de Ralo 235
fig 55: la céramique de Ralo 236
fig 56: la céramique de Ralo 237
fig 57: la céramique de Ralo 238
fig 58: la céramique de Ralo 239
fig 59: la céramique de Ralo 240
fig 60 :la céramique de Ralo 242
fig 61: une pointe d'objet 247
fig 62: aiguille God Ki III 3 94(23) 250
fig 63: schéma des deux sections de l'aiguille 251
fig 64: bague God Ki 1 III 94 255
fig 65: section longitudinale de l'herminette 258
fig 66: fer torsadé God Ki 5 III 94(122) 262
fig 67: section longitudinale et transversale du fertorsadé 264
fig 68: objet God Ki 7 III 94 (134) (objet en forme de spatule) 266
fig 69: section de God Ki 7 III 94 (134) 268
fig 70: lance à soie 272
fig 71: sections de la lance à soie 273

LISTE DES PHOTOS

photo 1 : Système de circulation à spirale 76
photo 2 : Système de circulation à cran associé à des encoches 76
photo 3 : Vue d'ensemble du site d'extraction du minerai de Gooden 78
photo 4 : Fourneau du village de Youba (Yatenga) 84
photo 5 : Forge protectrice constituée uniquement d'enclume 104
photo 6 : Forge de transformation de la loupe en produits finis 104
photo 7: Foyer de la forge de Ralo 106
photo 8 : Soufflets et foyer d'une forge du Bulkiemdé 106
photo 9 : Potions pour les soins au niveau du toit de la forge 150
photo 10 : Base d'un grand bas-fourneau avec une superstructure 163
photo 11 : Surface du carré XVI 167
photo 12 : Vue de détail de la surface de la base du bas-fourneau du carré XVI 167
photo 13 : Base du grand bas-fourneau 170
photo 14 : Vue de détail de la base du grand bas-fourneau 170
photo 15 : Surface du carré XXI 173
photo 16 : Petits bas-fourneaux du carré XXI 176
photo 17 : Vue de détails des petits bas-fourneaux 177
photo 18 : Échantillon scorie XVI 181
photo 19 : Echantillon de scorie carré XXI 182
photo 20 : Bombax costantum au centre du site de Sondomtengyir 192
photo 21 : a-Surface du site de Taagoogo avant déblayage des plants de mil 197
b-Surface du site de Taagoogo après déblayage des plans de mil 197
photo 22 : Poteries du site de Taagoogo 200
photo 23 : Vue de détail des poteries du site de Taagoogo 200
photo 24 : Vue de détail des poteries du site de Taagoogo 201
photo 25 : Pavement de céramique du site de Taagoogo 203
photo 26 Vue de détail du pavement de Taagoogo 203
photo 27 : a- Scorie de site d'habitat God Ki 1 III 94 (16) 207
:b-Coupe polie de la scorie God Ki 1 III 94 (16) 207
photo 28 : a-Scorie de site d'habitat God Ki 7 III 94(132) 210
:b-Coupe polie de la scorie God Ki 7 III 94 (132) 210
photo 29 :a- Scorie de site d'habitat God Ki 8 III 94(147) 213
:b- Coupe polie de la scorie God Ki 8 III 94 (147) 213
photo 30 : Pavement du site d'habitat situé à 7 km au sud-est de Taagoogo 217
photo 31 : Fragment de céramique de Sondomtengyir 219
photo 32 : Fragment de céramique de Sondomtengyir 219
photo 33 : Fragment de céramique de Sondomtengyir 220
photo 34 : Fragment de céramique de Sondomtengyir 220
photo 35 : Fragments de la jarre de Sondomtengyir 221
photo 36 : Fragment de la marmite du foyer de Sondomtengyir 221
photo 37 : Fragments de céramique de Sondomtengyir 222
photo 38 : Fragment de céramique de Sondomtengyir 222

LISTE DES MICROGRAPHIES

Les loupes I et II de la province du Sanguié
Loupe I
photo1 : ferrite aciculaire de la loupe I 95
photo2 : perlite mixte lamellaire et globulaire de la loupe I 95
photo3 : structure ferritique à grains légèrement écrouis(loupeI) 95
photo4 : structure ferritique à gros grains(loupe I) 95
Loupe II
photo1 : perlite lamellaire(loupe II) 97
photo2 : perlite lamellaire et ferrite aciculaire(loupe II) 97
La lance à douille de Réo (province du Sanguié)
photo1 : écrouissage des grains au bord de la flamme de la coupe transversale 118
photo2 : ferrite aciculaire et îlots de perlite lamellaire au centre de la coupe transversale. 118
photo3 : écrouissage des grains au niveau de la partie distale et présence d'une fissure 118
photo4 : ferrite aciculaire et perlite lamellaire au niveau de la partie distale 118
Briquet à base de fer ancien
photo1 : martensite fine de la partie nitrocarburée 123
photo2 : martensite de la partie non traitée au niveau zone de préhension du briquet. 123

Briquet à base de fer de récupération
photo 1: aiguilles de martensite de la partie de frottement nitrocarburée 127
photo 2 : grosse aiguille de la partie de préhension 127
Lame de Nandjèla
photo1 : structure ferritique équiaxe 132
photo2 : structure ferritique moyennement écrouie 132
photo3 : structure ferritique très écrouie 133
Lame de Doulou
photo 1: structure ferritique homogène, très fine 137
photo 2: structure ferritique homogène 137
Enclume de Nandjèla
photo1 : structure ferritique très fine au pied del'enclume 144
photo2 : structure ferritique écrouie au pied de l'enclume 144
photo3 : structure ferritique à gros grains, constituant la majorité du corps de l'enclume. 144
photo 4 : hétérogénéité des grains de ferrite et macles à la tête del'enclume 144
photo 5 : gros grains de ferrite et macles à la tête de l'enclume 145
photo 6 : écrouissage des grains à la tête de l'enclume 145
photo 7 : écrouissage des grains au niveau de la table de l'enclume 145
photo 8 : perlite lamellaire avec la présence aléatoire de ferrite aciculaire 145
photo 9 : zone décarburée apparaissant sous forme de soudure intermédiaire 146
photo 10: zone aciérée où se situe la fissure 146
photo 11: zone aciérée de la fissure à 0,7% de carbone 146
Scories des sites de réduction
photo1 : scorie carré XVI, éléments métalliques à proximité des porosités et dendrites 184
photo1 : scorie carré XXI, îlots de métal et résidus de loupes dans la matrice 187

Scories de site d'habitat de Sondomtengyir
photo1 : scorie God Ki 1 III 94(16) métal dans la matrice 209
photo2 : scorie God Ki 1 III 94(16) réoxydation plus ou moins complète du métal 209
photo1 : scorie God Ki 7 III 94(132) présence de résidu de la réduction 212
photo2 : scorie God Ki 7 III 94(132) présence de résidu de la réduction 212
photo1 : scorie God Ki 7 III 94(147) dendrites de wustite 215
photo2 : scorie God Ki 7 III 94(147) réoxydation incomplète du métal 215
Objet de Sondomtengyir, GodkiII94(64)
photo1 : structure ferritique au centre de l'objet 248
photo2 : structure ferritique équiaxe à 0,02% de carbone 248
Aiguille, Godki III3 94 (23).
photo1 : gros grains de perlite et de ferrite aciculaire 252
photo2 : gros grains de ferrite légèrement aciculaire et de perlite 252
photo3 : grains fins de ferrite-perlite globulaire 252
photo4 : grains fins de perlite et de ferrite aciculaire 252
photo5 : partie feuilletée révélant le sens du corroyage 253
photo6 : grains fins de ferrite et perlite de la coupe verticale 253
Bague, Godki1III94 (17)
photo1 : ferrite légèrement écrouie 257
photo2 : petits grains de ferrite associés à de la perlite 257
Herminette, Godki1III94 (7)
photo1 : zone de transition entre la zone I et II 259
photo2 : structure ferritique hétérogène de la pointe 259
photo3 : inclusions silicatées de fayalite 259
photo4 : zone aciérée au dos de l'herminette (0, 2% c) 259
photo5 : zone aciérée au centre de l'herminette, perlite lamellaire 260
photo6 : zone aciérée au centre de l'herminette, perlite lamellaire 260
Fer torsadé, Godki5III94 (122)
photo1 : gros grains de ferrite au coeur du fer torsadé 265
photo2 : grains fins de ferrite associés à de la perlite globulaire 265
photo3 : inclusions dans le sens du corroyage 265
Spatule? Godki7III94 (134)
photo1 : martensite fine à l'extrémité de l'objet 269
photo2 : martensite au coeur de l'objet 269
photo3 : martensite, zone de transition entre la martensite et la zone ferritique 269
photo4 : ferrite associée à de la perlite 269
photo5 : zone ferritique associée à de la perlite .... .270
photo6 : zone de soudures intermédiaires 270
Lance à soie Godki5III94 (121)
photo1 : structure ferritique à gros grains et zones de soudures intermédiaires 274
photo2 : grains irréguliers de ferrite au niveau de la flamme 274
photo3 : prépondérance de gros grains de ferrite au niveau de la nervure 274
photo4 : hétérogénéité des grains de ferrite au bord de la nervure 274
photo5 : grains fins de ferrite juste avant l'extrémité de la pointe 275
photo6 : grains fins de ferrite à l'extrémité de la pointe 275

LISTE DES TABLEAUX

Tableau 1: Différentes espèces végétales et leur utilité dans les sociétés du Bulkiemdé 39
Tableau 2: Importance des systèmes aquifères dans les grandes unités hydrogéologiques 45
Tableau 3 : Les arbres des métallurgistes du Bulkiemdé 86

TABLE DES MATIERES

AVANT-PROPOS **7**
INTRODUCTION GENERALE **9**
PREMIERE PARTIE : METHODOLOGIE ET CADRE DE RECHERCHE **21**
CHAPITRE I METHODOLOGIE DE RECHERCHE **23**
I-1 LA BIBLIOGRAPHIE **23**
I-2 LES TRADITIONS ORALES **24**
A. LE RECUEIL DES TRADITIONS ORALES 24
B. LE TRAITEMENT DES DONNEES 26
I-3 LES SOURCES ARCHEOLOGIQUES **27**
A. LES DIFFERENTS SITES 27
B. METHODOLOGIE GENERALE D'APPROCHE DES SITES 28
I 4 LA PALEOMETALLURGIE : UNE SCIENCE D'AVENIR **29**
A. METHODOLOGIE DE BASE DE L'ETUDE ARCHEOMETRIQUE 29
B. ETUDES METALLOGRAPHIQUES ET ANALYSES CHIMIQUES 29
CHAPITRE II LE MILIEU NATUREL DANS LA SIDERURGIE DIRECTE ***31***
II 1 LE CADRE GEOLOGIQUE ET GEOMORPHOLOGIQUE **32**
A. LA GEOLOGIE 32
B. GEOMORPHOLOGIE: UNE REGION MONOTONE ET TRES CUIRASSEE 32
C. LES CUIRASSES 35
II-2 PEDOLOGIE ET VEGETATION **38**
A. PEDOLOGIE: DES SOLS TRES PAUVRES 38
B. LES FORMATIONS VEGETALES: UNE VEGETATION « PROCURE TOUT » 38
II-3 LES DONNEES CLIMATIQUES **42**
II-4 UN RESEAU HYDROLOGIQUE DE SURFACE PAUVRE **42**
II-5.LES ENSEMBLES HYRDOGEOLOGIQUES **43**
CHAPITRE III LE PEUPLEMENT DE LA REGION ***47***
III-1 LE PEUPLEMENT ANCIEN **48**
III-2 LA POPULATION ACTUELLE **50**
A. LA CONQUETE DE L'OUEST DU MOOGO PAR LES NAKOMSE 51
B. LES NYONYOOSE 52
C. LES YARSE 55
III-3 DE LA CONQUETE A L'ASSIMILATION **56**
A. LA « MOSSEFICATION » DES PEUPLES CONQUIS 57
B. QUELQUES ASPECTS SOCIO-CULTURELS 57

DEUXIEME PARTIE: RECHERCHE, ETHNOLOGIQUE, ARCHEOLOGIQUE ET APPROCHE ARCHEOMETRIQUE **59**

CHAPITRE IV EXTRACTION DU MINERAI DE FER :RECHERCHES ETHNOLOGIQUES ET DESCRIPTION DES SITES DE SURFACE.................... 61
IV-1 LA VISION DU FER DANS LES SOCIETES DU BULKIEMDE ET SES REPERCUSSIONS SUR LA PROSPECTION.. 61
A. LE FER DANS LES SOCIETES DU BULKIEMDE 62
B. LA PROSPECTION: PROSPECTEURS ET METHODES DE PROSPECTION .. 62
IV-2. L'EXPLOITATION DU MINERAI DE FER 65
A. GEOGRAPHIE DES RESSOURCES :ASPECTS RITUELS.............................. 65
B. EXPLOITATION DES RESSOURCES.. 64
C. TRAITEMENT DU MINERAI DE FER.. 72
IV-3 LES SITES D'EXTRACTION DU MINERAI DE FER PAR PUITS CIRCULAIRES ET SITES ANNEXES.. 74
A. LES PUITS D'EXTRACTION DE WALYIR 74
B. LES BUTTES ANTHROPIQUES: DESCRIPTION DE SURFACE.................... 76
C. LES PUITS DE MINERAI DE FER DE GOODEN (QUARTIER DE RALO)...... 78
CHAPITRE V ASPECTS TECHNIQUES DE LA REDUCTION DU MINERAI DE FER : APPROCHES ETHNOLOGIQUES... 81
V- 1 LES TYPES DE FOURNEAUX UTILISES DANS LE BULKIEMDE ET LEUR MODE DE CONSTRUCTION.. 82
A LES DIFFERENTS FOURNEAUX DU BULKIEMDE... 82
B MODE DE CONSTRUCTION DES FOURNEAUX DU BULKIEMDE.......... 83
V-2 LE COMBUSTIBLE UTILISE POUR LA REDUCTION ET LE TRAVAIL A LA FORGE...85
A. LES DIFFERENTES ESPECES UTILISEES... 86
B. LE MODE D'OBTENTION DU CHARBON DE BOIS 89
V-3 LES PROCEDES DE REDUCTION DIRECTE DU MINERAI DE FER..... 90
A. LIEU DE REDUCTION ASPECTS RITUELS ET INTERDITS..........................90
B. LE FONCTIONNEMENT DU FOURNEAU A SOUFFLET..............................91
C. ETUDE DE DEUX LOUPES DE REO (PROVINCE DU SANGUIE)..................93
CHAPITRE VI APPROCHE TECHNIQUE ET SOCIO-CULTURELLE DE LA FORGEAUX 19eme ET 20eme SIECLE, LES CHANGEMENTS DUS A LA COLONISATION ET LES ASPECTS ECONOMIQUES DE LA METALLURGIE DU FER 100
VI-1 FORGERONS, FORGES ET TECHNIQUES DE FORGE 100
A. ETRE FORGERON AU BULKIEMDE, UN METIER D'OUVERTURE 100
B. UNE FORGE QUI N'EST PAS SEULEMENT UN ATELIER DE TRANSFORMATION 104
C. LE KUDKUTGU : ATELIER DE TRANSFORMATION DE LA LOUPE EN PRODUIT FINI.. 105
D. PRESENTATION DU SAVOIR-FAIRE DU FORGERON A TRAVERS L'ETUDE METALLOGRAPHIQUE D'OBJETS EN FER: UNE VRAIE SUBTILITE TECHNIQUE111
a- ETUDE D'UNE LANCE A DOUILLE DE REO (PROVINCE DU SANGUIE) ... 120
b- ETUDE D'UN BRIQUET A BASE DE FER ANCIEN... 121
c- ETUDE D'UN BRIQUET A BASE DE FER DE RECUPERATION..................... 123
d- ETUDE D'UNE LAME DU VILLAGE DE NANDJELA 126
e- ETUDE D'UNE LAME DU VILLAGE DE DOULOU (OU ROULOUGOU)....... 129

f- ETUDE D'UNE ENCLUME DE NANDJELA 138
E. LE FORGERON, UN AGENT DE COHESION DANS LA SOCIETE DU BULKIEMDE 148
VI-2 LA FIN D'UNE INDUSTRIE SIDERURGIQUE ANCIENNE 149
A. LES RAISONS DE L'ABANDON DE LA SIDERURGIE DIRECTE DU FER ... 151
LA PENETRATION PROGRESSIVE DU FER DE RECUPERATION 151
LES REPRESSIONS DE L'ADMINISTRATION COLONIALE 151
LE ROLE DES RELIGIONS REVELEES 152
LES NOUVELLES DONNEES ECONOMIQUES 152
B. LES CONSEQUENCES DE L'UTILISATION DU FER DE RECUPERATION AU NIVEAU DE LA FORGE 153
VI- 3 METALLURGIE DU FER ET COMMERCE 153
A. METALLURGIE DU FER, SEULE ACTIVITE DU FORGERON? 155
B. ECHANGES LOCAUX 155
CHAPITRE VII LES RECHERCHES ARCHEOLOGIQUES ET LEURS RAPPORTS AVEC LES DONNEES DES TRADITIONS ORALES 159
VII-1 PROSPECTION, LOCALISATION ET IDENTIFICATION DES SITES 159
A. PROSPECTION ET CHOIX DES SITES A FOUILLER 159
B. LOCALISATION ET IDENTIFICATION DES SITES 161
VII-2 SITE DE REDUCTION DU QUARTIER LILBOURE 161
A. DESCRIPTION GENERALE DU SITE 161
B. FOUILLE DES CARRES XVI ET XXI 165
C. ETUDE ARCHEOMETRIQUE DE QUELQUES SCORIES DU SITE DE REDUCTION 175
D. INTERPRETATION GENERALE 188
VII-3 SITE D'HABITAT DES QUARTIERS SONDOMTENGYIR ET TAAGOOGO 191
A. LE SITE D'HABITAT DE SONDOMTENGYIR 191
B. LE SITE D'HABITAT DE TAAGOOGO 196
- RESULTATS DES FOUILLES 196
-ETUDES METALLOGRAPHIQUES DES SCORIES DU SITE D'HABITAT DE TAGOOGO 206
-ETUDE DES PAVEMENTS DU SITE D'HABITAT 216
C. ETUDE DE LA CERAMIQUE DES SITES D'HABITAT 218
-LA CERAMIQUE DE SONDOMTENGYIR 218
-LA CERAMIQUE DE TAAGOOGO 224
-CERAMIQUE DE SURFACE DES BUTTES ANTHROPIQUES DE RALO 227
-LES DECORS DE LA CERAMIQUE DE SONDOMTENGYIR DE TAAGOOGO ET DE RALO 228
CHAPITRE VIII ETUDE METALLOGRAPHIQUE DES OBJET SEN FER DES FOUILLES ARCHEOLOGIQUES 245
VIII-1 ETUDE D'UNE POINTE D'OBJET GOD KI II 94 (64) 245
A - PRESENTATION ET CONTEXTE DE L'OBJET 245
B - EXAMEN MACROGRAPHIQUE 246
C - EXAMEN MICROGRAPHIQUE 246
D - INTERPRETATION ET HYPOTHESE DE MISE EN FORME 246

VIII-2 ETUDE D'UNE AIGUILLE GOD KI III 3 94 (23) 249
A - PRESENTATION ET CONTEXTE DE L'OBJET 249
B - EXAMEN MACROGRAPHIQUE 249
C - EXAMEN MICROGRAPHIQUE 249
D - INTERPRETATION ET HYPOTHESE DE MISE EN FORME 254
VIII -3 ETUDE D'UNE BAGUE GOD KI_1 III 94 (17) 254
A - PRESENTATION ET CONTEXTE DE L'OBJET 254
B - EXAMEN MACROGRAPHIQUE 254
C - EXAMEN MICROGRAPHIQUE 254
D - INTERPRETATION ET HYPOTHESE DE MISE EN FORME 256
VIII-4 ETUDE D'UNE HERMINETTE GOD KI 1 III 94 (7) 256
A - PRESENTATION ET CONTEXTE DE L'OBJET 256
B - EXAMEN MACROGRAPHIQUE 256
C - EXAMEN MICROGRAPHIQUE 256
D - INTERPRETATION ET HYPOTHESE DE MISE EN FORME 261
VIII-5 : ETUDE D'UN FER TORSADE GOD KI 5 III 94 (122) 261
A - PRESENTATION ET CONTEXTE DE L'OBJET 261
B - EXAMEN MACROGRAPHIQUE 261
C - EXAMEN MICROGRAPHIQUE 263
D - INTERPRETATION ET HYPOTHESE DE MISE EN FORME 263
VIII-6 ETUDE D'UN OBJET DONT LA FORME RESSEMBLE A L'EXTREMITE D'UNE SPATULE GOD KI 7 III 94 (134) 263
A - PRESENTATION ET CONTEXTE DE L'OBJET 263
B - EXAMEN MACROGRAPHIQUE 264
C - EXAMEN MICROGRAPHIQUE 267
D - INTERPRETATION ET HYPOTHESE DE MISE EN FORME 267
VIII-7 ETUDE D'UNE LANCE A SOIE GOD KI 5 III 94 (121) 271
A - PRESENTATION ET CONTEXTE DE L'OBJET 271
B - EXAMEN MACROGRAPHIQUE 271
C - EXAMEN MICROGRAPHIQUE 271
D - INTERPRETATION ET HYPOTHESE DE MISE EN FORME 276

CONCLUSION GENERALE 279
QUESTIONNAIRE DE L'ENQUETE ORALE 287
GLOSSAIRE 295
LISTE DES PRINCIPAUX INFORMATEURS 299
BIBLIOGRAPHIE 301
LISTE DES CARTES 315
LISTE DES FIGURES 317
LISTE DES PHOTOS 319
LISTE DES MICROGRAPHIES 321
LISTE DES TABLEAUX 323
TABLE DES MATIERES 325

Etudes Africaines
Collection dirigée par Denis Pryen

Déjà parus

Thierry de Samie, *Essais d'Afrique en Sciences du Langage*, 2004.
Philippe AMPION, *Négociant, des oléagineux africains*, 2004.
Lancine Gon COULIBALY, *Côte-d'Ivoire 1975-1993*, 2004.
André-Hubert ONANA MFEGE, *Le Cameroun et ses frontières. Une dynamique géopolitique complexe ;* 2004.
Michel NKAYA (coord. par), *Le Congo-Brazzaville à l'aube du XXIe siècle. Plaidoyer pour l'avenir*, 2004.
Côme KINATA, *La formation du clergé indigène au Congo français*, 2004.
Julien MBAMBI, *Expériences féminines à Brazzaville : Fécondité, identités sexuelles et modernité en Afrique subsaharienne*, 2004.
Maurice JEANJEAN, *Sékou Touré. Un totalitarisme africain*, 2004
William De GASTON, *Atumpani.le tam-tam parlant. Anthropologie de la communication,* 2004.
Maligui SOUMAH, *Guinée de Sékou Touré à Lansana Conté,* 2004.
Joseph KAMANDA KIMONA-MBINGA, *La stabilité du Congo-Kinshasa. Enjeux et perspectives*, 2004.
Thierry VIRCOULON, *L'Afrique du Sud ou la réinvention d'une nation*, 2004.
Jean FONKOUE, *Cheikh Anta Diop au carrefour des historiographies*, 2004.
Martin KUENGIENDA, *L'Afrique doit-elle avoir peur de la mondialisation ?*, 2004.
Aurélien Kambale RUKWATA, *Pour une théologie sociale en Afrique. Etude sur les enjeux du discours sociopolitique de l'Église catholique au Congo-Kinshasa entre 1990 et 1997*, 2004.
Victor BISSENGUE, *Contribution à l'histoire ancienne des Pygmées*, 2004.
P. NGOMA-BINDA, *Philosophie et pouvoir politique en Afrique. Le théorie inflexionnelle*, 2004.
G.-B. MASSENGO, *L'économie pétrolière du Congo. Les effets pervers de la monoressource économique dans les pays en développement,* 2004.